新时代文秘类专业新形态系列教材

总主编◎向 阳 总主审◎李 忠

WPS智能办公技术

主 编◎邓永强 李跃进 张广磊

副主编◎朱雪君 赵英侠 温世合

参 编◎谢东娜 杨 婷 黄春华

重庆大学出版社

图书在版编目 CIP 数据

WPS 智能办公技术 / 邓永强，李跃进，张广磊主编 .
重庆：重庆大学出版社，2025. 5. -- ISBN 978-7-5689-
5206-4

Ⅰ. TP317.1

中国国家版本馆 CIP 数据核字第 2025W76D98 号

WPS 智能办公技术

WPS ZHINENG BANGONG JISHU

主编 邓永强 李跃进 张广磊
策划编辑：唐启秀
责任编辑：石 可　　版式设计：唐启秀
责任校对：关德强　　责任印制：张 策

*

重庆大学出版社出版发行
出版人：陈晓阳
社址：重庆市沙坪坝区大学城西路 21 号
邮编：401331
电话：(023)88617190　88617185(中小学)
传真：(023)88617186　88617166
网址：http://www.cqup.com.cn
邮箱：fxk@cqup.com.cn(营销中心)
全国新华书店经销
重庆市正前方彩色印刷有限公司印刷

*

开本：787mm×1092mm　1/16　印张：16　字数：351 千
2025 年 5 月第 1 版　　2025 年 5 月第 1 次印刷
ISBN 978-7-5689-5206-4　定价：49.80 元

丛书编委会

总主审　李　忠

总主编　向　阳

编委会　肖云林　　向　阳　　王锦坤
　　　　韩开绯　　孔雪燕　　赵雪莲
　　　　金常德　　吴良勤　　王　曦

在习近平新时代中国特色社会主义思想的指导下,中国职业教育迎来了空前的发展。各职业院校在深入贯彻党的二十大精神的同时,始终坚持党的领导,坚持正确办学方向,落实立德树人根本任务,优化类型定位,深入推进育人方式、办学模式、管理体制、保障机制改革。职业院校的教师们以建设技能型社会、弘扬工匠精神为指南,培养了大批大国工匠、能工巧匠、高技能人才,为全面建设社会主义现代化国家、赋能新质生产力、助力人才强国,提供了有力的人才和技能支撑。

现代文秘专业在职业教育改革的大潮中锚定目标,厚积薄发,积极地与新经济、新产业、新业态融合,对标现代服务业,坚持产教融合、校企合作,推动形成产教良性互动、校企优势互补的发展格局,释放出文秘类专业职业教育的新空间、新活力,取得了一系列令人瞩目的教学、科研、实践的成果。本系列教材正是在这样的形势下开始策划和推动的。随着时代的不断发展、信息技术的迭代更新,文秘工作已不仅限于简单的文字处理和事务管理,它要求从业人员具备更加出色的政治素养、全面的职业素质、精湛的专业技能和敏锐的时代触觉。这套新形态教材的编写出版,旨在为文秘类专业的学生和从业者提供一个全新的学习平台,帮助他们更好地适应未来职业发展的需求。

在教育部职业院校教育类专业教学指导委员会文秘专委会的直接指导下,在重庆大学出版社的大力支持下,我们以国家《现代文秘专业教学标准》为依据,集合了全国多所职业院校文秘类专业的专业带头人和优秀老师,共同编写了这套符合"立德树人"整体要求、凸显校企融通思路的新形态教材。这套教材的编写,紧密结合了企事业单位对文秘人才的现实需求,充分吸收了智慧办公、数字行政方面的最新成果,力求在传授专业知识的同时,培养学生的实践能力和创新精神。我们遵循高职教育的规律,以人才培养为核心,以行业需求为导向,以提升学生的综合素质和职业技能为目标,努力打造一套既符合高职教育特点,又具有鲜明时代特色的文秘类专业系列教材。

在编写过程中,我们坚持"为党育人,为国育才"的基本出发点,将课程思政贯穿每一本教材的始终。通过深入分析当前企事业单位对文秘人才的需求趋势,结合高职教育的特点和人才培养模式,我们力求在教材中融入最新的教育理念和教学方法,使之既符合教育规律,又能有效提升学生的职业技能和综合素质。在内容的选择上,我们力求精练、实用,避免空洞的理论阐述,而是更多地关注实际操作和应用,力求使每一个章节、每一个知识点都能紧密联系实际,服务于学生的未来职业发展;在版式设计上,我们采用了大量的图表、案例和实训练习,使学生在学习过程中能够更直观地理解知识点,更好地掌握实际操作技能。同时,我们还配套了大量的多媒体教学资源,包括视频教程、在线测试、模拟实训等,旨在为学生提供一个更加丰富、多元的学习环境。通过对这些资源的使用,学生可以随时随地进行自主学习和实践操作,进一步提升学习效果和职业技能。

我们坚信,这套文秘类专业新形态教材的出版,必将对推动新时代文秘类专业教育的发展产生积极而深远的影响。我们期待它能够成为广大师生的得力助手,为我国文秘人才的培养贡献智慧和力量。

在此,我们要再次感谢重庆大学出版社在这套教材编写和出版过程中给予的全力支持。他们的专业团队在内容策划、编辑校对、版式设计等方面都给予了我们宝贵的建议和帮助,使得这套教材能够更加完善、更加符合读者的需求。

展望未来,我们将继续关注文秘行业的最新发展动态,不断更新和完善教材内容,确保其始终与时俱进、紧跟时代步伐。由于编者来自不同的省市和院校,水平也有限,教材中难免存在一些不足,我们也希望广大师生能够积极使用这套教材,提出宝贵的建议和意见,共同推动文秘类专业教育的不断发展和进步。

让我们携手努力,共同书写文秘类专业教育的新篇章!

丛书编者

2024年3月

在数字化浪潮席卷全球的今天,企事业单位对高效、智能的办公技能需求日益迫切。WPS办公软件作为国产办公软件中的杰出代表,凭借其强大的功能、便捷的操作方式和持续不断的技术创新,已然成为提升工作效率、推动数字化转型的重要工具。在此背景下,我们与北京金山办公软件股份有限公司携手合作,精心编写了这本《WPS智能办公技术》教材,旨在为广大职场人士和高校学子提供一本具有权威性、实用性、前沿性的智能化办公技术指南。

本教材紧密围绕企事业单位行政文员及广大职场人士的实际需求,以国产办公软件WPS为核心蓝本,通过生动的工作场景模拟与丰富的办公实例,深入浅出地讲解了WPS文字处理、WPS演示文稿、WPS表格操作及在线文档协作等关键技能。我们深知,实践是检验真理的唯一标准,因此,在编写过程中,我们特别注重将理论知识与实践操作相结合,通过实战导向的学习路径,帮助读者快速掌握WPS的高级应用技巧,如AI辅助编辑、智能排版等,使学习过程更加高效、有趣。

同时,本教材深度融合了WPS办公应用1+X证书标准,旨在培养学生掌握最前沿的数字化办公技能,提升职场竞争力。我们深知,职业技能认证是检验学生技能水平的重要标尺,也是学生就业的重要敲门砖。因此,我们特别注重将技能学习与职业技能认证无缝衔接,为学生搭建从学习迈向就业的直通桥梁。

本书由广东科学技术职业学院邓永强、李跃进以及北京金山办公软件股份有限公司张广磊担任主编,广东科学技术职业学院朱雪君、赵英侠、温世合担任副主编,广东科学技术职业学院谢东娜、钦州幼儿师范高等专科学校黄春华和广西物流职业技术学院杨婷参编。具体编写分工如下:邓永强负责编写项目一中的任务一和任务四,项目四中的任务一至任务三;李跃进负责编写项目一中的任务六,项目三中的任务二和任务三;朱雪君负责编写项目二中的任务一、任务二、任务三、任务六和任务七;赵英侠负责编写项目一中的任务二和任务三,项目二中的任务四和任务五;温世合负责编写项目一中的任务七;谢东娜负责编写项目三中的任务四;杨婷负责编写项目三中的任务一;黄春华负责编写项目一中的任务五。邓永强完成了本书的统稿工作。

为了确保教材内容的专业性、权威性及实用性,我们特别邀请了北京金山办公软件股份有限公司的资深专家参与编写工作。同时,依托北京金山办公软件股份有限公司的技术资源,本教材能够在第一时间融入WPS的最新功能与技术趋势,为读者提供最前沿的学习体验。

在此,我们要感谢北京金山办公软件股份有限公司的大力支持与帮助,感谢所有参与编写工作的专家和同仁们的辛勤付出。同时,在本书的编写过程中,我们参考了大量相关文献,在此向各位作者表示深深的谢意。由于编者水平有限,书中难免有不足之处,恳请诸位专家学者、使用本书的读者批评指正。

编　者

目　录

项目一　行政办公文档制作 ·················· 1

任务一　个人简历 ·················· 2
任务二　论文排版 ·················· 15
任务三　联合发文的公文 ·················· 31
任务四　公司宣传册 ·················· 43
任务五　企业文化活动策划书 ·················· 56
任务六　经济文书 ·················· 89
任务七　邀请函 ·················· 96

项目二　行政办公表格制作 ·················· 105

任务一　员工档案 ·················· 106
任务二　员工加班表 ·················· 115
任务三　员工考勤表 ·················· 121
任务四　进销存数据管理与分析 ·················· 128
任务五　工资管理 ·················· 141
任务六　点餐次数统计表 ·················· 151
任务七　员工业绩表 ·················· 158

项目三　行政办公演示文稿制作 ·················· 166

任务一　公司宣传演示文稿 ·················· 167
任务二　企业培训 ·················· 177
任务三　项目投标 ·················· 188
任务四　个人年终总结汇报演示文稿 ·················· 198

项目四　在线智能文档 ···215

　　任务一　智能文档 ···216

　　任务二　智能表格 ···223

　　任务三　智能表单 ···235

参考文献 ···246

项目一
行政办公文档制作

学 习 目 标

知识目标：

- 掌握WPS文档基础与高级编辑的基础知识。
- 熟悉文档的排版与美化原则。
- 理解特定文档类型的制作流程与规范。

能力目标：

- 能够独立制作高质量办公文档。
- 能够高效运用WPS文档进行信息管理与展示。
- 掌握邮件合并技术，实现批量文档生成。

素质目标：

- 提升专业素养，塑造正确的价值观。
- 坚定支持国产软件，弘扬爱国情怀。
- 培育精益求精的工匠精神。

任务一　个人简历

案例导入

某同学倾诉其遭遇:她一早便计划制作简历,甚至报了制作简历的培训班,最后花了不少钱。她使用多幅艺术照、各种大小奖项以及几大页热情的求职信来丰富简历内容,令人遗憾的是,尽管她如此用心,却仍被招聘单位以"内容缺乏焦点,创意不足"为由婉拒,未能如愿获得心仪的岗位。

知识准备

个人求职简历是求职者给招聘单位发的一份简要介绍,它向未来的雇主表明你拥有能够满足特定工作要求的技能、态度、资质,属于常用应用文的一种,它包含基本信息、教育背景、学习经历、工作经历、荣誉与成就和自我评价等内容。

一、HR看中的简历的内容要素

①丰富的工作经验或者社会实践经验——特别是事务型工作、劳动密集型工作。

②个人简历中与岗位匹配的关键词。

③特别的个人技能。

④名校背景或者高学历——研发型公司、国企的校招更关注名校背景。

⑤能力、实干和激情——名企特别关注这些内容。

⑥HR个人喜好。

二、优秀简历应满足的要求

①要疏密有致、主次分明。

②内容控制在一页范围内。

③各种级别的字体要选择适当。

④尽量不要出现框格线。

⑤尽量不以学校的logo和名称作为页眉。

⑥建议使用80g左右的白色或奶白色纸张。

⑦打印质量要好,尽量不要用复印的简历。

总之,不要一份简历"走"天下,针对性越强的简历越容易受到认可。每个求职者应尽量为特定企业、特定职位"量职打造"简历。

技能准备

一、WPS文字表格

WPS文字表格是一款功能强大的工具,它为用户提供了丰富的表格编辑和数据处理功能。WPS文字表格允许用户轻松创建和编辑各种表格,包括调整行高、列宽,进行单元格合并与拆分等。用户还可以处理表格格式,如设置字体、颜色、对齐方式等。

1.表格的创建方法

方法1:使用"网格框"插入表格:【插入】选项卡→【表格】→"插入表格"→使用鼠标直接在网格框上移动,在网格框顶端会显示所选择的网格的行数和列数→点击鼠标左键完成表格的插入。

方法2:使用"插入表格"方式插入表格:【插入】选项卡→【表格】→"插入表格"→输入行数和列数。

方法3:使用"绘制表格"方式插入表格:【插入】选项卡→【表格】→"绘制表格"→按照行数和列数拖动鼠标左键即可绘制表格,其中表格的行数和列数会在绘制区域的右下角显示。

2.编辑表格

编辑表格主要涉及设置表格布局和表格样式,设置表格布局主要包括新增和删除行和列、合并和拆分单元格,设置表格样式主要包括设置行高与列宽、设置单元格对齐方式。

3.表格样式

WPS文字表格提供了多种表格样式供用户选择,用户可以根据需要选择合适的样式来美化表格。常用的功能有边框设置、底纹设置和表格样式套用等。

• 边框设置。选择要设置的表格区域→【表格样式】选项卡→【边框】右侧箭头→"边框和底纹"→在"边框和底纹"对话框中进行设置,具体可设置:是否有边框、边框线型、颜色、宽度等。

• 底纹设置。选择要设置的表格区域→【表格样式】选项卡→【底纹】右侧箭头→设置底纹的填充颜色等。

• 表格样式套用。WPS文字自带一些表格样式,可以直接套用,主要包括"主题样式""浅色样式""中度样式""深度样式"等。

4.数据处理

WPS文字表格提供了丰富的数据处理功能,包括求和、平均值、最大值、最小值等统计计算。用户还可以对表格数据进行筛选、排序和查找等操作,如使用【表格工具】中的【Fx公式】或【计算】来完成数据计算功能。

5.图表生成

用户可以将表格数据转换为直观的图表,如柱形图、折线图、饼图等,这有助于用户更好地理解和分析数据。

二、文本框的使用

WPS文本框是WPS文字处理软件中的一个重要工具,它允许用户在文档内部或页面上创建固定形状的区域,以放置和编辑文本内容。文本框可以独立于正文内容进行移动和调整,为用户提供了更大的排版和布局灵活性。常用功能主要包括文本框创建与调整、文本框内容编辑、文本框的位置与层次设置、样式与效果设置等。

1.创建与调整文本框

用户可以轻松在文档中点击并拖动以创建文本框,并根据需要调整其大小和形状。

方法:【插入】选项卡→【文本框】,可以选择"横向文本框""竖排文本框"和"多行文字"。

2.文本框内容设置

在文本框内,用户可以像编辑普通文本一样输入、修改和格式化文字,并可对这些内容进行设置。

方法:插入文本框后,选择该文本框,在【文本工具】选项卡中进行设置,常用的功能有"字体""段落""预设样式""文本填充""文本轮廓"和"文本效果"等。

3.文本框的位置与层次设置

文本框可以被放置在页面的任何位置,并可以独立于正文内容进行移动。同时,通过调整层次,用户还可以决定文本框与其他元素的相对位置。

4.文本框样式与效果设置

WPS文本框支持多种边框和填充样式,用户可以根据需要为文本框设置不同的外观效果。

方法:插入文本框后,选择该文本框,在【绘图工具】选项卡中进行设置,常用的功能有"填充""轮廓""效果""环绕""对齐"和"组合"等。

三、形状的使用

WPS文字提供了丰富的形状工具,使用户能够在文档中插入各种形状,并对其进行自定义设置,以满足不同的设计需求。在WPS文字中插入形状能有效地提升文档视觉效果、强调内容、组织结构和美化文档。常见功能涉及以下几个方面。

(一)插入形状

先选择形状,然后绘制形状。

方法:【插入】选项卡→【形状】→有"线条""矩形""基本形状"和"箭头总汇"等形状供选择→单击所选形状,然后在文档中拖动以绘制所需的形状。

(二)形状设置

插入形状后,选择该形状,在【绘图工具】选项卡中进行设置,常用的功能有"编辑形状""设置形状格式""环绕""对齐""组合"和"长宽"等。这里将重点介绍"编辑形状"和"组合"功能。

1.编辑形状

该功能包括"更改形状"和"编辑顶点"。其中,"编辑顶点"指,如果想要进一步调整形状,可以在形状上单击鼠标右键,并选择"编辑顶点"。然后,可以拖动形状的顶点来调整形状。

2.组合

该功能是指将多个形状组合为一个整体。这有助于在排版时保持形状的完整性,避免错乱。

方法:按住键盘的"Ctrl"键,然后用鼠标依次选择想要组合的形状,接着点击【绘图工具】中的"组合"功能即可完成对形状的组合。

项目实战

一、任务分析

①使用表格搭建简历的主体框架。

②根据简历的要素完善简历的内容。

简历的内容主要包括基本信息、教育背景、实践经历、技能证书、奖项荣誉、兴趣爱好和自我评价等。完成后效果如图1.1.1所示。

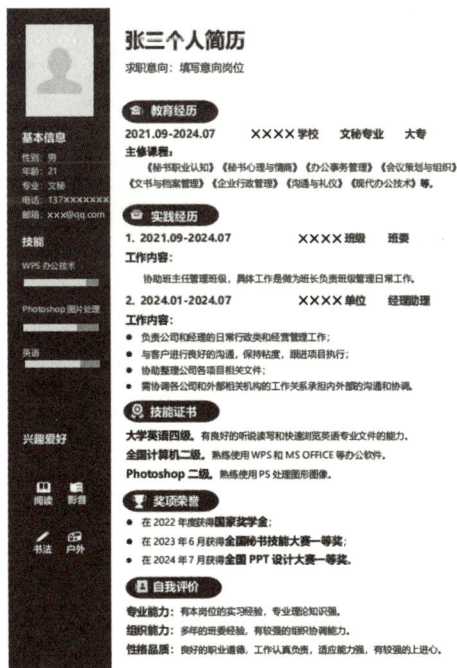

图1.1.1 最终效果图

二、任务实施

(一)新建WPS文档和页面设置

1.新建WPS文档

要求：在计算机中，通过点击鼠标右键，新建WPS文档，并将文件名称命名为个人简历。

2.页面设置

要求：为了让简历在A4纸中显示全幅面，将"上下左右"的页边距设置为0cm。

步骤1：【页面】选项卡→将上下左右页边距设置为0cm，如图1.1.2所示。

图1.1.2　页面设置

(二)创建和设置表格

1.插入表格

要求：插入一个11行4列的表格。

步骤2：【插入】选项卡→【表格】→"插入表格"→输入表格尺寸：列数4，行数11→单击"确定"，如图1.1.3所示，完成后效果如图1.1.4所示。

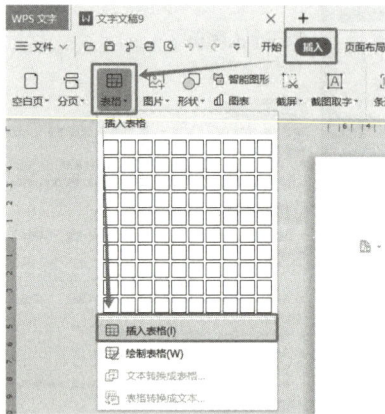

图1.1.3　插入表格

图1.1.4　插入表格后的效果图

2.合并单元格

要求:根据图 1.1.5 对单元格进行合并。

步骤3:选中第1列共11个单元格→【表格工具】选项卡→【合并单元格】,如图 1.1.5 所示;使用相同的方法,对第3列共11个单元格进行合并;对第2列1—2行的单元格、3—4行的单元格、5—6行的单元格、7—11行的单元格分别进行合并;完成后效果如图 1.1.6 所示。

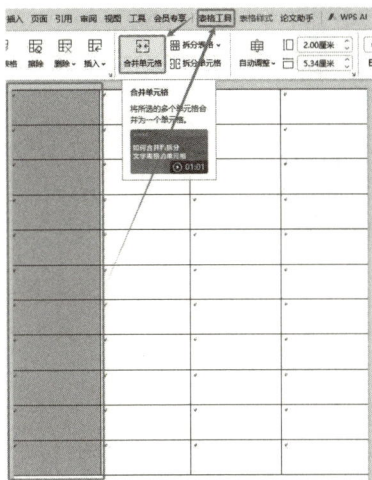

图 1.1.5　合并单元格

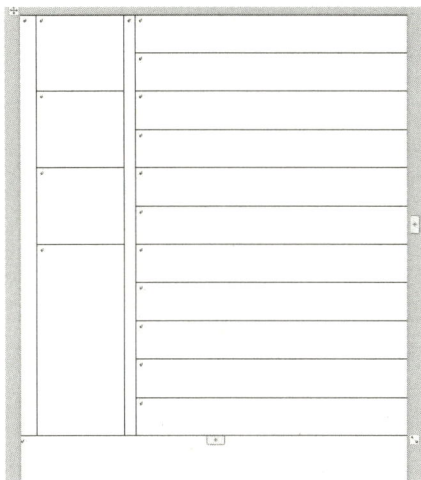

图 1.1.6　完成合并后的效果图

3.设置表格的边框和底纹

要求:将表格边框设置为无边框,将1—2列的底纹颜色设置为 RGB(38,73,101)。

步骤4:选择整个表格→【表格样式】选项卡→【边框】→选择"无框线",将表格设置为无边框状态,步骤如图 1.1.7 所示。

步骤5:选择表格的第1列和第2列→【表格样式】选项卡→【底纹】→选择"其他填充颜色",在"颜色"对话框中选择"自定义"→输入 RGB(38,73,101),确定即可,如图 1.1.8

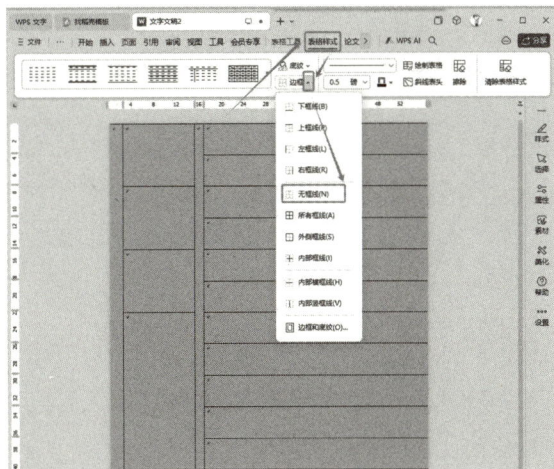

图 1.1.7　边框设置

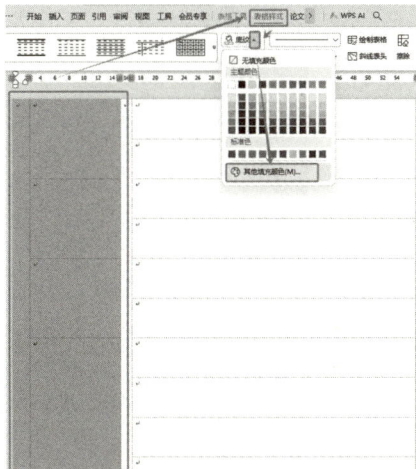

图 1.1.8　表格样式设置

和图1.1.9所示。完成后效果如图1.1.10所示。

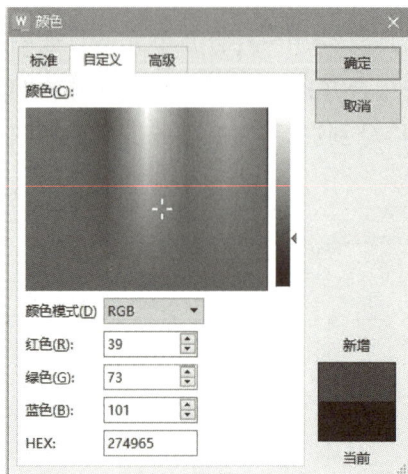

图1.1.9　颜色对话框

图1.1.10　左侧表格设置效果图

(三)制作"教育经历""实践经历"和"技能证书"等形状模块

1.插入和设置形状

要求:插入"流程图:终止"形状,将高和宽分别设置为1cm和4.4cm,颜色填充为RGB(38,73,101),无轮廓。

步骤6:【插入】选项卡→【形状】→选择"流程图:终止",将光标放在表格第4列第2行的单元格上,步骤如图1.1.11所示。

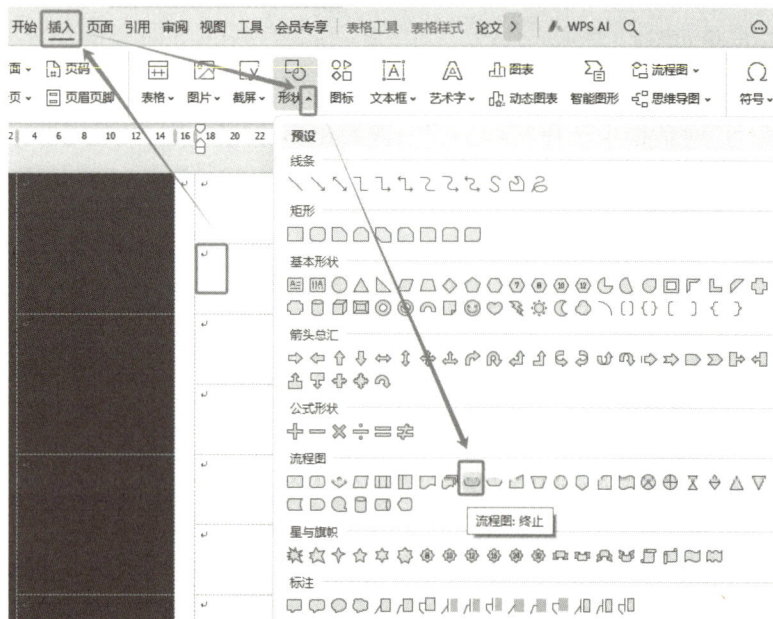

图1.1.11　插入形状

步骤7：选择该形状→【绘图工具】选项卡→【填充】→选择"其他填充颜色"→在"颜色"对话框中选择"自定义"→输入RGB(38,73,101)，步骤如图1.1.12所示。

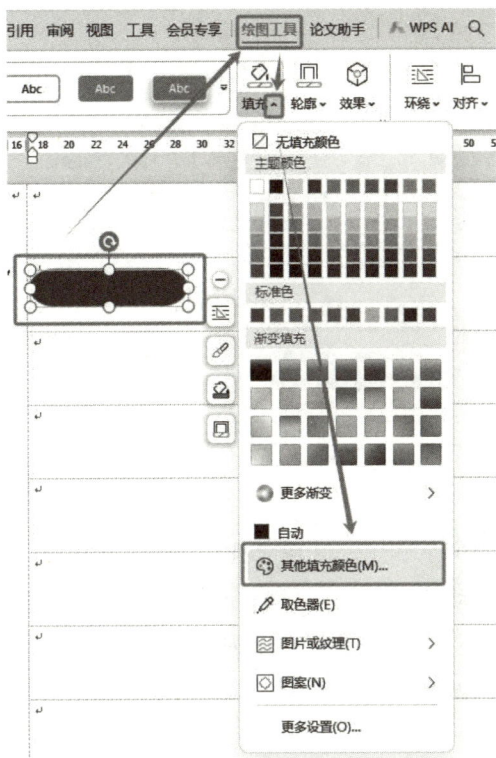

图1.1.12　形状颜色设置

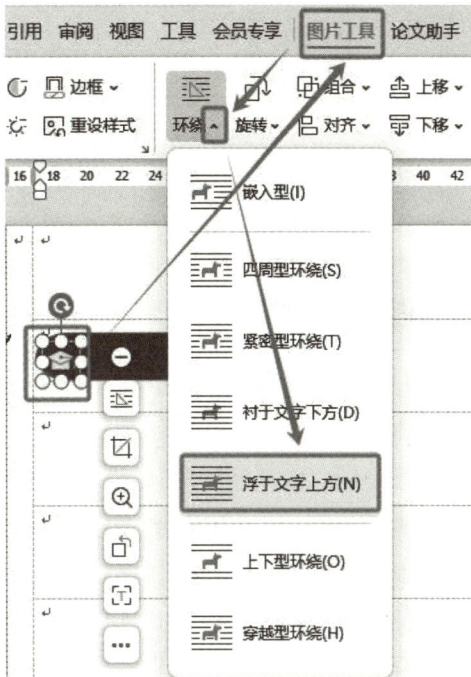

图1.1.13　图片设置

2.插入并设置本地图片

步骤8：【插入】选项卡→【图片】→插入"本地图片"，在素材文件夹中选择名称为"教育经历"的图片，点击"打开"插入图片。

步骤9：选择该图片→【图片工具】选项卡→【环绕】→选择"浮于文字上方"，步骤如图1.1.13所示，然后使用鼠标将图片移动到椭圆形的上方位置，完成后效果如图1.1.14所示。

图1.1.14　模块效果图

3.插入并设置横向文本框

步骤10：【插入】选项卡→【文本框】→选择"横向"，然后在椭圆形上方绘制一个高和宽分别为1.3cm和2.7cm的横向文本框，并在该文本框中输入"教育经历"内容，设置字体为"微软雅黑"、小三、加粗。

步骤11：选择该文本框→【绘图工具】选项卡→【填充】→选择"无填充颜色"，点击【轮廓】→选择"无边框颜色"，步骤如图1.1.15所示。

4.组合形状

要求：将椭圆形、"教育经历"的图片和"教育经历"的文本框进行组合。

步骤12：按住键盘"Shift"键分别选择椭圆形、"教育经历"的图片和"教育经历"的文本框三个对象，在【绘图工具】选项卡中选择【组合】，即可完成对三个对象的组合，步骤如图1.1.16所示。

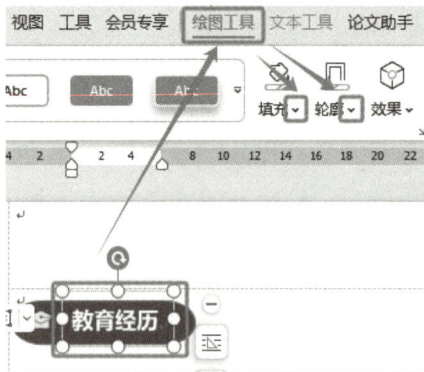

图1.1.15　教育经历的填充和轮廓设置

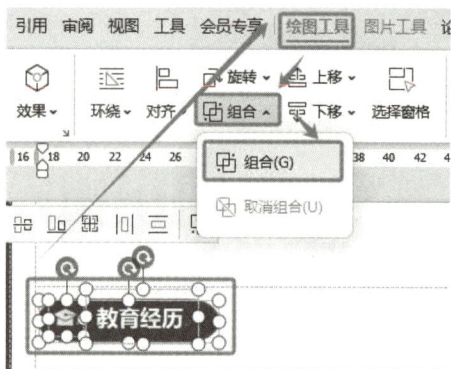

图1.1.16　形状组合

5.制作其他4个形状模块

要求：复制"教育经历"形状模块，通过修改文字和图片完成其他4个模块的制作。

步骤13：按住键盘"Ctrl"键，用鼠标点击拖动"教育经历"形状模块，即可复制。我们一共复制4个形状模块，分别放至第4列第4、6、8、10行，并将文字内容依次改为"实践经历""技能证书""奖项荣誉"和"自我评价"等，并调整至合适位置。

步骤14：选择"实践经历"形状模块中的图片→【图片工具】选项卡→【更改图片】→在"更改图片"对话框中找到并选中素材文件夹中的"实践经历"图片→点击"打开"即可完成图片替换，步骤如图1.1.17所示。其他形状模块可用相同方法完成图片替换，并根据效果图调整图片大小，完成后效果如图1.1.18所示。

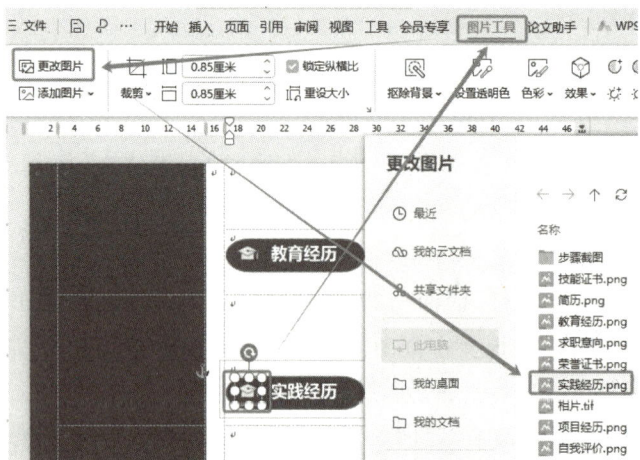

图1.1.17　图片替换

图1.1.18　基本框架效果图

(四)输入简历的文字内容并设置格式

1.输入文字

要求:根据效果图,输入简历中所有文字。

2.对文字进行设置

要求:根据要求依次设置各项内容的字体。

• 所有字体设置:"微软雅黑"。

• 第二列所有字体:颜色设置为白色;其中"基本信息""技能""兴趣爱好"的字号设置为四号,第二列其他内容的字号设置为11号。

• 第四列文字设置:"张三个人简历"字号为一号,颜色为RGB(38,73,101),加粗;教育经历中的"2021.09-2024.07 ××××学校 文秘专业 大专"、实践经历中的"1.2021.09-2024.07 ××××班级 班委"、自我评价中的"专业能力""组织能力""性格品质"等内容的字号为四号,颜色为RGB(38,73,101),加粗。

• 其他文字:字体颜色为"灰色-25%,背景2,深色75%",加粗部分的字号为四号,其他未加粗的内容的字号设置为小四。

3.为实践经历和奖项荣誉中的内容设置项目符号

步骤15:按住键盘中的"Ctrl"键,选择实践经历和奖项荣誉中的内容→【开始】选项卡→【项目符号】→选择圆形项目符号,步骤如图1.1.19所示。

步骤16:根据效果图,调整段落和位置,完成后效果如图1.1.20所示。

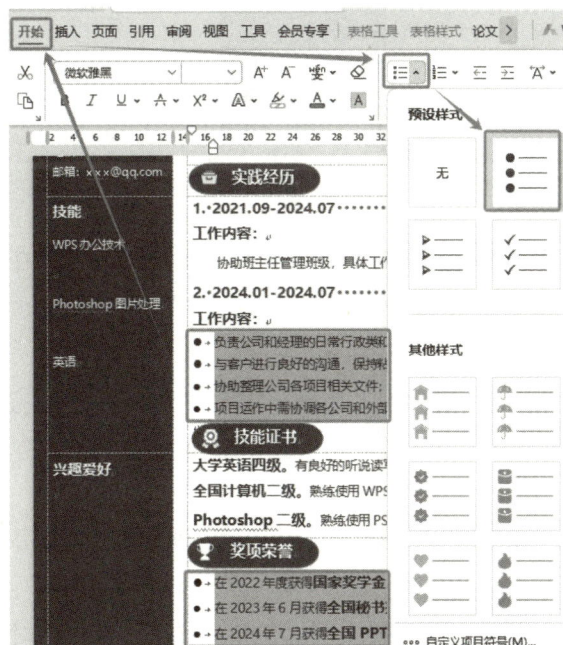

图1.1.19 设置项目符号

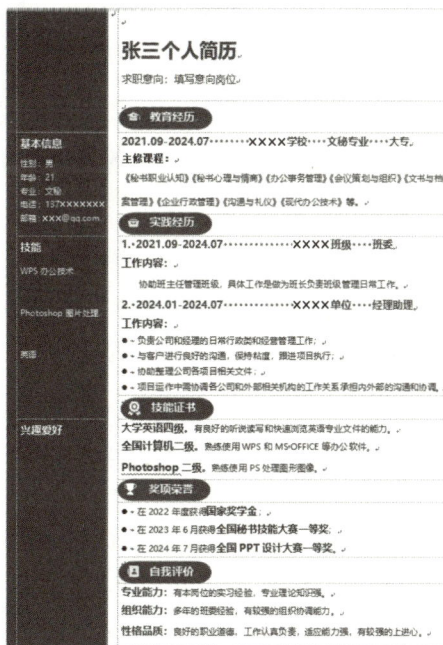

图1.1.20 内容效果图

(五)完成其他部分

1.插入个人相片

要求:插入个人相片,并将高和宽分别设置为4.6cm和3.45cm。

步骤17:【插入】选项卡→【图片】→插入"本地图片",在素材中选择名称为"个人相片"的图片,插入图片。选择该图片,在【图片工具】选项卡中将高和宽分别设置为4.6cm和3.45cm。完成后效果如图1.1.21所示。

2.绘制"技能"模块下方的条状图形(操作方法与步骤6相同)

步骤18:使用【插入】选项卡的【形状】功能,插入2个"矩形"。将第1个矩形的高和宽分别设置为0.3cm和3.4cm,环绕方式为"浮于文字上方",填充颜色为"白色,背景1,深色25%",无轮廓;将第2个矩形的高和宽分别设置为0.3cm和2.8cm,环绕方式为"浮于文字上方",填充颜色为"白色,背景1,深色5%",无轮廓。

将第2个矩形移至第1个矩形上方,同时选择这两个矩形,使用【绘图工具】选项卡的【组合】功能将这两个矩形组合起来。

步骤19:将已完成组合的矩形复制两份,根据需要调整第2个矩形的宽度,然后分别将它们移动到合适的位置,完成后效果如图1.1.22所示。

图1.1.21　个人相片效果图　　　　图1.1.22　技能效果图

3.在兴趣爱好模块下方插入"符号"

步骤20:将鼠标放在兴趣爱好模块→【插入】选项卡→【符号】→"其他项目符号",在打开的"符号"对话框中,选择字体"Wingdings",依次插入代码为"38""255""33""44"的项目符号,将这4个符号的字号设置为三号,步骤如图1.1.23所示。

步骤21:通过插入文本框的形式,插入"阅读""影音""书法""户外"等内容,字体为"微软雅黑",字号为小四,颜色为白色,根据图1.1.24的效果图进行调整和优化。

4.根据效果图整体优化布局

使用表格并铺满整个页面时,往往会出现只有一个回车符号的第二页(空白页),并且该页很难删除,现在我们可以通过下面的方法删除第二页。

步骤22:选择第二页的"回车符"→【开始】选项卡→【字体】右下角的箭头→"字体"对话框→勾选"隐藏文字"→确定,即可删除第二页,步骤如图1.1.25所示。

图 1.1.23　插入符号

图 1.1.24　兴趣爱好效果图

步骤23：最后，根据图1.1.26的效果图进行调整和优化。

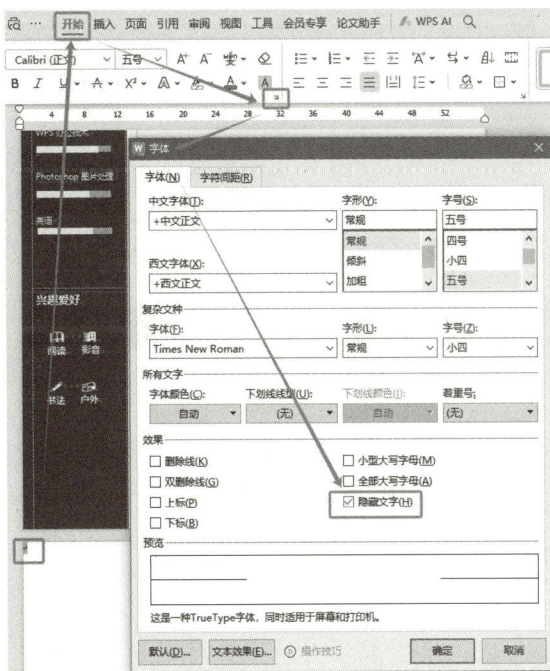

图 1.1.25　删除最后空白页

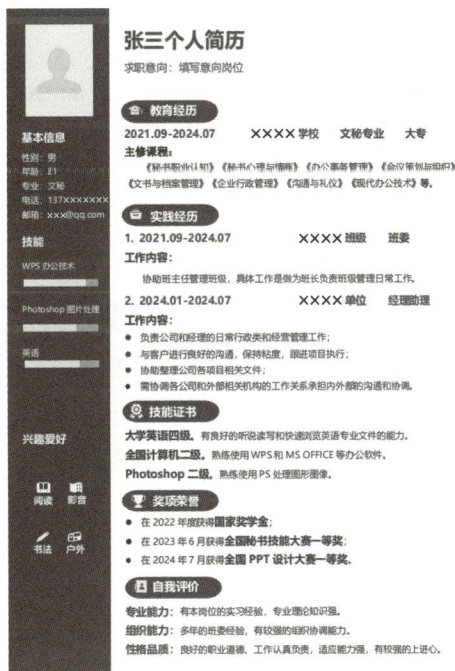

图 1.1.26　最终效果图

拓展练习

利用WPS文档中的免费模板制作个人简历。在【新建文档】界面的搜索区域输入"免费简历",自选一个带有"免费使用"字样的简历。根据自己的实际需要,将这个免费简历模板修改成个人简历,制作完成后将其保存为PDF格式。步骤如图1.1.27和图1.1.28所示。

图 1.1.27　搜索界面

图 1.1.28　搜索免费使用的简历

任务二　论文排版

案例导入

撰写毕业论文是完成大学学业的重要一环,特别是在本科、硕士或博士阶段。小明撰写了一篇硕士学位论文,请帮助他进行编辑和排版。

知识准备

论文撰写流程:选择主题→进行文献综述→确定研究方法→撰写论文大纲→撰写正文→列出参考文献→进行论文修改和润色→统一论文格式并排版→提交论文。论文格式排版涵盖对封面页、摘要、目录、正文、参考文献和致谢的排版。

技能准备

一、样式

长文档内容多、页面多,在对字体、段落等进行格式设置时,需要进行大量重复性工作,既费时又费力。样式是一组字体、段落等格式的组合,相当于把零散的格式设置装进　个口袋里,并给这个口袋起一个名字。选中文本后,点击样式的名字便可以使用它。此外,选中文本后,点击样式菜单中的"清除格式"就可以取消已应用的样式。样式不仅可以把零散的格式组织起来,还可以用于制作目录、添加多级列表、制作模板等。

图 1.2.1　"选择"选项

样式的操作包括新建样式、修改样式、应用样式。在应用样式之前,需要选中相应的文本,选中所用的工具,如图 1.2.1 所示。

二、大纲级别

大纲级别是指文字所在段落的级别。在现实生活中,我们需要在文字前加上编号。计算机并不能像人类一样自然地识别语言文字,也就不能通过理解语言文字来添加编号。因此,我们需要为文字所在的段落标记大纲级别,如图 1.2.2 所示。目录、多级列表中的级别便是由此而来。

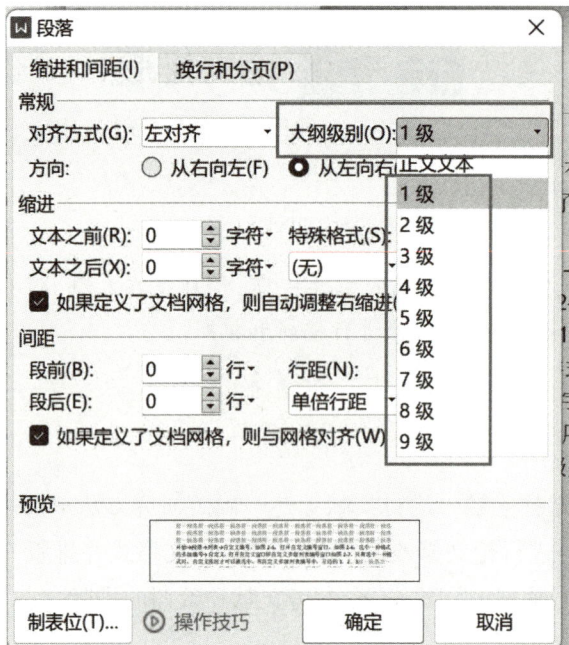

图1.2.2　段落-大纲级别

三、分隔符

分隔符位于【页面】选项卡中,分隔符的种类如图1.2.3所示。其中,"分页符"只能分页,"分节符"不仅能分页,还能分节。分节指把段落内容分成两个或以上的独立单元,可以对每一单元设置不同的页眉页脚、页面边框、页面布局。在vba程序设计中可以通过访问section(节)属性来修改节的属性。

图1.2.3　"分隔符"

四、标记索引项

索引就像图书的目录,通过列出文档或数据库中出现的关键词和它们所在的页码或位置,用户能够迅速定位到所需内容。

方法:选中需要标记的关键词→【引用】选项卡→"标记索引项"→弹出"标记索引项"对话框→选择"标记"或"标记全部","标记"只标记选中的这一处,"标记所有"则会对文档中所有出现该词语的地方进行标记,步骤如图1.2.4所示。标记完成后,在文档开始或结束的位置插入索引,就可以看到所有标记了索引的词语及其所在的页码,如图1.2.5所示。

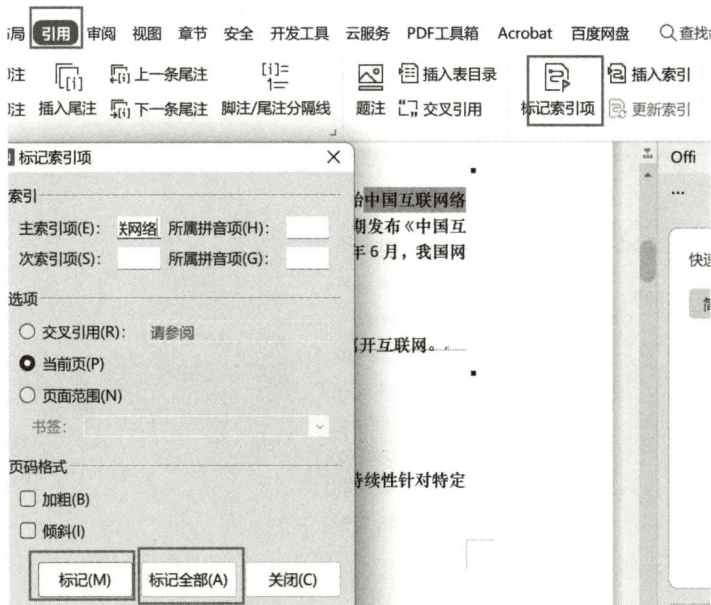

图 1.2.4 标记索引项

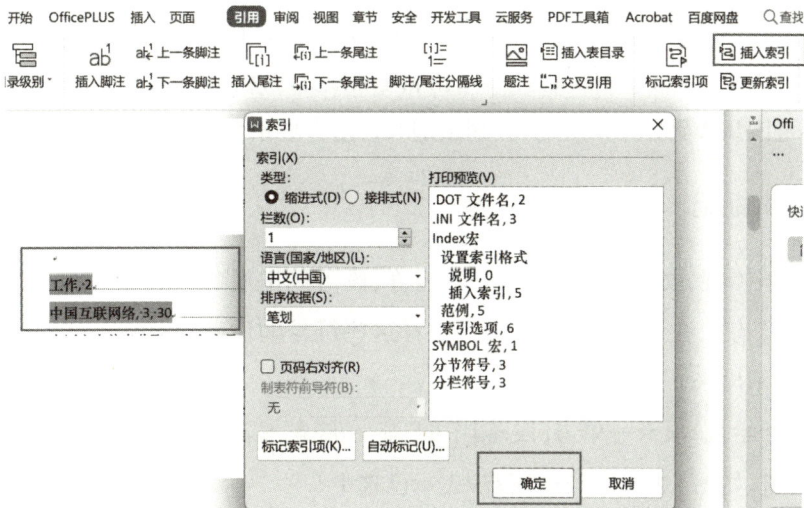

图 1.2.5 插入索引

五、通配符

通配符是用于在"查找和替换"功能中匹配一系列字符的特殊字符或字符组合。这些通配符有助于更精确地查找和替换文本。例如,? 可匹配任意单个字符,*可匹配任意多个字符,包括零个字符。

特殊标记指段落标记、手动换行符、自动换行符、制表符等特殊格式。例如,删除文档中的空行,步骤如图1.2.6所示。

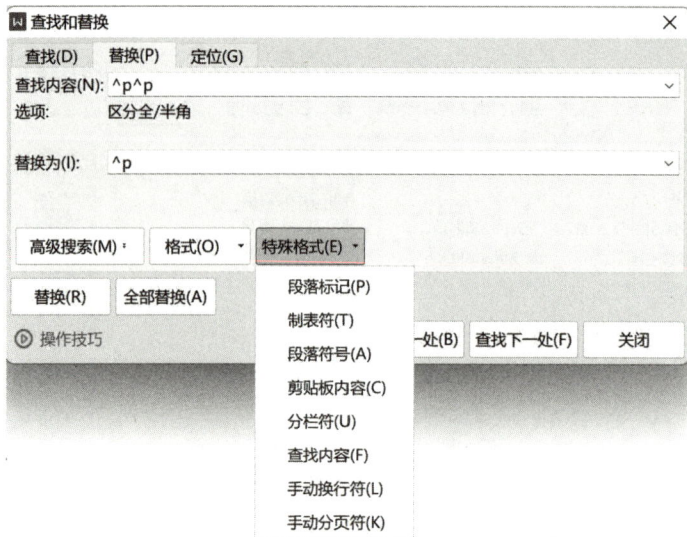

图 1.2.6　特殊格式

六、目录项域

目录项域代码通常指的是TC（目录项）域，用于定义目录中需要显示的文本和页码。例如，{ TC "TEXT" \f A \l 1 \n}，其中TC指目录域，"TEXT"指在目录中显示的文字，\f指项目类型，范围从A到Z，\l指级别（大纲级别），\n指省略条目的页码。

七、显示编辑标记

为使文档美观，文档中的分页符、分节符、段落标记通常处于隐藏状态。在编辑文档时，若要查看这些符号的位置，需将其显示出来。

方法：【开始】选项卡→单击【段落】中的"显示/隐藏编辑标记" ↵· 按钮，如图1.2.7所示，前面有√表示已选中。

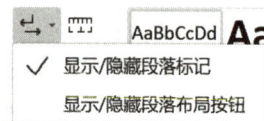

图 1.2.7　显示/隐藏段落标记

八、题注

题注是对图片、表格和公式等对象的简短描述，其作用在于对对象进行标注和引用。题注的编号形式分为只有序号的题注和包含章序号的题注。

九、脚注和尾注

脚注和尾注是对学术论文中提及的信息提供额外的、详细的或补充性的说明。其中，脚注位于信息所在页的底端，尾注位于文档的末尾，并且脚注和尾注可以相互转换。

项目实战

一、任务分析

①该论文的页面主要包括封面、摘要、目录、正文、致谢和参考文献。

②完成后效果如图 1.2.8 至图 1.2.13 所示。

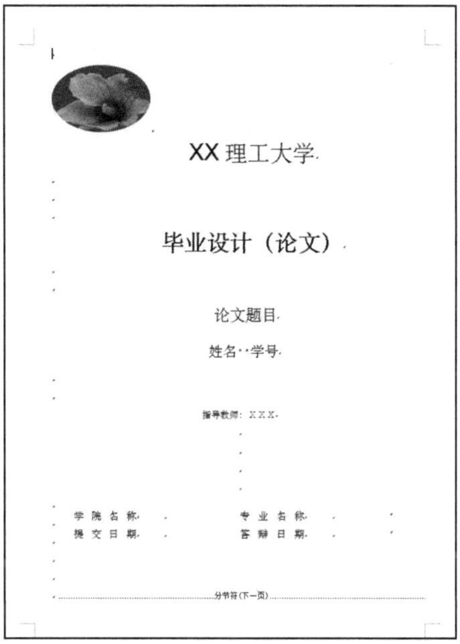
XX 理工大学

毕业设计（论文）

论文题目

姓名　学号

指导教师：XXX

学院名称：　　专业名称：

提交日期：　　答辩日期：

分节符(下一页)

图 1.2.8　封面样文

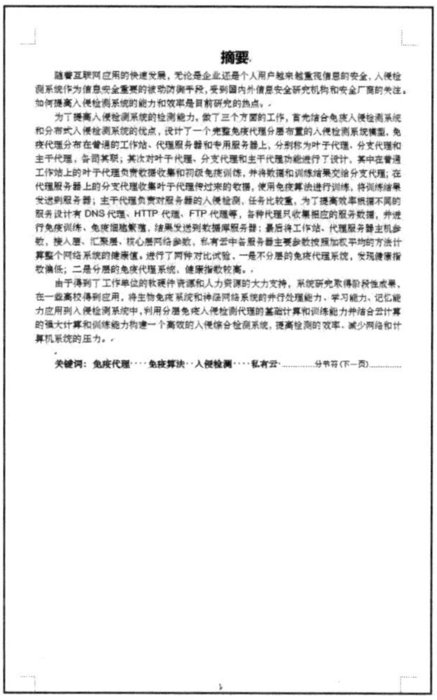
摘要

关键词：免疫代理　免疫算法　入侵检测　私有云

图 1.2.9　摘要样文

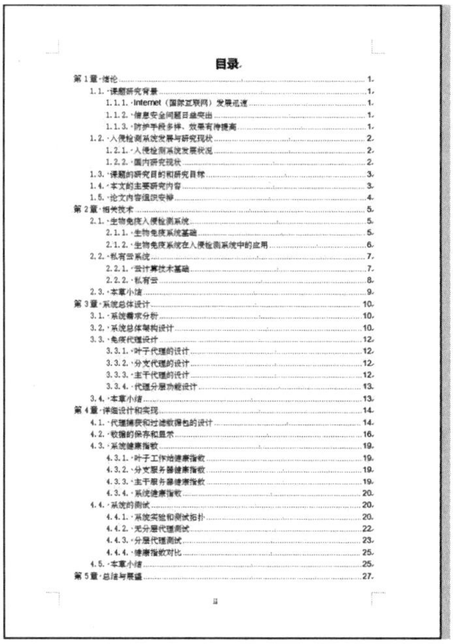
目录

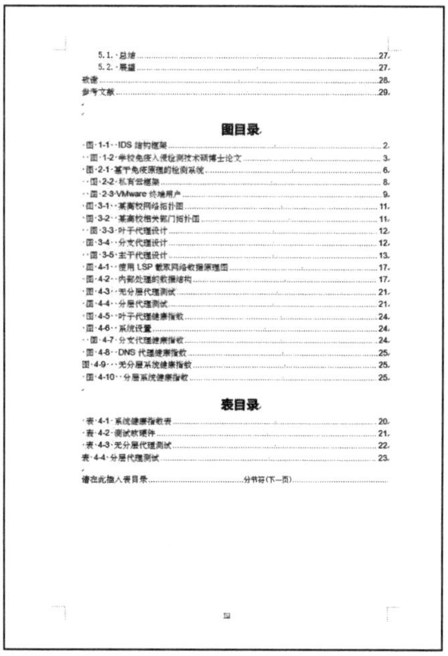
图目录

表目录

图 1.2.10　目录样文

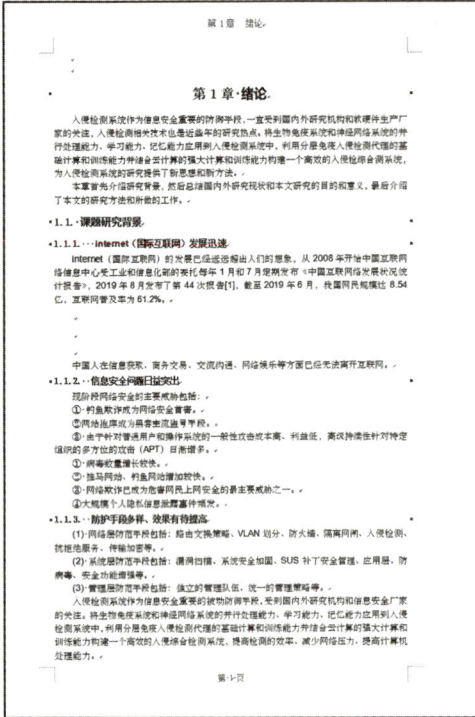

图 1.2.11　正文样文

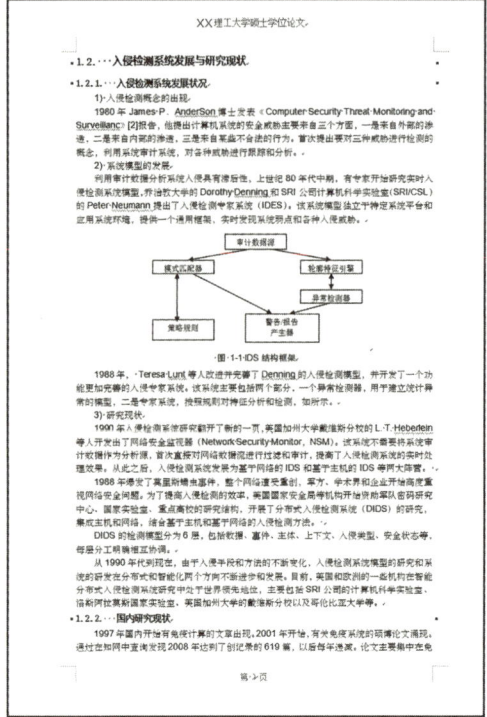

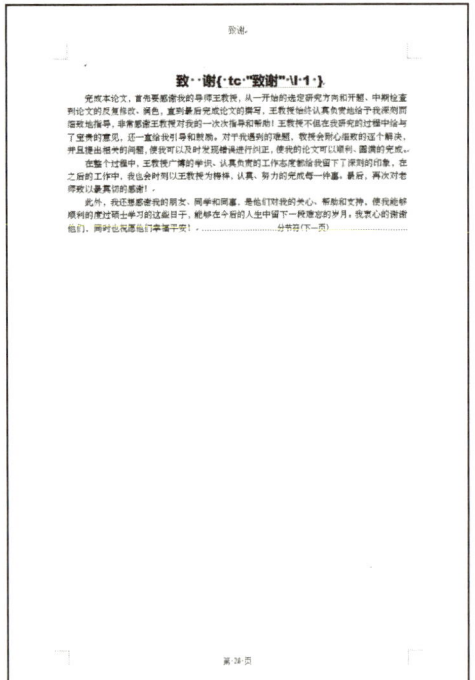

图 1.2.12　致谢样文

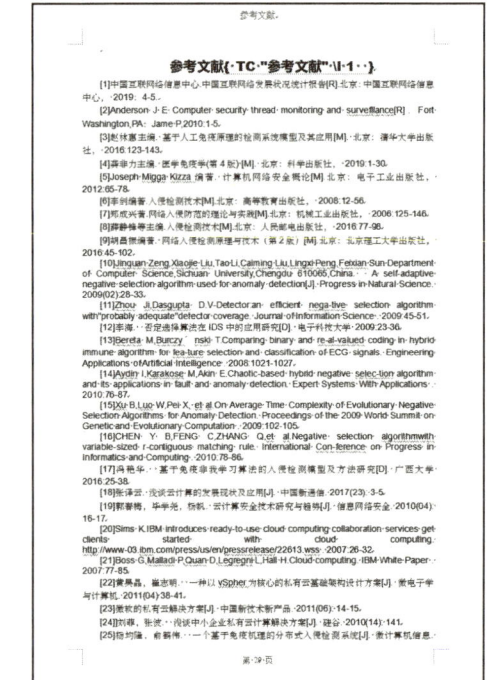

图 1.2.13　参考文献样文

二、任务实施

(一)封面设计

1.在文档首页插入空白页

要求:在素材文件夹中打开"WPS素材"文档,在文章最前面,通过【插入】选项卡插入空白页。

2.插入学校logo和学校名称

要求:在该空白页上插入学校logo和学校名称。

步骤1:在【插入】选项卡中插入素材文件夹中的学校logo,并根据效果图对图片进行裁剪。WPS的剪裁工具可以按形状、按比例裁剪,或进行自由剪裁。缩放时,需要用鼠标选择"锁定纵横比"选项,这样可以避免图片变形。

步骤2:双击鼠标进行定位,输入学校名称、毕业设计(论文)、论文题目、作者信息。当按"Enter"键进行换行时,定位行的段落格式会自动沿用上一行所有的段落格式。

3.借助表格进行排版布局

步骤3:插入表格,对学院信息、个人信息等进行排版布局。表格中的行可以通过段落工具进行设置,如文字的分散对齐、换行和分页。

(二)样式

1.新建图片样式

要求:新建图片样式,样式要求如表1.2.1所示。

表1.2.1 新建图片样式

样式名	要求
图片	段落居中对齐,段落特殊格式为无,行距为1.1倍,样式基于纯文本

步骤4:在【开始】选项卡中新建样式,并根据表1.2.1进行设置,步骤如图1.2.14、图1.2.15所示。

图1.2.14 新建样式的位置

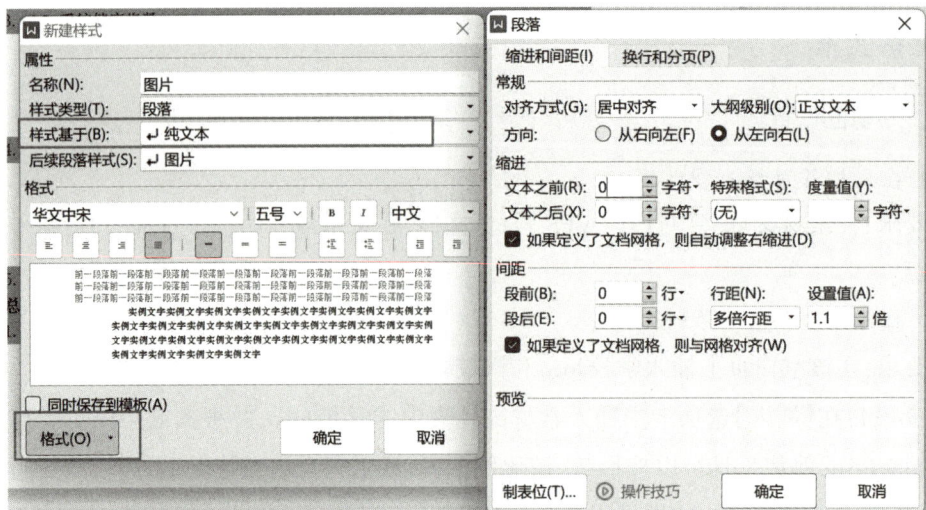

图1.2.15　新建样式设置

知 识 提 示

　　新建样式中的"样式基于"指的是光标所在位置的样式,"图片"样式具有"纯文本"样式的所有格式,它是在"纯文本"样式的基础上进行更改得到的。若要应用"图片"样式,选中图片,然后单击"图片"样式即可。

2.修改样式

　　要求:对现有样式根据实际需要进行修改,样式要求如表1.2.2所示。

表1.2.2　修改样式

标题级别	样式名称	修改要求
章标题 (蓝色标记)	标题1	中文字体为"微软雅黑",西文字体为"Arial",三号字号,加粗,颜色为"黑色"。文本段落对齐方式为"居中对齐",段落特殊格式为无,行距为固定值20磅,段前、段后间距均为1行
节标题 (绿色标记)	标题2	中文字体为"微软雅黑",西文字体为"Arial Black",小四字号,加粗,颜色为"黑色,文本1",1.25倍行距,段前、段后间距分别为0.5行、0行
条标题 (红色标记)	标题3	中文字体为"宋体",五号字号,颜色为"黑色:文本1",单倍行距,段前、段后间距均为0.25行
正文	正文	中文字体为"华文宋体",西文字体为"Arial Black"
图片或表格的名称	题注	段落对齐方式为"居中对齐",段落特殊格式为无,段后间距为5磅,单倍行距

　　步骤5:【开始】选项卡→选中样式中的"标题1"样式→单击右键选中"修改样式",根据表1.2.2要求进行修改,步骤如图1.2.16所示。

3.应用样式

要求：将所有蓝色字体的段落应用"标题1"样式，所有绿色字体的段落应用"标题2"样式，所有红色字体的段落应用"标题3"样式。

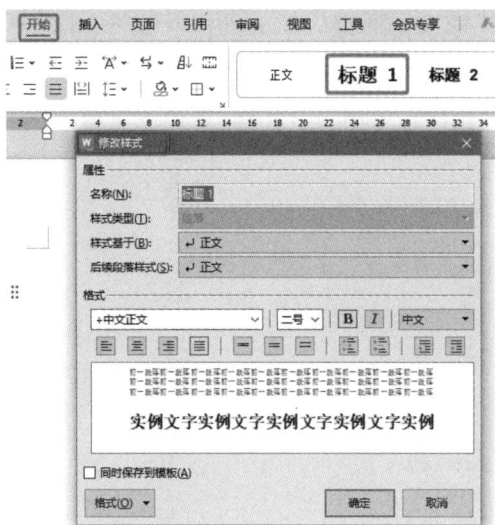

图1.2.16 修改样式

步骤6：将光标放在蓝色字体的章标题上→【开始】选项卡→【选择】→"选择格式相似的文本"（图1.2.17），确保所有蓝色文本的章标题文字被选中→单击样式中的"标题1"，所有蓝色文本的章标题文字即应用了"标题1"样式。用同样的方法依次设置"标题2""标题3""正文"。图称或表称区别于正文的特殊统一格式，使用"选择格式相似的文本"功能无法一次全部选中，需要逐个设置样式。

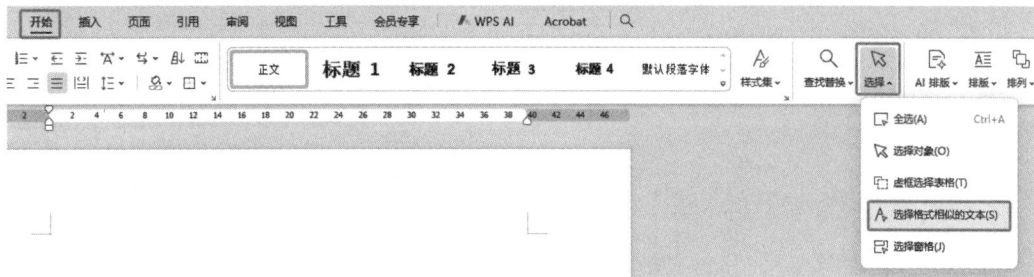

图1.2.17 选择格式相似的文本

（三）多级列表

多级列表是利用样式或大纲级别来生成的。在创建多级列表之前，首先要将需要编号的段落应用内置样式（"标题1"到"标题9"）或者设置大纲级别。

步骤7：【开始】选项卡→【段落】→"列表"→"自定义编号"，步骤如图1.2.18所示。打开自定义编号窗口（图1.2.19），选中一种格式的多级编号→"自定义"。注意：仅当选中一种格式时，自定义按钮才可以被选中。在"自定义多级列表编号列表"中（图1.2.20），左边的1,2,3……表示标题的级别(即章标题、节标题、条标题的级别),级别1需要和"标题1"样式进行关联。选中级别1,将级别链接到"标题1"样式,这样所有应用了"标题1"样式的文字前都添加了自动编号"1.2.3.……"。选中级别2,将级别链接到"标题2"样式,这样所有应用了"标题2"样式的文字前都添加了自动编号"1.1 1.2……2.1 2.2……"。这里的级别1、级别2是指段落的大纲级别,应在段落格式中进行设置,如图1.2.21所示。如果级别编号出现问题,则需检查样式应用是否正确,去掉或重新应用相应的样式后,编号级别即可自动更新。

图1.2.18　自定义编号

图1.2.19　多级编号

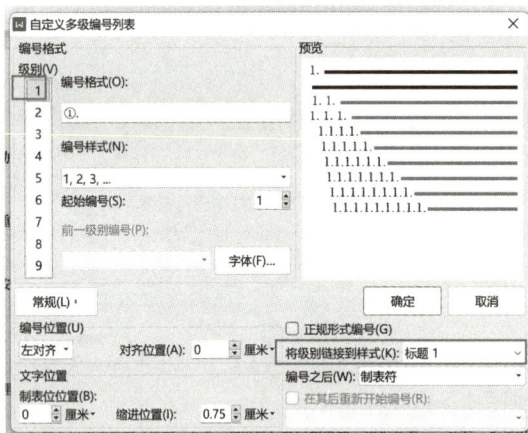

图1.2.20　自定义多级编号列表

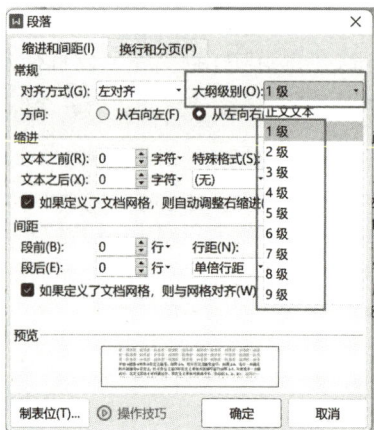

图1.2.21　段落-大纲级别

(四)添加目录

目录是利用标题样式或者段落中的大纲级别来创建的。在建立目录之前,需先将希望出现在目录中的段落应用内置的标题样式("标题1"到"标题9"),或者设置段落的大纲级别。

步骤8:在摘要前插入分节符:【页面】选项卡→【分隔符】→"下一页分节符",如图

1.2.22所示,插入分节符之后会多出一个空白页面。在空白页面中插入目录:【引用】选项卡→【目录】→"自定义目录",如图1.2.23所示。WPS提供了很多目录模板,可供快速插入目录。"自定义目录"可以更灵活地设置目录,如图1.2.24所示。目录中的"标题1""标题2""标题3"等指所有应用了"标题1"样式、"标题2"样式、"标题3"样式等的文字;选框中的1、2、3等指的是段落中的大纲级别,在本文档中,对应章标题、节标题、条标题的级别。单击"确定"按钮后,会在分节符之前自动生成论文目录。目录中应包含相应的标题和页码,按住"Ctrl"键单击某个标题,就可以定位到相应的位置,便于查看。

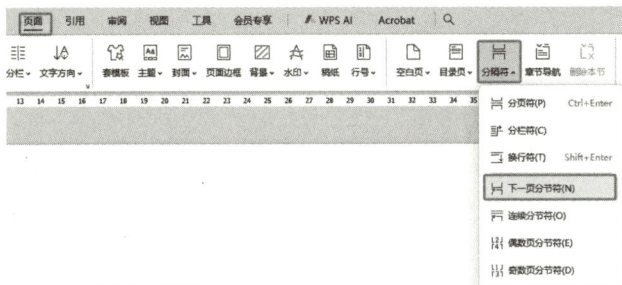

图1.2.22 插入分节符   图1.2.23 插入自定义目录

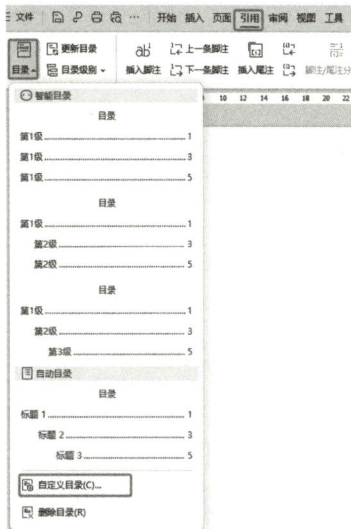

图1.2.24 目录的具体设置

(五)修改目录样式

若要分别对目录中应用了"标题1"和"标题2"等样式的文字的格式进行不同的设置,则需要修改目录样式。

步骤9:【开始】选项卡→【样式】→"目录1"→右键选中"修改样式",步骤如图1.2.25所示。

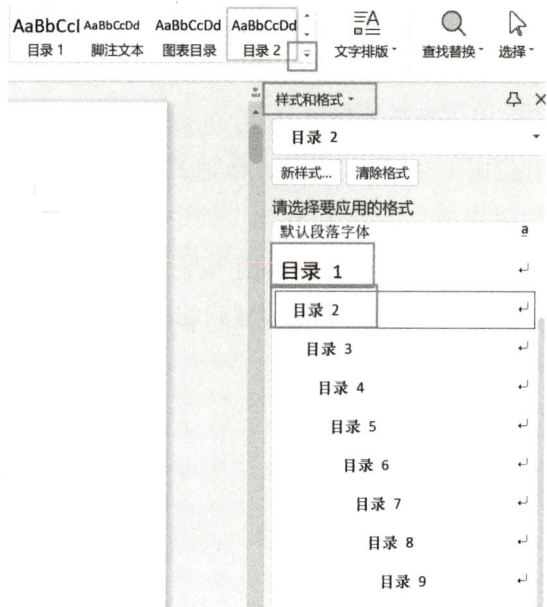

图 1.2.25　修改目录样式

（六）添加题注及引用

1.添加题注

步骤10：【引用】选项卡→【题注】→根据具体情况选择图、表或相应的标签，如图1.2.26所示。如果没有相应的标签，则可以点击"新建标签"添加标签。

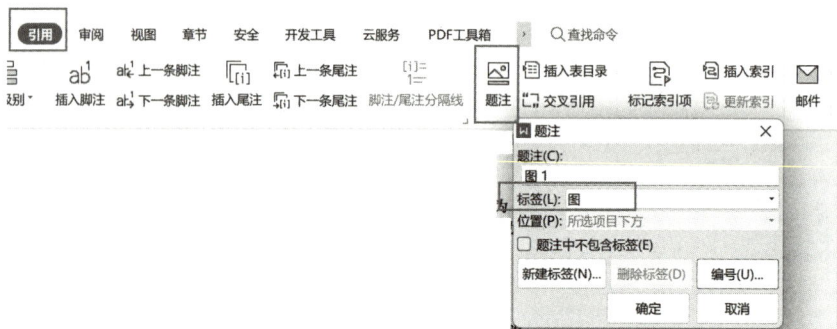

图 1.2.26　只有序号的题注

步骤11：【引用】选项卡→【题注】→"编号"→勾选"包含章节编号"，如此设置后，所有应用了"标题1"样式的章节序号会被自动添加到图序号之前，如图1.2.27所示。

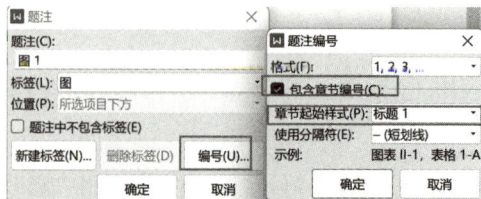

图 1.2.27　包含章节序号的题注

2.题注的交叉引用

步骤12:题注添加完成之后,将光标定位到需要引用题注的位置→【引用】选项卡→【交叉引用】→打开"交叉引用"对话框,在"引用类型"和"引用内容"中进行选择→点击"插入"按钮,步骤如图1.2.28所示。

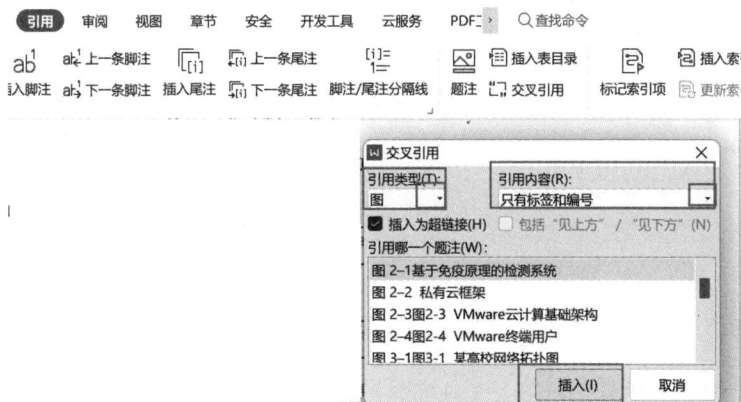

图 1.2.28　交叉引用

3.添加图表目录

要求:所有图或表的题注添加完成后,需在文章开头位置添加图目录、表目录等。

步骤13:【引用】→【插入表目录】→选择"图",步骤如图1.2.29所示。

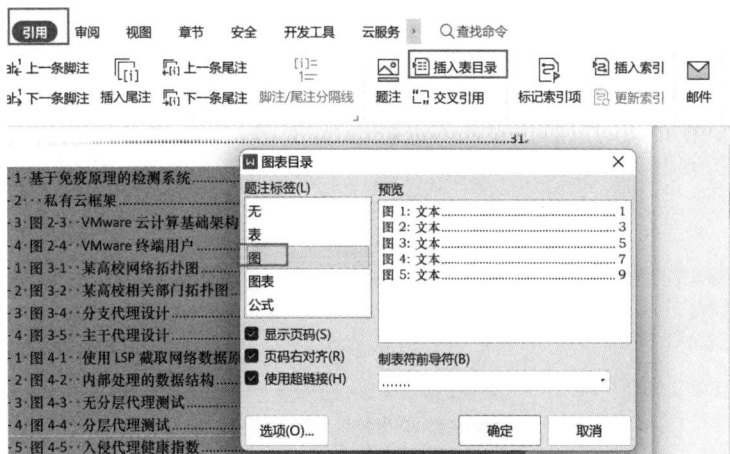

图 1.2.29　图表目录

(七)添加脚注和尾注

步骤14:【引用】选项卡→【插入脚注】,需将脚注转换为尾注,并对脚注进行格式设置,单击灰色转折线(图1.3.30),在脚注和尾注窗口进行转换和编号格式设置,如图1.2.31所示。

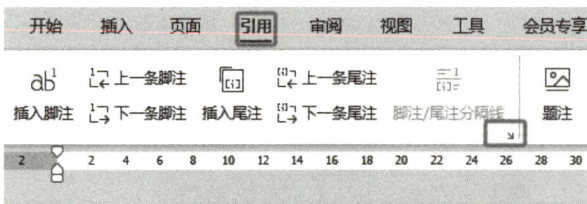

图1.2.30　脚注和尾注

图1.2.31　脚注和尾注转换和编号格式设置

（八）添加页眉和页脚

1.根据要求添加页眉和页脚

要求：为摘要、目录、图目录和表目录设置连续编号，页码格式为罗马数字（Ⅰ、Ⅱ、Ⅲ等），正文以及参考文献部分同样设置连续编号，页码格式为"第一页"且起始页码为1。偶数页的页眉显示当前所在章节的章标题名称，奇数页的页眉显示"××理工大学硕士学位论文"。

步骤15：在目录、图目录、表目录以及每一章节的章节标题前插入"下一页分节符"。双击页脚位置进入页眉页脚编辑状态→【页眉页脚】选项卡→【页眉页脚选项】→勾选"奇偶页不同"，步骤如图1.2.32所示。在摘要、图目录、表目录的页脚位置插入页码，步骤如图1.2.33所示。在正文的页脚位置插入页码，步骤如图1.2.34所示。

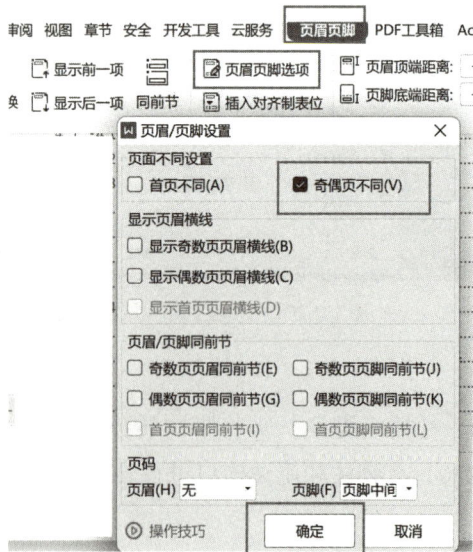

图1.2.32　页眉页脚选项

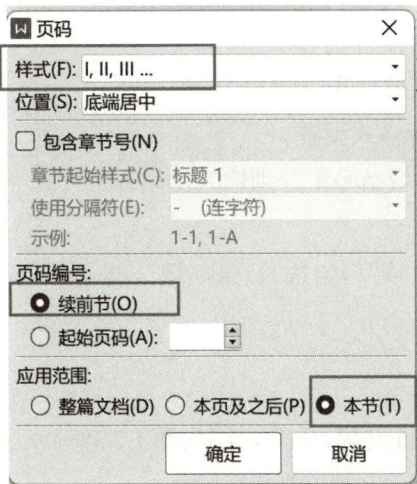

图 1.2.33　目录页页码设置

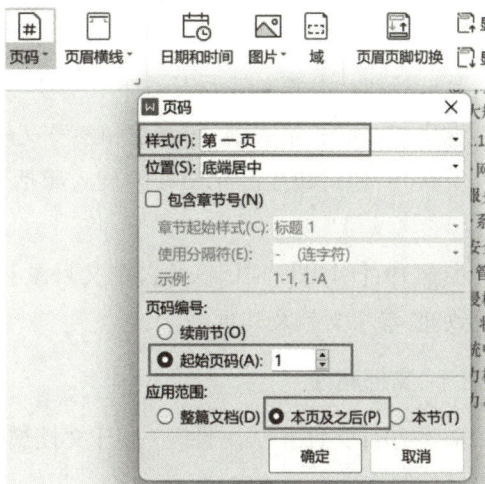

图 1.2.34　正文页页码设置

2.设置不同的页眉内容

步骤16：双击正文页的页眉处，单击带有灰色底纹的"同前节"，去掉"同前节"的灰色底纹，也即去掉当前节同前一节之间的链接（灰色底纹代表光标所在位置的节与前一节的页眉页脚存在链接，白色底纹代表光标所在位置的节与前一节的页眉页脚不存在链接），如图 1.2.35 所示。接下来，在奇数页的页眉处插入"××大学硕士学位论文"，在偶数页的页眉处单击功能区的域，选择"样式引用"，步骤如图 1.2.36 所示。需要注意的是，在WPS中，需要设置2次：第1次勾选"插入段落编号"，此时只能添加章编号；第2次不勾选"插入段落编号"，便可添加章名称。

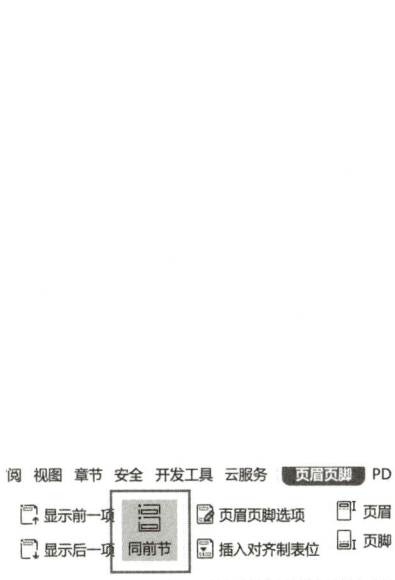

图 1.2.35　不同节之间的关联

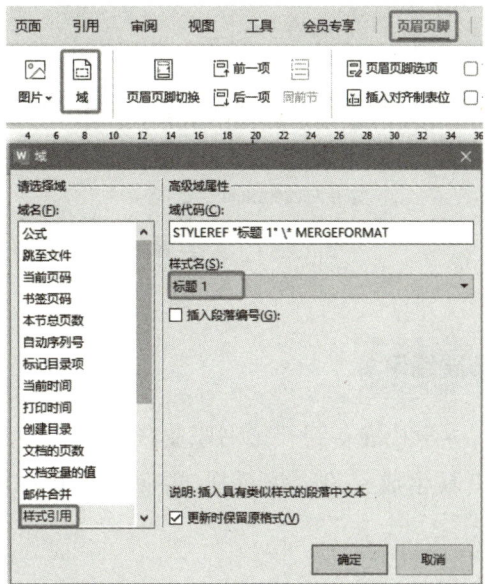

图 1.2.36　样式引用域

(九)目录项域

要求：致谢、参考文献无需添加章序号，且不需要使用"标题1"样式。

步骤17：利用"格式刷"对致谢和参考文献进行格式设置。

步骤18：通过快捷键"Ctrl+F9"插入域括号，在域括号中分别输入代码{tc "致谢" \l 1}和{tc "参考文献" \l 1}。

步骤19：【引用】选项卡→【自定义目录】→"选项"→勾选"目录项域"，此时目录中会出现致谢、参考文献及其页码。

(十)文档属性

步骤20：【文件】→"属性"→打开文档属性进行设置，如图1.2.37、图1.2.38所示。在利用模板制作论文封面时，封面中的一些信息便源于文档属性中的设置。

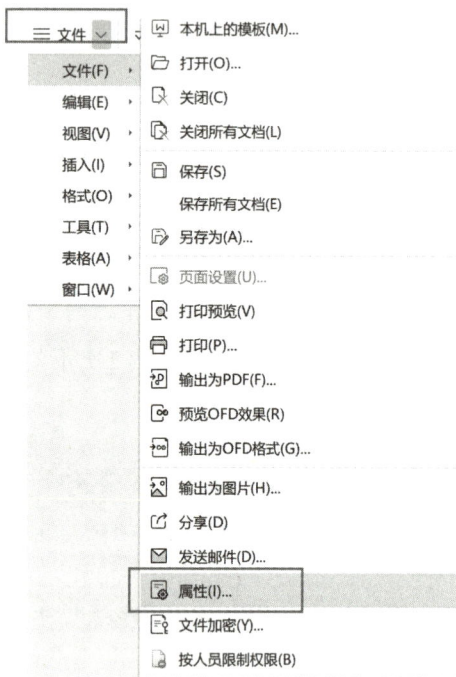

图 1.2.37　文件-属性　　　　　图 1.2.38　文档属性

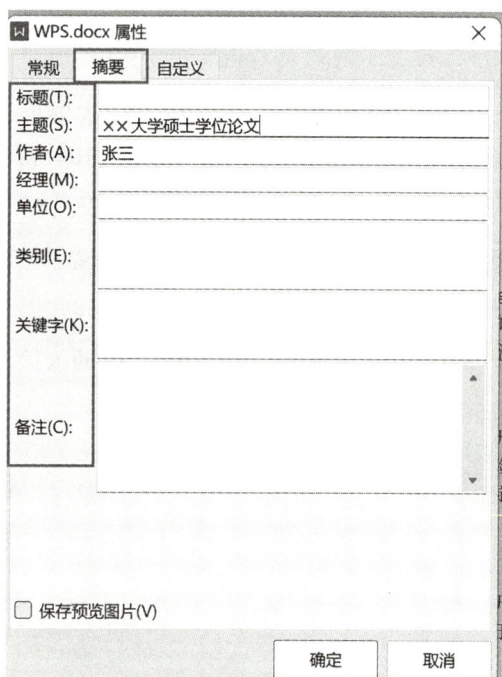

拓展练习

××学校准备召开秘书职业联盟会议，为大家提供交流学习的机会。请你结合WPS AI工具生成一份会议手册，并使用WPS AI排版功能完成一键排版布局，如图1.2.39所示。

图 1.2.39 WPS AI 一键排版

任务三 联合发文的公文

案例导入

联合发文是政府机构、企事业单位等组织间协作的一种重要方式。通过共同发布文件,各组织能够实现信息共享、政策协调和工作推进。近年来,随着国家治理体系和治理能力现代化进程的推进,联合发文在各个领域的应用越来越广泛。国家针对公文制定了专门的国家标准——《党政机关公文格式》(GB/T 9704—2012)(以下简称GB),国家各级行政机关以及各企事业单位印发公文时,都必须按照此标准执行,不能随意编印。现以消防安全部门与企业联合发布的"关于做好办公场所火灾防控的通知"为例,按照GB中联合发文的公文格式要求对其进行格式设置。

知识准备

通知的写作要点:标题明确,正文清晰,结尾恰当,语言准确。

技能准备

一、双行合一

选择【开始】选项卡,在【段落】功能组中单击"字符缩放" ⋈ 按钮,在下拉列表中选择"双行合一",如图1.3.1所示。"双行合一"只能在2行上显示相同的字符个数。

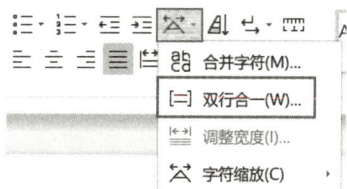

图 1.3.1 双行合一选项

二、绘制水平线

绘制水平线有2种方法。

1.边框底纹法

【开始】选项卡→【段落】→【边框和底纹】,即可打开"边框和底纹"对话框,如图1.3.2所示。在"应用于"选项中有2个选项:"文字"和"段落",选中"文字"时仅在文字下方添加横线,选中"段落"时则会在整个段落下方添加横线。点击"选项"按钮,打开选项对话框,便可以对横线与文字或段落之间的距离进行设置,如图1.3.3所示。

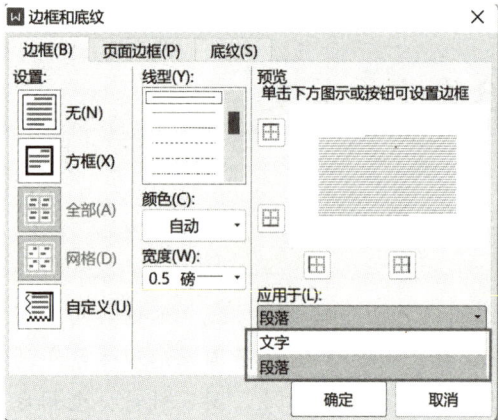

图 1.3.2 "边框和底纹"对话框   图 1.3.3 "边框和底纹选项"对话框

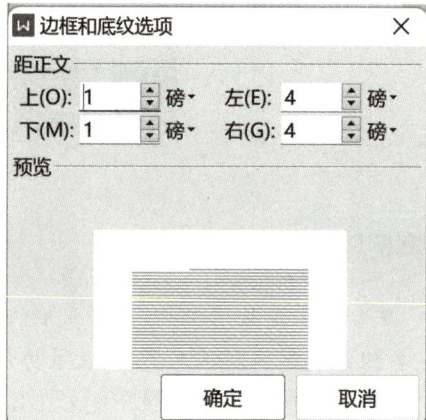

2.绘制形状法

【插入】选项卡→【形状】→"直线"。选中直线后右击弹出如图1.3.4所示的菜单选项,其中,可用"其他布局选项"来设置直线的具体位置,"设置对象格式"则可以对直线的形状、颜色等属性进行设置。选中直线左击弹出如图1.3.5所示的菜单选项,其中,"随文字移动"是指直线会随着直线所在段落文字的移动而移动,"固定在页面上"是指直线会固定在相应的页面上,不会发生移动。

图 1.3.4　右击弹出的菜单

图 1.3.5　左击弹出的菜单

三、域的操作

1. 域的概念

域是 WPS 文档中可以实现一定功能的函数。函数是计算机中组织好的、可重复使用的、用来实现单一或关联功能的代码段。域由域标志、域名、域开关、域参数、域格式开关、开关参数组成。现以时间域 TIME 域和公式域为例,来说明域的组成元素与语法含义,如图 1.3.6、图 1.3.7、表 1.3.1、表 1.3.2 所示。

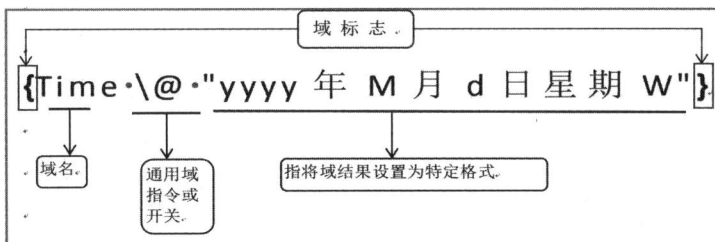

图 1.3.6　时间域

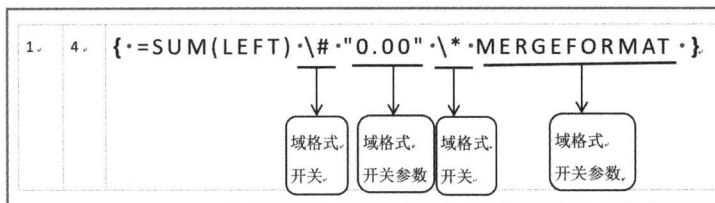

图 1.3.7　公式域

表 1.3.1　域的组成元素

项目	名称	备　注
{··|}	域标志	【插入】→【文档部件】→"域",或按"Ctrl+F9"组合键,由程序自动生成一个两侧各有一个半角空格的一对花括号。可嵌套使用。不能手动输入花括号
{time \@ "yyyy年M月d日星期W"}	域代码	域代码由域名和域开关组成,不用区分大小写,用半角空格分隔。可使用"Shift+F9"组合键切换域代码和域结果。域代码不能强制换行
2024年5月12日星期日	域结果	{·|·|·} 计算机域代码运行后的结果。可使用"Shift+F9"组合键在域代码和域结果之间切换
TIME	域名	域的名称,是赋了计算机的指令
\@	通用域开关	与域名间至少有一个半角空格
*	域的格式开关	为域结果设定特定的格式
MERGEFORMAT	域的格式开关项	勾选"更新时保留原格式"复选框后会出现
	域底纹	用灰色底纹显示域代码或域结果,域底纹不会被打印

表 1.3.2　域操作的快捷键

快捷键	功能
Ctrl+F9	插入域标志
Shift+F9	切换域代码和域结果
Alt+F9	切换文档中所有域的域代码和域结果

2.EQ域法的具体实现

使用"Ctrl+F9"快捷键插入域标志,在域标志中输入{ eq \A(海珠市消防救援安全委员会,海珠市企业发展联合会,南方飞行公司) },在域标志外加上文件2字(注意eq前后有半角空格,域代码中的标点符号都是西文标点符号)。还可以通过以下步骤进行操作:【插入】→【文档部件】→"域",如图1.3.8所示。选择"公式",输入代码,如图1.3.9所示。使用快捷键"Shift+F9"显示域结果,如图1.3.10所示。

图 1.3.8　插入域

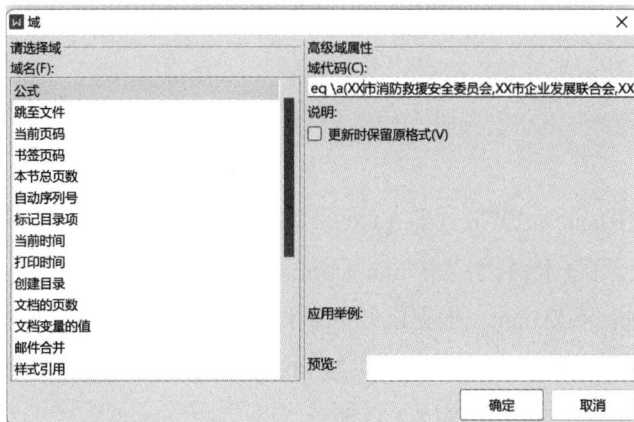

图 1.3.9　域的属性框

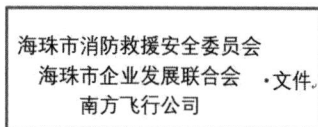

图 1.3.10　eq域结果

项目实战

一、任务分析

版心内的公文格式要素分为版头、主体、版记三部分。公文首页红色分隔线以上的部分被称作版头,公文首页红色分隔线(不含)以下、公文末页首条分隔线(不含)以上的部分被称作主体,公文末页首条分隔线以下、末条分隔线以上的部分被称作版记。完成后效果如图1.3.11所示。

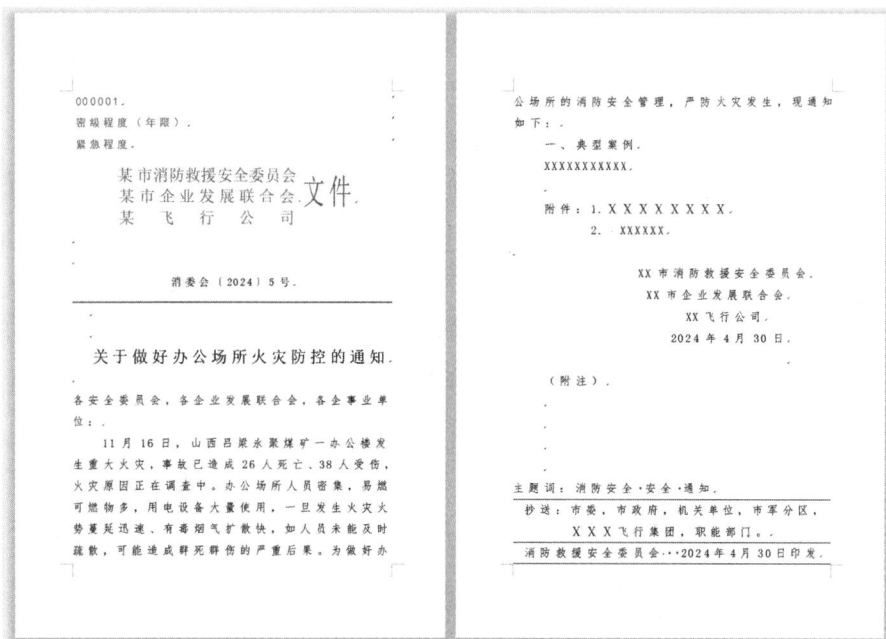

图 1.3.11　最终效果图

二、任务实施

(一)版头制作

1.页面设置

要求:GB中规定幅面尺寸为210mm × 297mm(即A4纸的宽度和高度)。

页边距与版心尺寸:公文用纸天头(上白边)为37mm ± 1mm,公文用纸订口(左白边)为28mm ± 1mm,版心尺寸为156mm × 225mm。根据已知的条件,计算出翻口(右边距)=210mm(A4纸宽度) − 28mm(左边距) − 156mm(版心宽度),地角(下边距)=297mm(A4纸高度) − 37mm(上边距) − 225mm(版心高度),如图1.3.12所示。

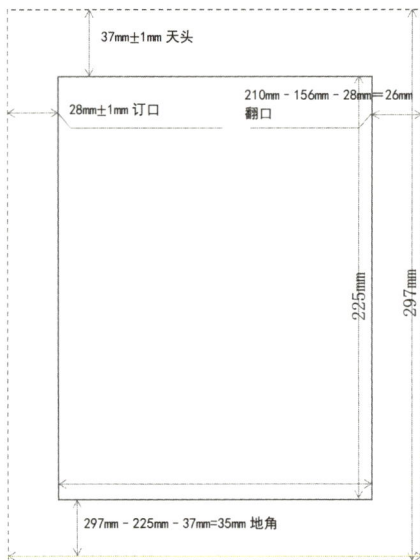

图1.3.12　公文页边与版心尺寸

行数和字数要求:一般每面排22行,每行排28个字,并撑满版心。在特定情况下,可以进行适当调整。

页码要求:页码一般用4号半角宋体阿拉伯数字,编排在公文版心下边缘下方,数字左右各放一条一字线,一字线上距版心下边缘7mm,如图1.3.13所示。单页码居右空一字,双页码居左空一字。若公文的版记页前有空白页,空白页和版记页均不编排页码。当公文的附件与正文一同装订时,页码应当连续编排。

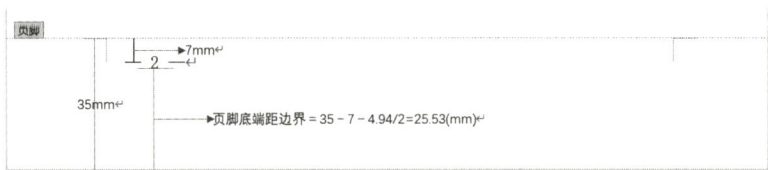

图1.3.13　一字线上距版心下边缘7mm

根据已知数据计算页脚与边界间的距离。页脚与边界间的距离=下边距(35)－一字线与版心间的距离(7)－1/2四号字高(4.94)=25.53(mm)。

步骤1:【页面】选项卡→【页面设置】→设置"页边距",如图1.3.14所示。

步骤2:【页面】选项卡→【页面设置】→设置"文档网络",如图1.3.15所示。

步骤3:页脚与边界间的距离设置如图1.3.16所示。

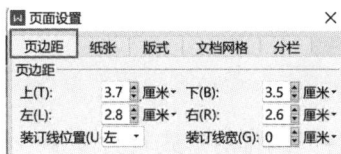

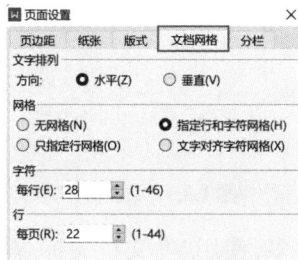

图1.3.14　页边距　　　图1.3.15　文档网格　　　图1.3.16　版式

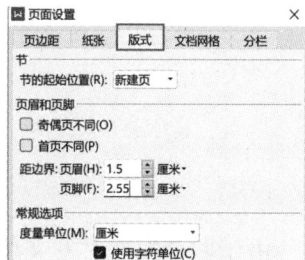

2.份号、密级和保密期限、紧急程度设置(表1.3.3)

表1.3.3　GB公文版头要求

内容	项目	参数
份号	字体	6位3号阿拉伯数字(000001)
	位置	顶格编排在版心左上角第一行
密级(绝密、机密、秘密)和保密期限	字体	3号黑体字,保密期限中的数字用阿拉伯数字标注。
	位置	顶格编排在版心左上角第二行
紧急程度(特急、急件、平件)	字体	一般用3号黑体字
	位置	顶格编排在版心左上角第三行
发文机关标志	发文机关名称	使用发文机关全称或者规范化简称时加"文件"二字联合发文时,如需同时标注联署发文机关名称,一般应当将主办机关名称排列在前
	位置	上边缘至版心上边缘的距离为35mm
	字体	小标宋体字,颜色为红色

步骤4:在"版心"第一行插入3行1列的表格,表格宽度与版心等宽,为156mm。设置单元格行高,前2行的高度分别为10.2mm和10.2mm,第3行行高为14.6mm。页面要求显示22行,版心高度为225mm,每行的高度为10.2mm,发文机关标志上边缘至版心上边缘的距离为35mm。第三行行高由35－10.2×2=14.6(mm)计算得来。

3.发文机关标志

单一发文的发文机关只有一个,发文机关名称以最大字号与"文件"二字位于一行。若发文机关名称太长,则需设置字符缩放比,字符缩放比＝字宽/字高×100%,如图1.3.17所示。

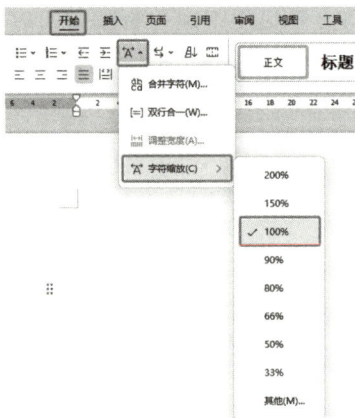

图1.3.17　字符缩放

由于联合发文时发文单位多,使用"发文机关标志+文件"编排的形式较为复杂。比较常用的方法有表格法、文本框法、艺术字法和EQ域法。下面将重点介绍表格法和EQ域法。

步骤5:在页面第4行插入一个3行3列的表格,将表格宽度设置为版心宽度156mm,居中。合并第3列的4行表格。在第2列中输入单位名称,第3列中输入"文件"二字。设置单位名称的字体为小二、"宋体",颜色为红色,段落格式为"分散对齐","文件"二字字体为48号、"宋体",颜色为红色,段落格式为"左对齐"。调整第1列的宽度,使"发文机关标志+文件"在页面中居中(字号可根据单位名称的长短进行适当的调整)。带表格线的效果图如图1.3.18所示。最后将表格线设置为无。

图1.3.18　带表格线的效果图

知识拓展

1.EQ域法

①使用快捷键"Ctrl+F9"插入域标志,在域标志中输入{ eq \A(海珠市消防救援安全委员会,海珠市企业发展联合会,南方飞行公司)}(注意eq前后的半角空格),在域后面输入"文件"两字。

②将发文机关名称设置为"分散对齐",域代码中的文字属于代码的一部分,不能直接

用"分散对齐"命令来进行格式设置。可通过快捷键"Shift+F9"切换到域代码，在域代码中设置所有字符大小为22磅，对所有字数较少的行，分别设置字符间距，使其与字符最多的一行两端对齐。"文件"二字根据具体情况设置大小，并居中对齐，然后进行字符缩放设置。

③字符间距的设置方法：为便于计算汉字大小，建议使用磅值。字符最多的那一行文字不设字符间距，字数较少行的字符间距的计算公式为：设置行的字符间距=（最多行的字符个数－设置行的字符个数）×字符磅值×字符的缩放比/[2×（设置行的字符个数－1）]

2.例子

海珠市消防救援安全委员会共12个字符，海珠市企业发展联合会共10个字符，所有字符的大小为22磅，缩放比为100%。那么，海珠市企业发展联合会在域代码中的字符间距为（12－10）×22×100%/[2×（10－1）]=2.44（磅），南方飞行公司的字符间距为（12－6）×22×100%/[2×（6-1）]=13.2（磅）。完成后效果如图1.3.19所示，各行字符并没有完全对齐，这是因为标点符号与最后一个字符之间的字符间距为2.44磅，而最后一行最后一个字的字符间距为13.2磅。此时，可去掉最后一个字的字符间距，同时取消勾选"如果定义了文档网格，则对齐网格（W）"，如图1.3.20所示。完成后效果如图1.3.21所示。

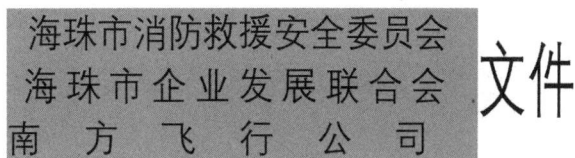

图1.3.19　错误设置

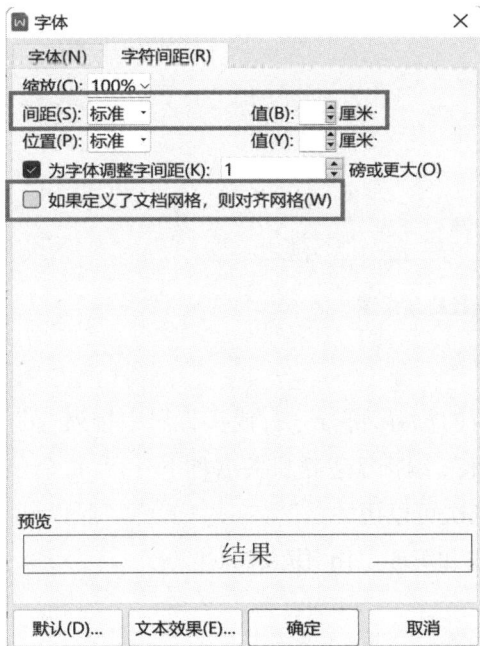

图1.3.20　字符间距

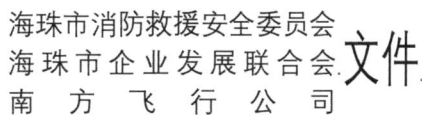

图1.3.21　正确结果

4.编制发文字号

要求:发文字号编排在发文机关标志下空二行的位置,居中排列。年份、发文顺序号用阿拉伯数字标注,年份应标全称,用六角括号"〔〕"括起来,发文顺序号不加"第"字,不编虚位(即1不编为01),在阿拉伯数字后加"号"字。

步骤6:根据要求自行操作。

5.分隔线

要求:分隔线是位于发文字号下4mm处、与版心等宽的一条红色分隔线。

步骤7:将光标置于发文字号之后→【开始】选项卡→【段落】→【边框和底纹】→在"边框和底纹"对话框中按照图1.3.22进行设置。然后,单击"选项"按钮,设置"距正文"下为4mm,系统会自动把4mm转为11.3磅,如图1.3.23所示。完成后效果如图1.3.24所示。

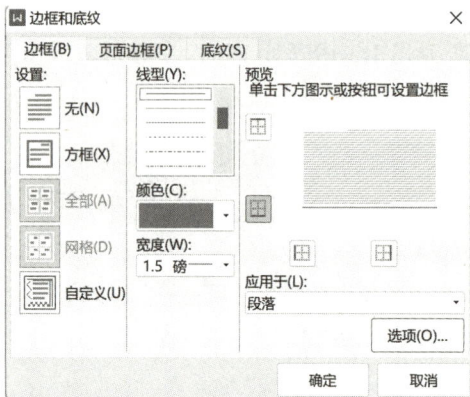

图1.3.22 "边框和底纹"对话框

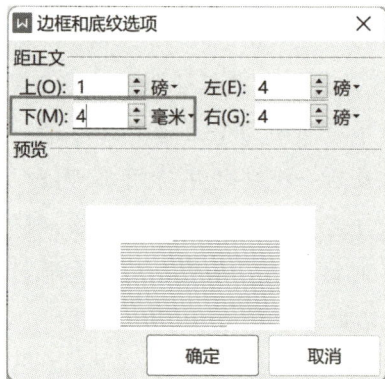

图1.3.23 分隔线的位置

图1.3.24 最终效果图

(二)编制主体内容格式

要求:标题编排于红色分隔线下空二行的位置,可分一行或多行居中排列。公文首页必须显示正文,正文字体一般用三号"仿宋",编排于主送机关名称下一行,每个自然段左空二字,回行顶格。文中结构层次序数依次可以用"一、""(一)""1.""(1)"标注:一般第一层用"黑体"、第二层用"楷体"、第三层和第四层用"仿宋"标注。

步骤8:根据要求完成。

要求:附件在正文下空一行,左空二字编排"附件"二字,后标全角冒号和附件名称。如有多个附件,使用阿拉伯数字标注附件顺序号(如"附件:1.×××××"),附件名称后不加标点符号。附件名称较长需回行时,应当与上一行附件名称的首字对齐。

步骤9：根据要求完成，如图1.3.25所示。

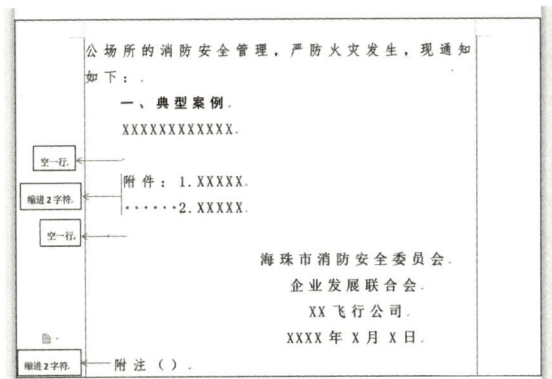

图1.3.25　不加公章的署名和日期

（三）制作版记

要求：版记部分包括分隔线、抄送机关、印发机关、印发日期以及页码。版记中的分隔线与版心等宽，首条分隔线和末条分隔线用粗线（推荐高度为0.35mm），中间的分隔线用细线（推荐高度为0.25mm）。首条分隔线位于版记中第一个要素之上，末条分隔线与公文最后一面的版心下边缘重合。

步骤10：【插入】选项卡→【形状】→"直线"。"直线"的宽度为15.6mm，右击第一条直线，在弹出的菜单中，选择"其他布局选项"，设置直线的具体位置，位于段落下方1.02cm（计算行高：225/22=10.2）处，步骤如图1.3.26所示。

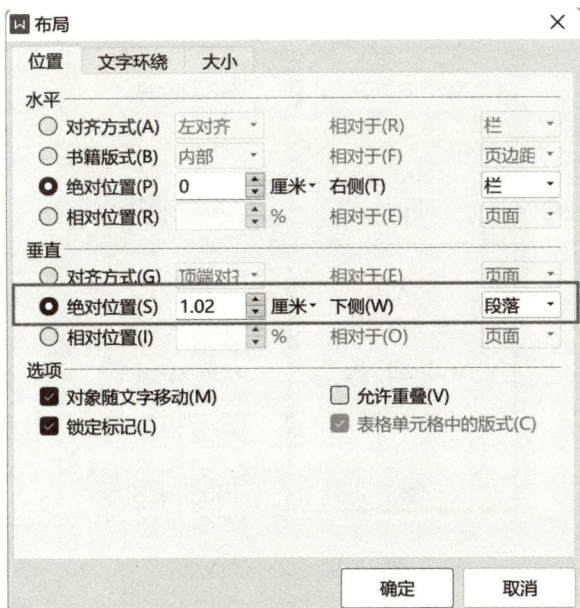

图1.3.26　其他布局选项

步骤11:【插入】选项卡→【页码】→"页码",在页眉页脚选项中设置"奇偶页不同",单页码居右空一字,双页码居左空一字。在WPS中,页码位于文本框内,可通过设置文本框的位置来设置页码的居左或居右显示。完成后效果如图1.3.27所示。

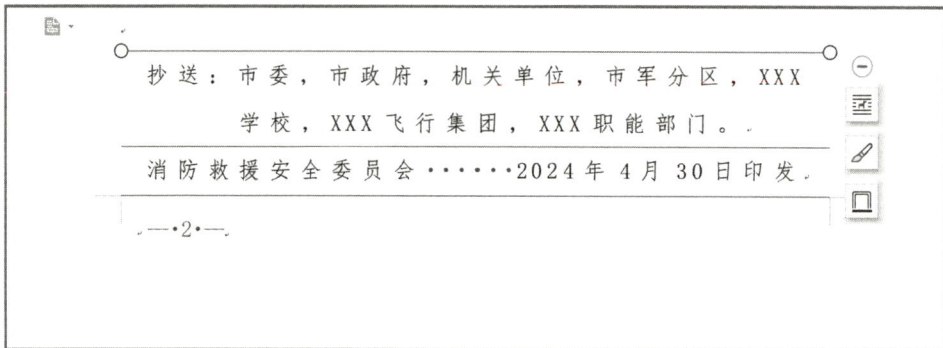

图1.3.27　版记效果图

拓展练习

利用AI工具撰写一篇关于国庆旅游注意事项的安全通知,按GB的公文格式要求对通知进行格式设置,或者通过【WPS AI】→【AI排版】→"党政公文"→"通知",实现一键排版,如图1.3.28所示。

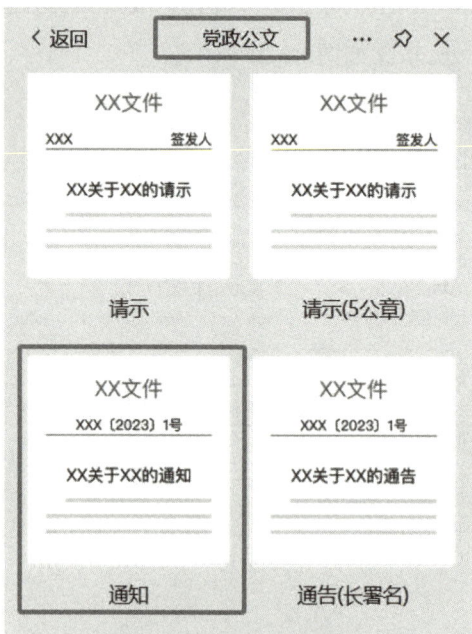

图1.3.28　AI一键排版

任务四　公司宣传册

案例导入

为了显著提升公司的品牌形象与市场知名度,精心策划并制作一份高质量的公司宣传册尤为关键。通过学习本任务,大家可以更深入地了解公司宣传册,并制作出精美且优秀的公司宣传册。

知识准备

公司宣传册是公司或单位用于对外展示其业务、产品、服务、成就和理念的重要工具。它通常涵盖了详细的公司信息、历史背景、产品目录、服务介绍、成功案例、管理团队和联系方式等内容,旨在吸引潜在客户和合作伙伴的关注,并激发他们与该公司建立业务关系的兴趣。通常来说,公司宣传册应该具备以下特点。

1.设计精美

宣传册的设计应该与公司的品牌形象相契合,采用高质量的纸张和印刷工艺,以展示公司的专业性和价值。

2.内容清晰

信息应该简洁明了、易于理解,文字应该简洁有力,图片和图表应该清晰且富有吸引力。

3.突出卖点

宣传册应该突出公司的独特之处,如创新的产品、优质的服务、丰富的经验等,以吸引潜在客户的目光。

4.易于阅读

宣传册应便于阅读和理解,避免使用过多的行话和术语。同时,应合理安排内容的结构和布局,以便读者能够快速定位所需的信息。

5.更新及时

随着公司的发展和市场环境的变化,宣传册的内容也应该及时更新,以反映公司的最新情况和成就。

总之,公司宣传册是公司或单位向外界展示自身形象和实力的重要工具,通过精心策划和制作,可以有效地吸引潜在客户和合作伙伴的关注,提升企业的知名度和竞争力。

技能准备

一、文本框的使用

文本框是一种灵活的工具，用于创建可移动和可调整大小的文字或图形容器，它的主要功能包括插入文本框、设置文本框等。

1. 插入文本框

【插入】选项卡→【文本框】，可以选择"横向文本框""竖排文本框"和"多行文字"。

2. 文本框设置

插入文本框后，选择该文本框，在【绘图工具】选项卡中进行设置，常用的功能有"填充""轮廓""环绕""对齐"和"高度、宽度"等。

3. 文本框内的文字设置

插入文本框后，选择该文本框，在【文本工具】选项卡中进行设置，常用的功能有"字体""段落""预设样式""文本填充""文本轮廓"和"文本效果"等。

二、图片的使用

为了使内容更加丰富、有深度，增强文档的说服力和吸引力，常常会在文档中使用图片。图片的功能和常用设置如下。

1. 插入图片

【插入】选项卡→【图片】→"本地图片"→在"插入图片"界面找到图片所在的位置，完成图片插入。

2. 图片设置

插入图片后，选择该图片，在【图片工具】选项卡中进行设置，常用的功能有"裁剪""高度、宽度""图片轮廓""图片效果""环绕"和"对齐"等。

三、形状的使用

在WPS文字中插入形状能有效地提升文档视觉效果、强调内容、组织结构和美化文档。常见功能涉及以下几个方面。

1. 插入形状

【插入】选项卡→【形状】→有"线条""矩形""基本形状"和"箭头总汇"等形状可供选择。

2. 形状设置

插入形状后，选择该形状，在【绘图工具】选项卡中进行设置，常用的功能有"裁剪""高度、宽度""图片轮廓""图片效果""环绕"和"对齐"等。这些常用功能在设置文本框的绘图工具中已进行过介绍，现在重点介绍"旋转""上移或下移"和"组合"功能。

旋转：该功能可以改变形状的方向，使其不再局限于水平或垂直方向。这对于创建独特的视觉效果或适应特定的文档布局非常有用。方法:选择需要旋转的形状→【绘图工具】选项卡→点击"旋转"下拉按钮,其中主要包括向左旋转90°、向右旋转90°、水平翻转和垂直翻转等选项。

上移或下移:在文档中,当多个形状或对象出现重叠情况时,可根据需要调整它们的堆叠顺序。上移或下移功能可以轻松地将选定对象移动到所有对象的顶部或底部。方法:选择需要调整堆叠顺序的形状→【绘图工具】选项卡→点击"上移"或"下移"来调整形状的位置。如果你想要将形状直接置于最顶层或最底层,可以选择"置于顶层"或"置于底层"。

组合:组合功能可以将多个形状、图片或其他对象组合成一个单一的整体。这样做的好处是,可以同时对组合中的所有对象进行移动、旋转或应用格式的操作,而无需单独处理每个对象。

项目实战

一、任务分析

①精美的宣传册需要使用美观的图片,搭配各种图形和匹配的颜色。

②宣传册主要包括封面、公司简介、发展历程、业务产品、品牌荣誉和联系我们。完成后效果如图1.4.1所示。

图1.4.1 最终效果图

二、任务实施

(一)新建文档和页面设置

1.页面设置

要求:新建空白文档后,对文档页面进行设置

步骤1:【页面】选项卡→【页面设置】→将上下左右页边距设置为0cm,步骤如图1.4.2所示。

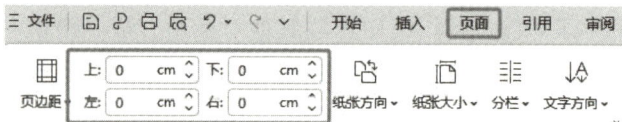

图1.4.2　页面设置

2.插入空白页

要求:除了封面页,还需插入5个空白页,以设计公司简介、发展历程等内容。

步骤2:【插入】选项卡→【分页】→"分页符",分别插入5个分页符,生成5个空白页,步骤如图1.4.3所示。

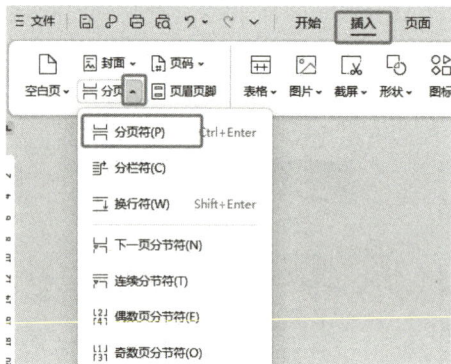

图1.4.3　插入空白页

(二)设计"封面"

1.设计封面页的背景图片

要求:在首页插入图片,并将长和宽分别设置为29.7cm和21cm。

步骤3:【插入】选项卡→【图片】→"本地图片"→在素材文件夹找到名称为"封面.jpg"的图片并选中→打开,即完成插入图片操作,并将图片的长和宽分别设置为29.7cm和21cm,完成后效果如图1.4.4所示。

2.插入矩形形状,并对矩形进行设置

要求:绘制一个长和宽分别为22cm和16cm的矩形,"填充":设置为"无","线条":颜色设置为"白色",宽度设置为"10磅"。

步骤4:【插入】选项卡→【形状】→"矩形"→绘制一个长和宽分别为22cm和16cm的矩形,根据效果图将其移动到合适的位置。

步骤5:选择绘制好的矩形→【文本工具】选项卡→【设置形状格式】→"填充":设置为"无","线条":颜色设置为"白色",宽度设置为"10磅",如图1.4.5所示。

图1.4.4 插入背景图

图1.4.5 形状设置

3.插入矩形形状

要求:插入第二个矩形形状,"线条":设置为"无线条","填充":设置为"纯色填充",颜色为RGB(22,83,148),透明度为10%,步骤如图1.4.6所示。

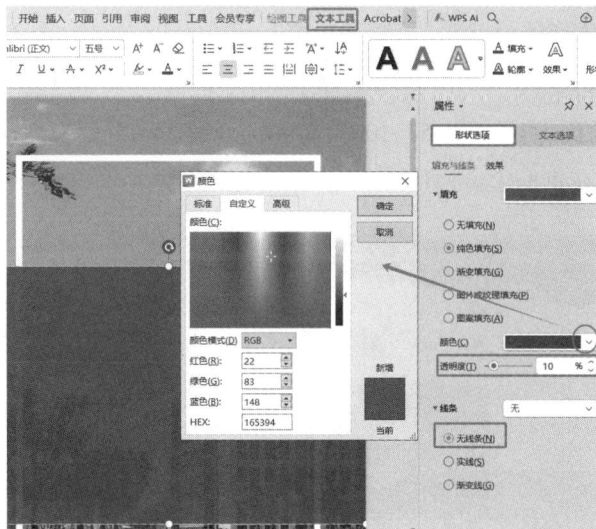

图1.4.6 形状设置

4.插入公司logo和文本框

要求:插入公司logo和文本框并输入文字、设置字体。

步骤6:找到素材中的"公司logo.png"图片并插入,将图片的高和宽分别设置为1.22cm和3.02cm,环绕方式设置为"浮于文字上方"。

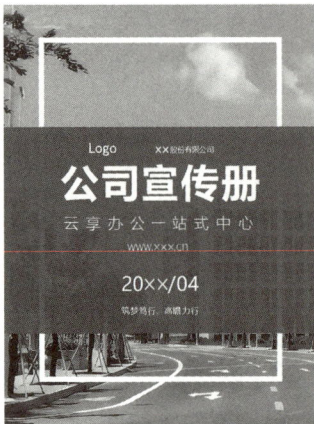

图1.4.7　封面效果图

步骤7：插入文本框，将文本框设置为无线条、无填充，然后再复制5个文本框，在这些文本框中分别输入"公司宣传册""云享办公一站式中心""www.×××.cn""20××/04"和"筑梦笃行、高瞻力行"等文字内容。

步骤8：将"××股份有限公司"设置为"微软雅黑"、四号、白色；"公司宣传册"设置为"微软雅黑"、字号72、白色，加粗；"云享办公一站式中心"设置为"微软雅黑Light"、字号28、白色；"www.×××.cn"为"微软雅黑Light"、二号、白色；"20××/04"设置为"微软雅黑"、小初、白色；"筑梦笃行、高瞻力行"设置为"微软雅黑"、三号、白色。完成后效果如图1.4.7所示。

（三）在第2页制作"公司简介"

1.根据效果图绘制图形，并进行设置

步骤9：插入"直角三角形"：【插入】选项卡→【形状】→"直角三角形"→绘制一个直角三角形，设置该形状为"无线条"，填充颜色为RGB（3，51，100），高和宽分别为27cm和3.75cm，旋转方式为"向右旋转90度"，放置在页面上方左侧，如图1.4.8所示。用相同的方法绘制另外三个"直角三角形"：设置页面上方右侧三角形的形状为"无线条"，填充颜色为RGB（32，88，147），高和宽分别为4cm和15cm，旋转方式为"向右旋转90度"2次；设置页面下方右侧三角形的形状为"无线条"，填充颜色为RGB（32，88，147），高和宽分别为4cm和15cm，旋转方式为"水平翻转"，如图1.4.9所示；设置页面下方左侧三角形的形状为"无线条"，填充颜色为RGB（3，51，100），高和宽分别为27cm和3.75cm，旋转方式为"向右旋转90度"，放置在页面上方左侧。

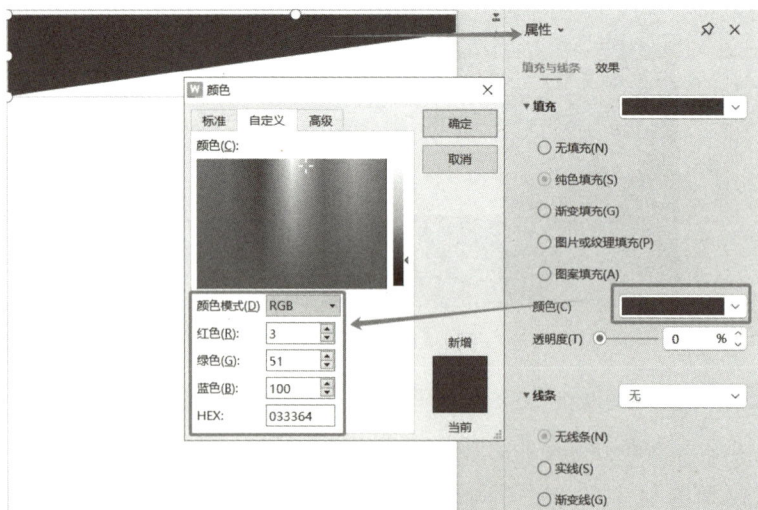

图1.4.8　填充与线条设置

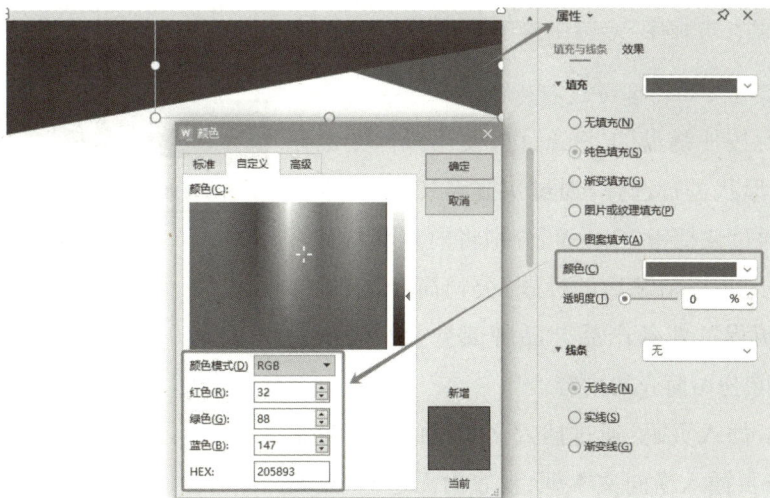

图 1.4.9　颜色设置

步骤 10：插入"矩形"形状：将高和宽分别设置为 0.21cm 和 15.54cm，轮廓为"无线条"，颜色为 RGB(3,51,100)。复制"封面"的 logo 至第二页右上角。

步骤 11：插入文本框：通过【插入】选项卡，插入横向文本框，输入"公司简介"文字，设置文本框的轮廓为"无线条"，形状填充为"无填充"；设置文字格式为"微软雅黑"、二号、加粗，字体颜色为 RGB(3,51,100)。完成后效果如图 1.4.10 所示。

2.输入简介内容

步骤 12：插入文本框，设置为无填充、无轮廓，然后输入简介的内容（该文字内容在素材文件夹中，名称为简介内容），然后设置文字格式为："微软雅黑"、四号，段落格式为：首行缩进，1.5 倍行距。完成后效果如图 1.4.11 所示。

图 1.4.10　公司简介

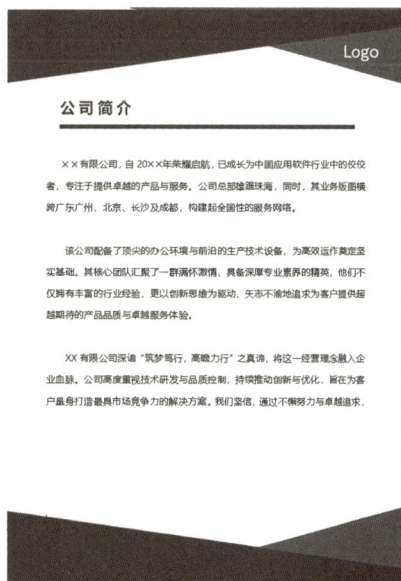

图 1.4.11　公司简介效果图

（四）在第3页制作"发展历程"

1.复制第2页的内容并进行修改

步骤13:按住键盘的"Shift"键,使用鼠标左键分别点击各个形状进行选择,通过快捷键"Ctrl+C"进行复制,然后通过快捷键"Ctrl+V"分别将内容粘贴至第3页至第7页,并将粘贴后的标题"公司简介"依次修改为"发展历程""业务产品""品牌荣誉"和"联系我们",最后删除公司简介的内容。

步骤14:插入页码:通过插入文本框的方式绘制页码,在第2页插入横向文本框,设置为无边框、无填充;在该文本框中输入页码"1",将字体格式设置为"微软雅黑"、小二、加粗、白色,然后将其移动至页面正下方,如图1.4.12所示。最后复制该文本框至第3页至第7页,分别将文本改为2,3,4,5。

图 1.4.12　发展历程

2.插入箭头和圆形等形状并设置样式

步骤15:长箭头:插入一个长18cm的箭头→选择这一箭头→【绘图工具】选项卡→【预设样式】→"渐变线-加粗",如图1.4.13所示。

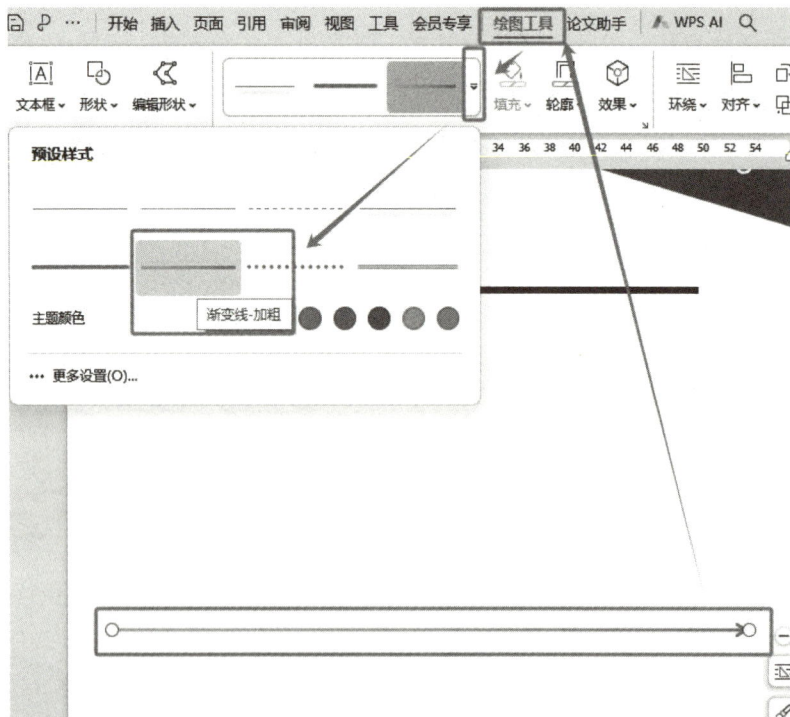

图 1.4.13　设置箭头形状

步骤16:椭圆:使用【插入】选项卡的"插入形状"功能,插入宽和高分别为0.8cm和0.8cm的椭圆形状,并将预设样式设置为"填充-无线条-阴影",然后复制该形状3次,移动至箭头的相关位置。

步骤17:箭头和矩形:插入4个蓝色的箭头,移动至相关位置;插入4个矩形,将其高和宽分别设置为6cm和5cm,轮廓为"无线条",填充颜色为RGB(3,51,100),形状内的文字为"微软雅黑"、三号、白色、加粗、居中。

步骤18:文本框:插入4个文本框,文本框形状设置为"无填充""无边框";在文本框中分别输入"2004年3月1日""2006年5月1日""2016年6月6日"和"2024年6月1日"等日期,并将文本框字体格式设置为"微软雅黑"和小四,颜色为RGB(3,51,100)。

步骤19:组合:按住键盘的"Shift"键,依次选择步骤15至步骤18完成的形状,使用【组合】功能将这些形状组合在一起,方便排版。完成后效果如图1.4.14所示。

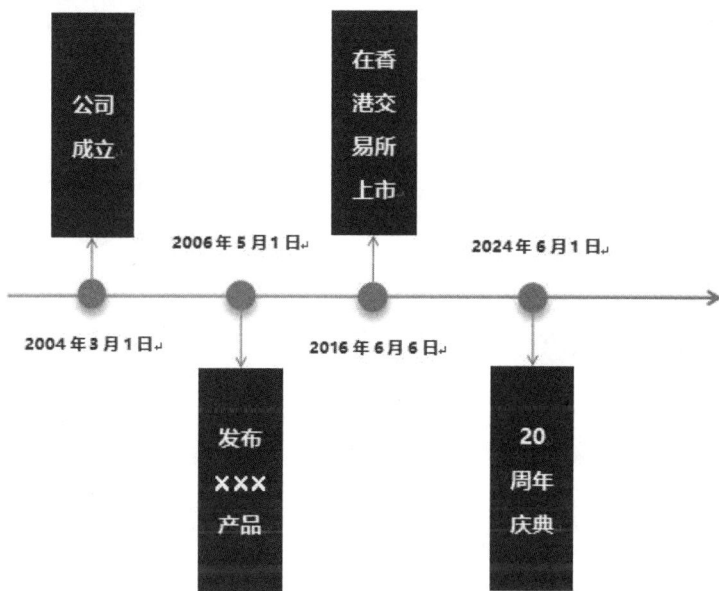

图1.4.14　公司发展历程图

(五)制作其他内容

根据图1.4.15的最终效果图,完成其他内容的制作。

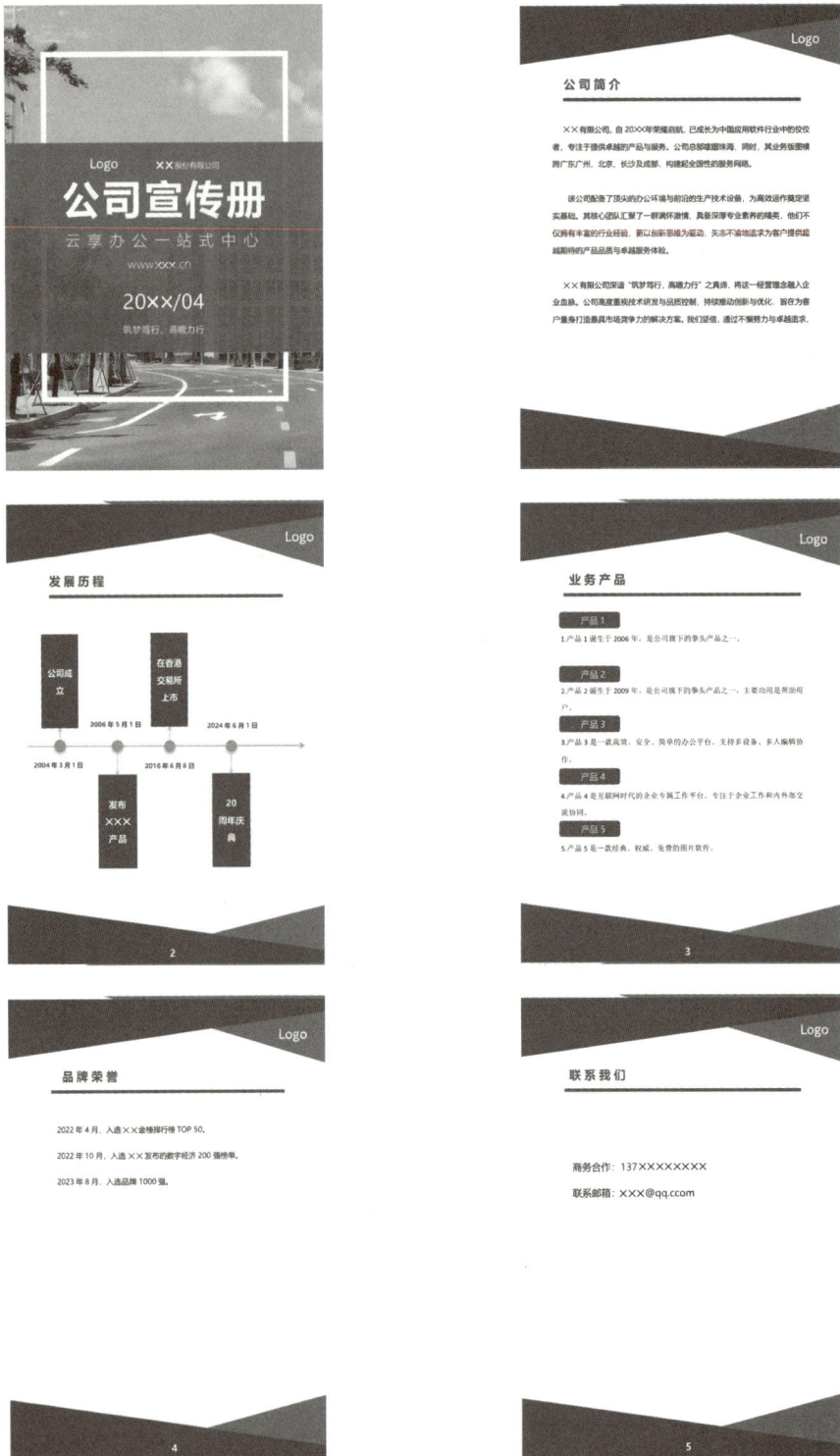

图 1.4.15　最终效果图

拓展练习

通过WPS文档免费的封面和智能图形来制作企业宣传册,该企业宣传册包括封面、公司简介、公司结构图、产品展示和联系我们。

1.制作企业宣传封面

通过【插入】选项卡插入免费的"企业宣传册封面",步骤如图1.4.16所示,根据效果图和提供的"公司logo"图片,完成封面的文字输入和其他相关设置。

图1.4.16 插入免费封面

2.制作公司简介

通过【插入】选项卡插入免费的"智能图形",步骤如图1.4.17所示,并根据效果图和所提供的公司简介内容,完成文字输入和其他相关设置。

3.制作公司结构图

通过【插入】选项卡插入免费的"智能图形",步骤如图1.4.18所示,并根据效果图,完成文字输入和其他相关设置。

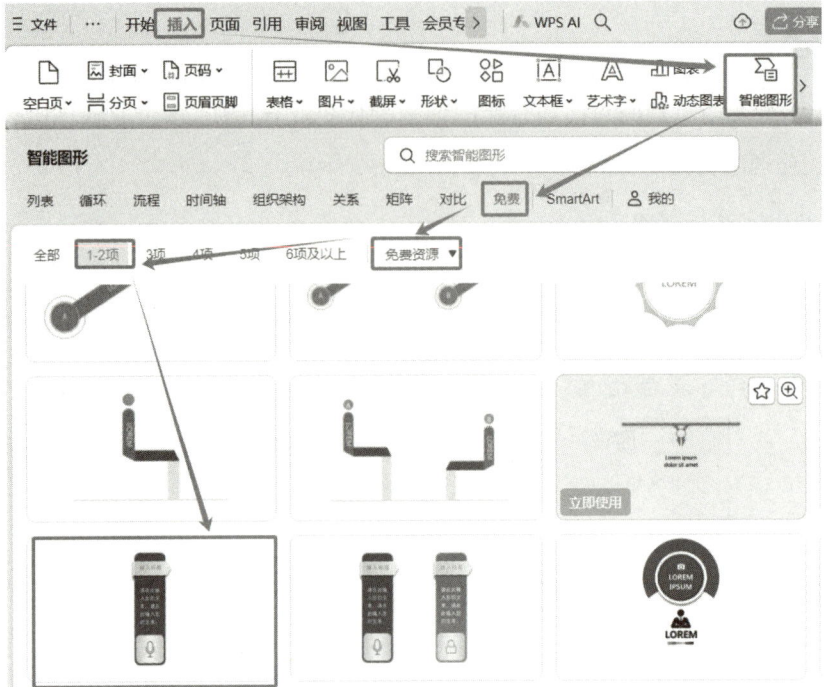

图 1.4.17　插入免费智能图形 1

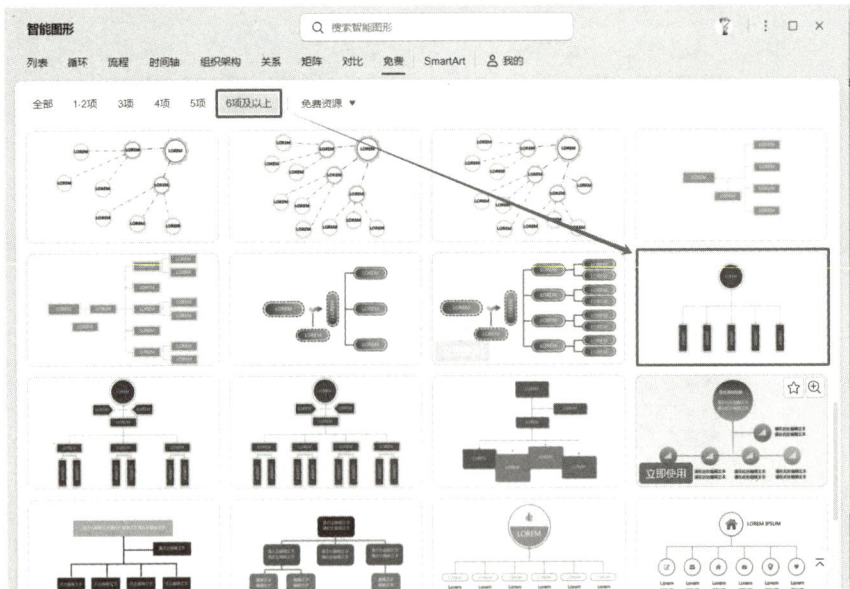

图 1.4.18　插入免费智能图形 2

4. 制作产品展示和联系我们

产品展示的制作方法与公司简介和公司结构图的制作方法相同,完成后效果如图 1.4.19 所示。

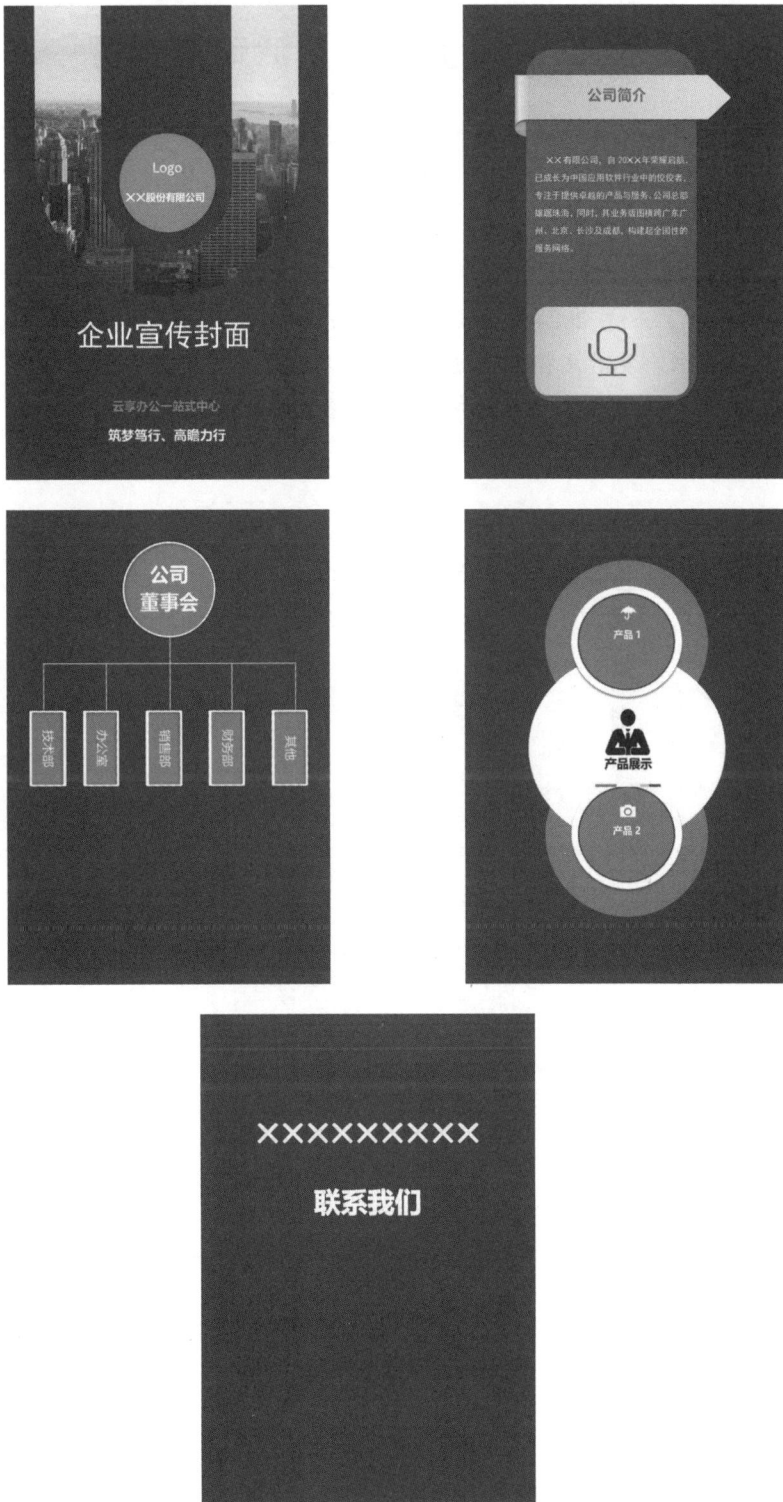

图 1.4.19　最终效果图

任务五　企业文化活动策划书

　　为了加强企业文化建设，提升员工凝聚力和归属感，促进员工之间的交流与合作，某公司行政部制订了一份《2024年企业文化活动策划书》。目前，这份活动策划书的内容已基本确定，接下来需要对文档格式进行排版。本次学习任务就是利用WPS文字软件，完成这份《2024年企业文化活动策划书》的文档格式排版。完成排版后的活动策划书效果如图1.5.1所示。

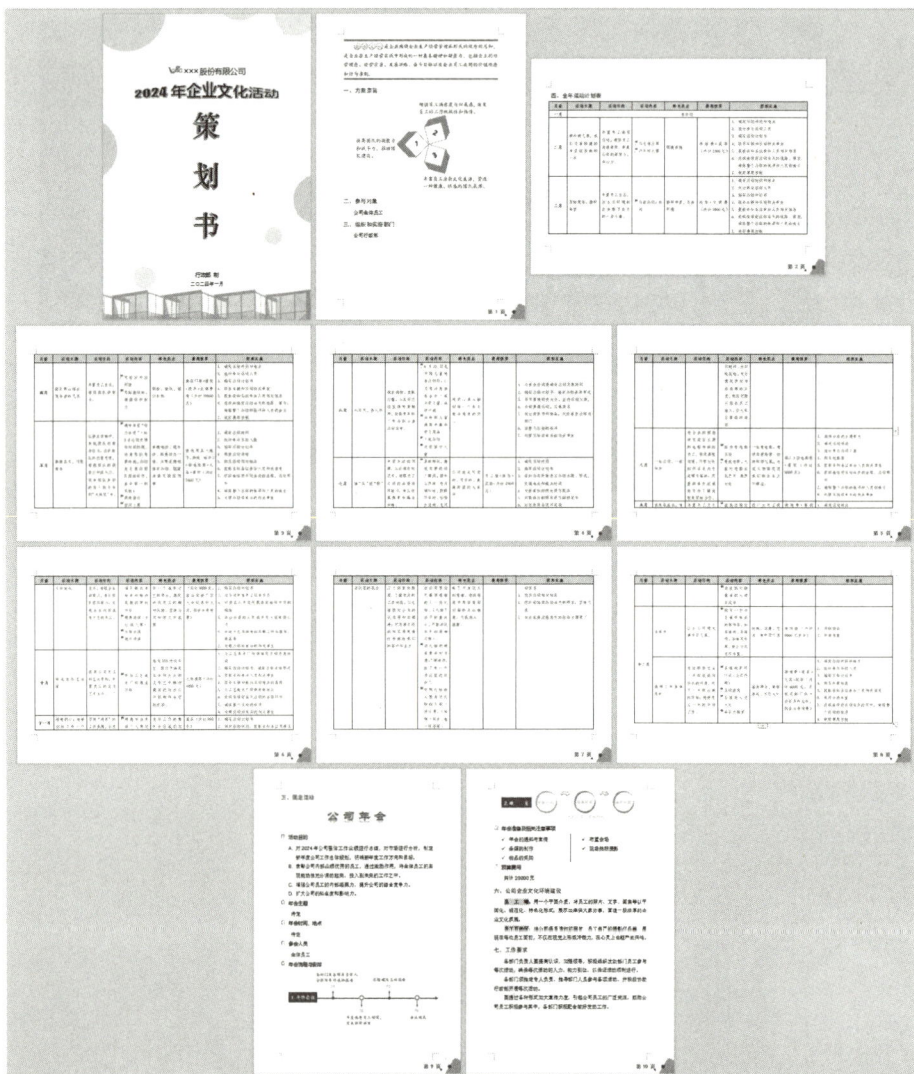

图1.5.1　"企业文化活动策划书"文档排版效果图

企业文化活动策划书是公司开展企业文化活动的重要工具之一。它可以帮助团队明确工作的目标和方向,是团队执行工作的依据,也是团队沟通和协调的重要桥梁。企业文化活动策划书一般涵盖活动的主题、背景、目的、参与对象、组织和实施部门、计划过程、工作要求等内容。一般而言,活动策划书以文字描述居多,如果内容呈现和排版效果方面不够清晰、简洁和美观,不仅会给他人造成阅读上的不便,而且无法有效地发挥策划书应有的作用。一般而言,在撰写活动策划书以及编排格式时,要做到以下几点:

①封面设计力求简洁、美观,要素(如活动标题、公司/部门名称、日期等)呈现完整,风格符合活动主题,能让人眼前一亮。在设计时,可以适当使用艺术字、文本框、图片或形状等来呈现内容、传达信息。

②活动策划过程需分点呈现、层级递进,做到逻辑清晰、语言凝练、用词准确。编排格式时,可以运用合适的项目符号或编号分点呈现内容,增强可读性;对于逻辑性较强或较为抽象的内容,可以使用智能图形、流程图或图表等工具辅助表达,方便读者理解。

总之,一份能够让人眼前一亮、易于阅读的企业文化活动策划书,能够有效传达信息,便于团队沟通与协作,推动活动顺利开展。

技能准备

一、艺术字的使用

艺术字是一种具有特殊效果的文字,通常被用于美化文档标题,以实现醒目的外观效果。WPS文字软件中已预设了20种艺术字样式,可以直接使用。艺术字的设置步骤如下:

①选择需要设置为艺术字的文字,单击【插入】选项卡中的"艺术字"按钮,在弹出的下拉列表的"艺术字预设"中,选择一种合适的样式,应用于选定的文字。

②新建艺术字后,文本编辑区会出现用于艺术字编辑的文本输入框,同时激活【文本工具】选项卡,在该选项卡中,可以设置艺术字的字体、字号、文本填充、文本轮廓、文字效果、文字方向等。

③单击"文字效果"按钮，在弹出的下拉列表中,可以设置艺术字的阴影、倒影、发光、三维旋转和转换等效果。

二、智能图形的使用

智能图形是WPS文字软件中自带的一种图形工具,它能够以图示化的形式展示文本信息和观点,使文字间的关联性更加清晰、直观,提升文本的可读性,有助于高效传达信息和观点。WPS文字软件提供了非常丰富的智能图形,用户可以根据实际需要选用。智能图形的使用方法如下：

①将光标定位到需要插入智能图形的位置，单击【插入】选项卡中的"智能图形"按钮，打开"智能图形"对话框，在其中可以根据类别、付费类型、项目数量等筛选出所需的智能图形。当鼠标指针移至智能图形的缩略图上时，其右上方处会出现"收藏"和"预览"按钮 ☆ ⊕，可以点击进行收藏或预览当前智能图形的效果。如果当前预览的智能图形适用，点击"立即使用"按钮，即可将智能图形插入到文档指定位置。

②插入智能图形后，即可根据需要利用激活的【文本工具】和【绘图工具】选项卡，对智能图形中的文本、形状等对象进行编辑和设置。如果插入的是"SmartArt"类型的智能图形，则可以利用激活的【设计】和【格式】选项卡添加形状、调整形状级别、更改形状布局、美化图形等。

三、项目符号和编号的使用

项目符号和编号是放在文本段落前的特殊符号或数字序号，起到强调的作用。合理使用项目符号和编号，可以使文档的层次结构更有条理、更清晰，易于阅读和理解。在WPS文字软件中，可以在自动输入文本时自动生成带项目符号或编号的列表，也可以在输入文本完成后再添加项目符号或编号。

（一）自动创建项目符号或编号的操作方法

①单击【开始】选项卡中的"项目符号"按钮 ☷ ⌄ 或"编号"按钮 ☰ ⌄，在下拉列表中选择所需的项目符号或编号。

②在插入的项目符号或编号后输入文本，输入完毕后按下"Enter"键，在新段落的开头会根据上一段的项目符号或编号格式，自动创建项目符号或编号。

③如果要关闭自动创建项目符号或编号，按"Backspace"键删除插入点前的项目符号或编号即可。

（二）为已有的文本添加项目符号或编号

选中要添加项目符号或编号的所有段落文本，单击【开始】选项卡中的"项目符号"按钮 ☷ ⌄ 或"编号"按钮 ☰ ⌄，在下拉列表中选择所需的项目符号或编号，即可给所选段落添加相应的项目符号或编号。若要取消已添加的项目符号或编号，则需要先选中已添加了项目符号或编号的段落，重新打开项目符号或编号的下拉列表，在其中选择"无"。

四、边框和底纹的使用

在编排文档格式时，可以通过添加边框或底纹来突出显示文档中比较重要的段落或文字。设置边框和底纹的操作方法如下。

选中需要设置边框或底纹的段落或文字，单击【开始】选项卡中的"边框"按钮 ⊞ ⌄ 右侧的箭头,在弹出的下拉列表中选择"边框和底纹",此时会弹出"边框和底纹"对话框。其中"边框"选项卡可以设置边框的线型、颜色、宽度及应用范围;"底纹"选项卡可以设置底纹的填充样式、颜色和应用范围等。

五、长表格重复显示标题行的设置

在使用WPS文字软件制作表格时,如果表格的内容较多,便会跨页显示,而跨页表格若没有标题行,我们就不清楚每一列数据分别代表什么,给阅读带来了不便。通过为跨页表格设置相同的标题行,可以解决此问题,操作方法如下:

将光标定位在表格第一行的任意单元格内,在【表格工具】选项卡中,单击"重复标题"按钮,即可实现表格的标题行跨页重复显示。

六、页码的添加与设置

在文档排版的过程中,给页面标上编码即添加页码,这不仅便于记录和组织文档中的页面信息,帮助我们快速检索定位,而且能让文档看起来更有组织性和专业感。在WPS文字软件中设置页码,操作方法如下:

单击【插入】选项卡中的"页码"按钮,打开页码选项列表,从列表中选择合适的页码位置,即可插入页码。此时文档处于"页眉页脚"编辑状态,在页码的上方(页码插入在页脚时)或下方(页码插入在页眉时)会出现如图1.5.2所示的功能按钮。

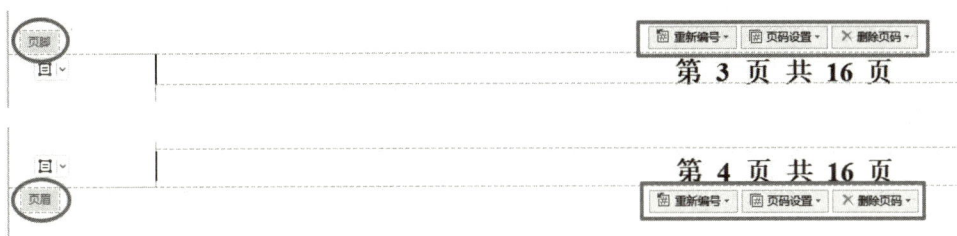

图1.5.2　页码设置的功能按钮

可以在"重新编号"功能按钮的下拉列表中对当前页的页码进行重新编号;可以在"页码设置"功能按钮的下拉列表中对页码的位置、样式或应用范围进行重新设置;可以在"删除页码"功能按钮的下拉列表中删除指定范围的页码。

完成页码的插入和设置后,单击【页眉页脚】选项卡的"关闭"按钮即可。

项目实战

一、任务分析

①设计策划书封面时,可以使用艺术字、文本框、图片和形状等对象,完整呈现活动标题、公司/部门名称、日期等信息,颜色搭配应简洁、明亮,符合活动主题。

②企业文化活动策划书的正文部分主要包括方案宗旨、参与对象、组织和实施部门、全年活动计划表、固定活动、公司企业文化环境建设和工作要求。

二、任务实施

(一)设计封面

1.设置文本的文本格式

步骤1:打开"2024年企业文化活动策划书(素材).docx"文档,选中第1页第1行文本"×××股份有限公司",在【开始】选项卡中,设置字符格式为"微软雅黑"、二号、深蓝(标准色),如图1.5.3所示。

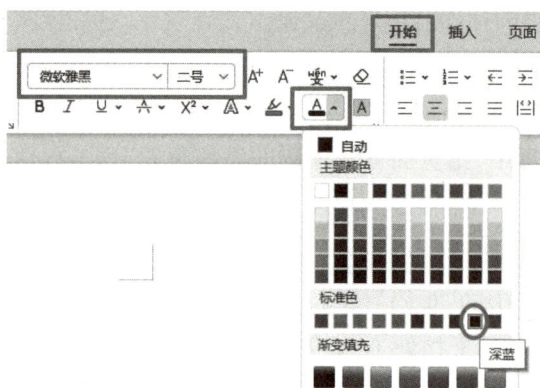

图1.5.3　设置文本的字符格式

步骤2:在【开始】选项卡中,设置段落格式为居中对齐、段前间距为5行,如图1.5.4所示。

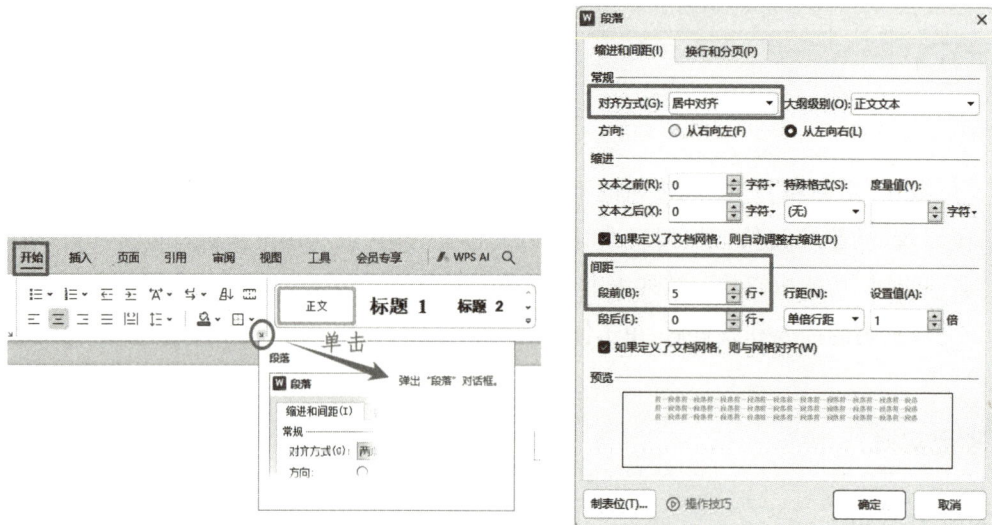

图1.5.4　设置文本的段落格式

2.将文本转换为艺术字,并进行效果设置

步骤3:选中文本"2024年企业文化活动"→【插入】选项卡→【艺术字】→"艺术字预设"→选择艺术字样式"填充–黑色,文本1,轮廓–背景1,清晰阴影–背景1",即可将文本转换为指定样式的艺术字,如图1.5.5所示。

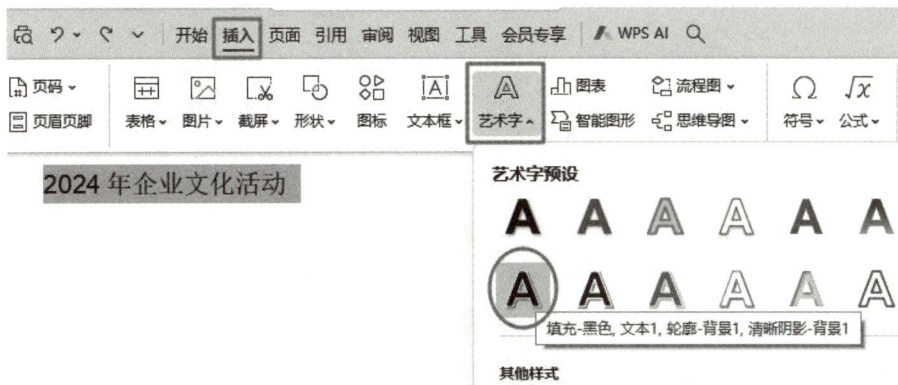

图 1.5.5 选择艺术字样式

步骤4:选中艺术字文本框,在打开的"字体"对话框中,设置中文字体为"微软雅黑",西文字体为"Impact",字体颜色为深蓝(标准色),如图1.5.6所示。

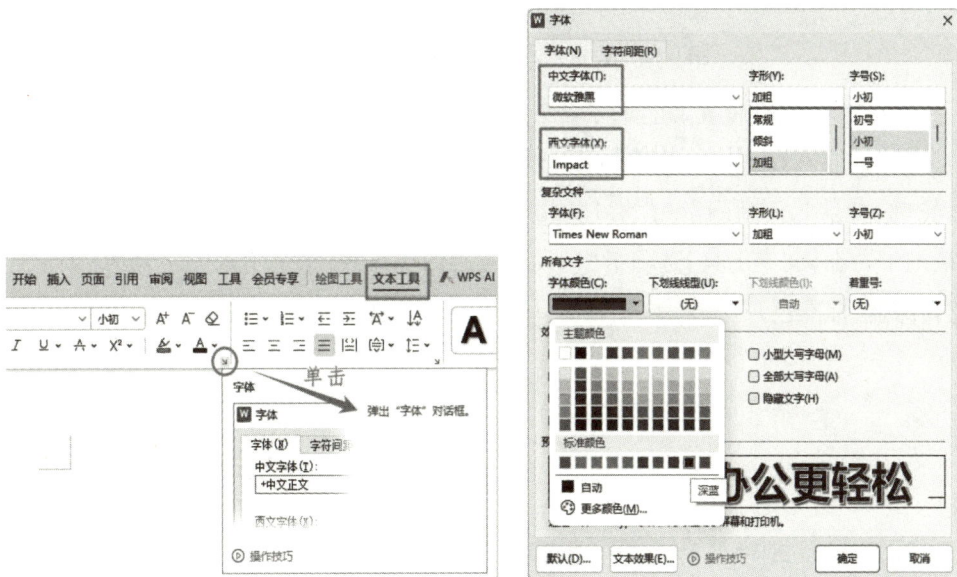

图 1.5.6 设置字体格式

步骤5:保持艺术字文本框为选中状态→【文本工具】选项卡→【效果】→"转换"→选择"正三角"的弯曲效果,如图1.5.7所示。

步骤6:保持艺术字文本框为选中状态,在【绘图工具】选项卡中将艺术字文本框的高度设置为2cm,宽度设置为15cm,同时将文本框水平居中对齐,如图1.5.8所示。

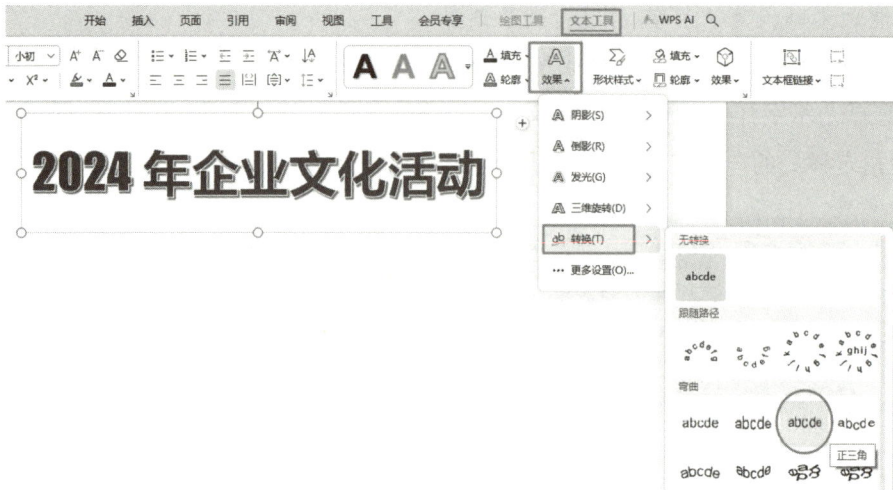

图 1.5.7　设置艺术字的转换效果

图 1.5.8　设置艺术文本框的大小及对齐方式

3.插入艺术字,并设置其艺术字效果

步骤7:【插入】选项卡→【艺术字】→【艺术字预设】→选择艺术字样式"填充-黑色,文本1,轮廓-背景1,清晰阴影-背景1",此时会弹出一个艺术字文本框,然后在文本框中输入"策划书";在【文本工具】选项卡中,设置文本的字体为"华文中宋"、字号为80磅、字体颜色为深蓝(标准色),在"字体"对话框中设置字符间距为加宽1cm,如图1.5.9所示。

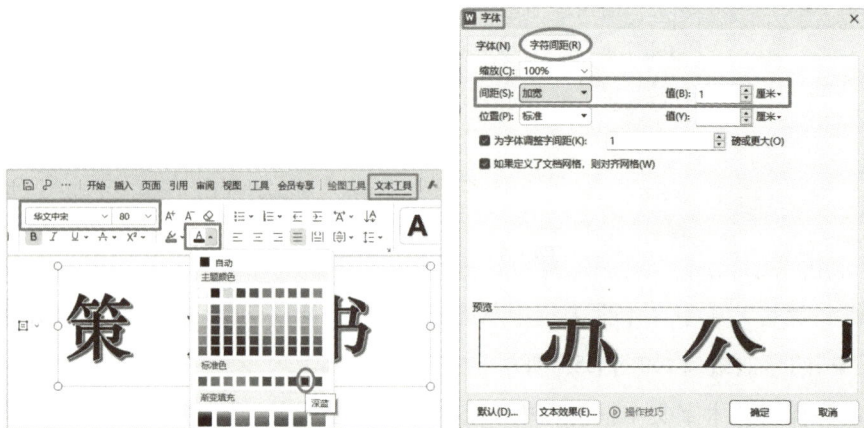

图 1.5.9　设置文本的字符格式

步骤8:在【文本工具】选项卡中,将文字方向设置为竖向,如图1.5.10所示。

图1.5.10 设置竖向文字

步骤9:【绘图工具】选项卡→【对齐】→【水平居中】,即可设置整个艺术字文本框水平居中对齐显示,如图1.5.11所示。

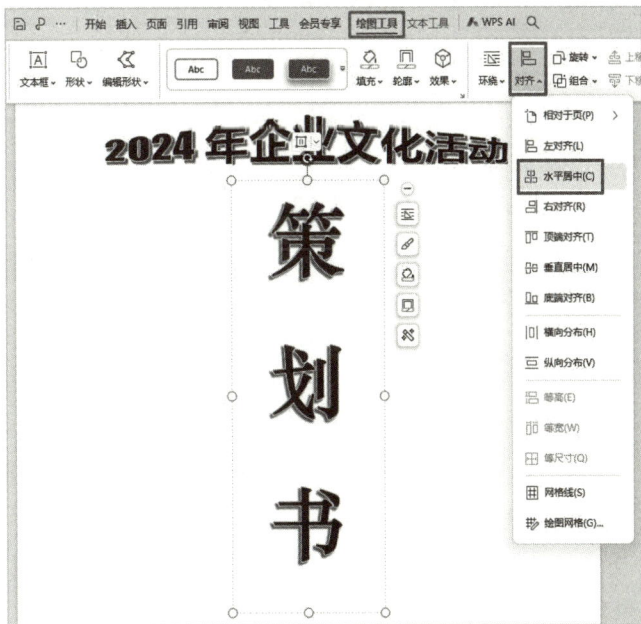

图1.5.11 设置艺术字文本框水平居中

4.插入一个横向文本框,在其中输入文本,并设置文本框和文本的格式

步骤10:【插入】选项卡→【文本框】→【横向】,此时鼠标指针会变成"+"形状,接着在当前页面下方空白处单击鼠标,即可插入一个横向文本框,如图1.5.12所示。

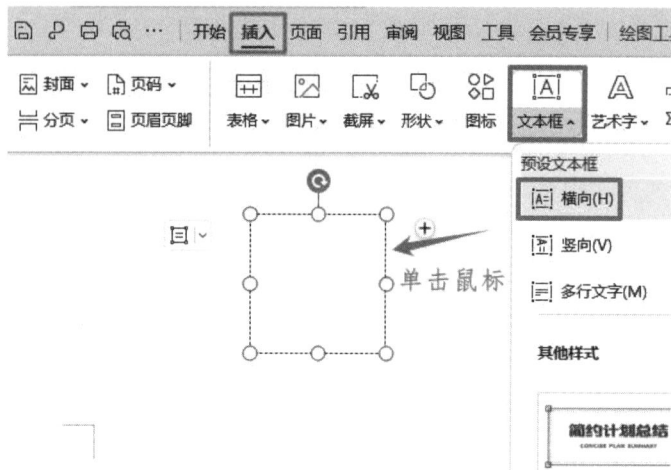

图 1.5.12　插入文本框

步骤 11：在文本框中输入两行文本"行政部 制"和"二○二四年一月"，在【文本工具】中分别设置"行政部 制"文本的字体格式为"微软雅黑"、小三，"二○二四年一月"文本的字体格式为"宋体"、四号，两行文本均居中对齐，行距为固定值25磅。因文本框不会随着文本格式改变而自动变化，所以在设置文本格式时，要适时通过鼠标拖拽的方式适当改变文本框的大小，以确保文本内容完整显示。完成后效果如图1.5.13所示。

图 1.5.13　文本框的文本效果

步骤 12：保持文本框为选中状态→【绘图工具】选项卡→【填充】/【轮廓】→设置文本框为"无填充颜色"和"无边框颜色"，如图1.5.14所示。

步骤 13：保持文本框为选中状态→【绘图工具】选项卡→【对齐】→【水平居中】，将文本框的对齐方式设置为水平居中。

5.插入图片并设置图片格式

步骤 14：将光标定位在文本"×××股份有限公司"的左侧→【插入】选项卡→【图片】→【本地图片】→在"素材"文件夹中找到名称为"logo.png"的图片并选择→打开，即可插入图片。接着，在【图片工具】选项卡中设置图片的高度为0.8cm，此时，宽度会自动修改为

1.4cm，如图1.5.15所示。

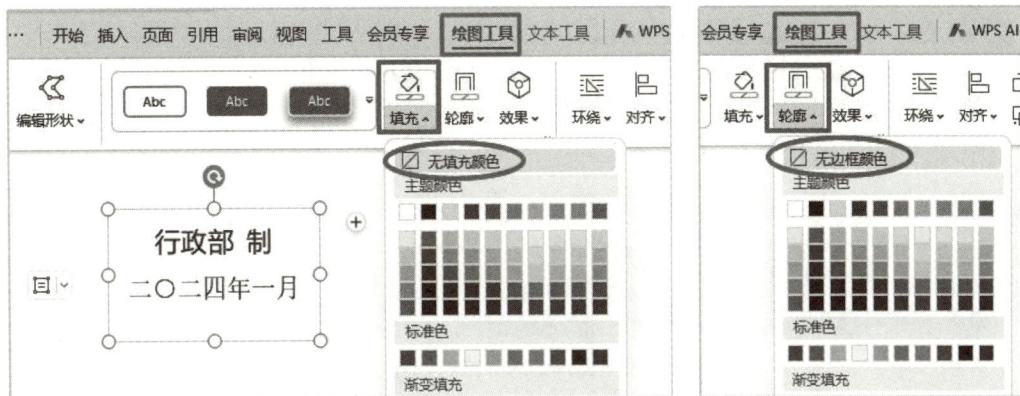

图1.5.14 设置文本框无填充颜色和无边框颜色

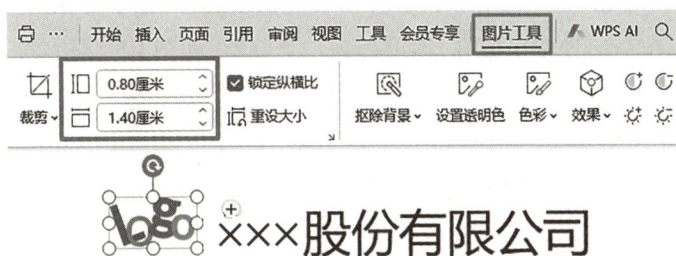

图1.5.15 插入图片"logo.png"

步骤15：将光标定位在文本"×××股份有限公司"的右侧，插入"素材"文件夹中名为"封面装饰.png"的图片，设置图片的环绕方式为"衬于文字下方"，图片的宽度为21cm，此时高度会自动修改为3.13cm，如图1.5.16所示。

图1.5.16 插入图片"封面装饰.png"

步骤16：保持图片为选中状态→【图片工具】选项卡→【对齐】→分别单击"水平居中"和"底端对齐"，使图片被放置在当前页面的底端并居中显示，然后通过"增加亮度"和"降低对比度",适当改变图片的亮度和对比度,完成后效果如图 1.5.17 所示。

图 1.5.17　设置图片的对齐方式、亮度和对比度

6.绘制装饰圆形

步骤 17:【插入】选项卡→【形状】,在弹出的列表中选择"基本形状"中的"椭圆",接着在当前页面左上角空白处单击鼠标,即可得到一个圆形,如图 1.5.18 所示。

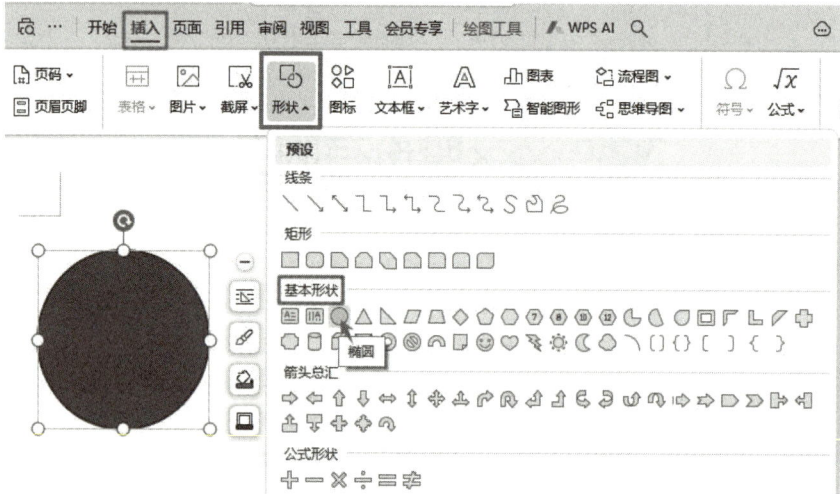

图 1.5.18　插入圆形

步骤 18:保持圆形为选中状态,单击右侧浮动工具栏中的"形状填充"按钮 ，在弹出的列表框中选择主题颜色"浅绿,着色4,浅色80%",如图 1.5.19 所示。单击浮动工具栏中的"形状轮廓"按钮 ，在打开的列表框中选择"无边框颜色",取消圆形的轮廓,如图 1.5.20 所示。

步骤 19:保持圆形为选中状态,在【绘图工具】选项卡中将高度和宽度修改为8cm,然后将其拖至当前页面左上角合适的位置,即可完成对第一个装饰圆形的绘制,如图 1.5.21 所示。

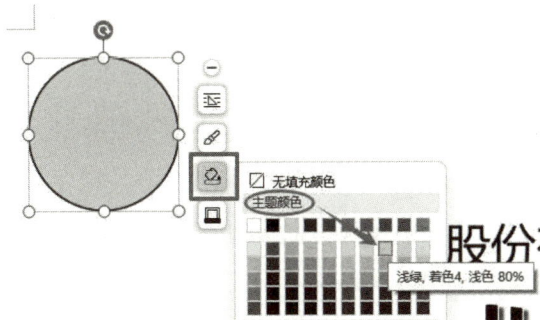

图 1.5.19　设置圆形的填充颜色　　　　　　图 1.5.20　设置圆形无边框颜色

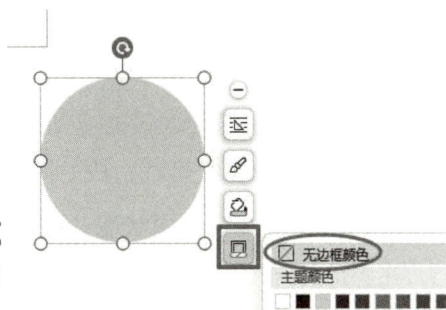

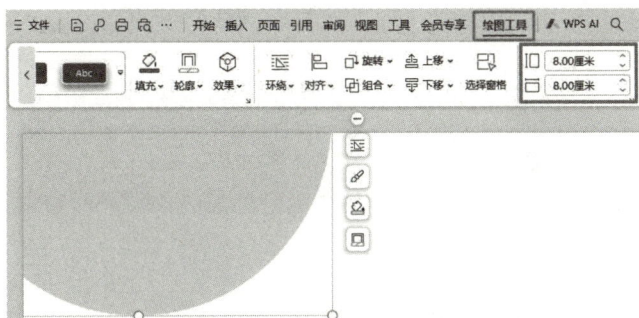

图 1.5.21　设置圆形的大小及其位置

　　步骤 20：选中当前绘制好的圆形，通过按住"Ctrl"键并用鼠标拖动的方法，即可复制得到其他装饰圆形，圆形的填充颜色可以参考"logo"图片中字母的颜色选择相应主题颜色；圆形的大小和位置，则根据实际情况调整，只要整个封面的效果美观即可。完成后效果如图 1.5.22 所示。

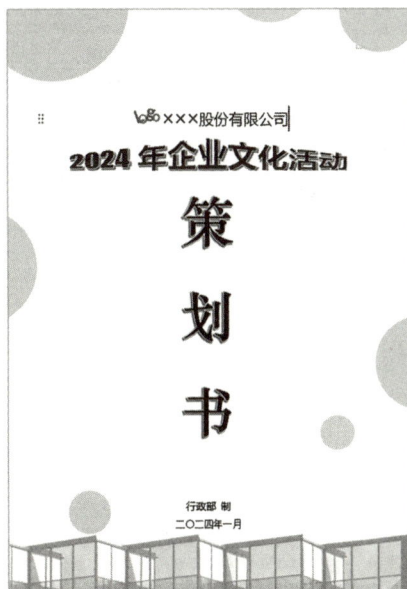

图 1.5.22　封面效果图

（二）美化内容页

1.使用边框、带圈字符美化文本

步骤21：选中正文第1段文本"企业文化……行为准则。"，设置字体为"楷体"，字号为四号，首行缩进2字符，段前、段后间距均为1行，行距为固定值25磅。

步骤22：保持文本选中状态，在【开始】选项卡中找到边框按钮 ⊞ˇ，单击其右侧的箭头，在弹出的下拉列表中选择"边框和底纹"，如图1.5.23所示。

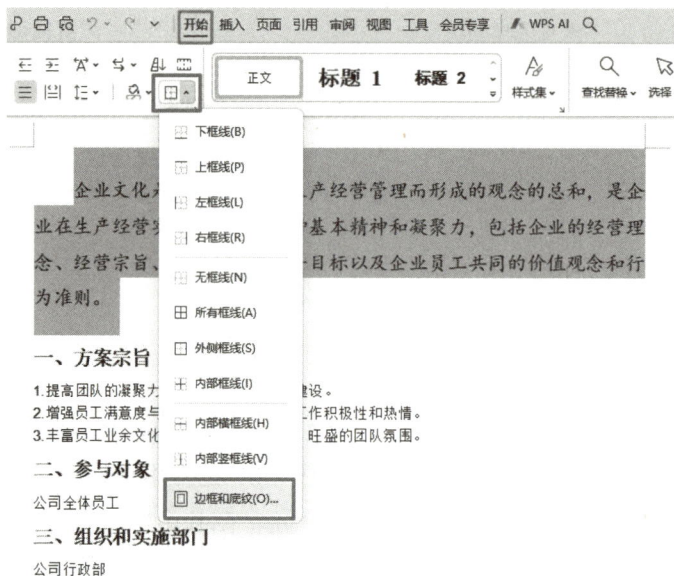

图1.5.23　打开"边框和底纹"对话框

步骤23："边框和底纹"对话框→"边框"选项卡，参照图1.5.24分别设置文本段落的上侧框线和下侧框线的线型、颜色（深蓝）和宽度（1.5磅），完成后效果如图1.5.25所示。

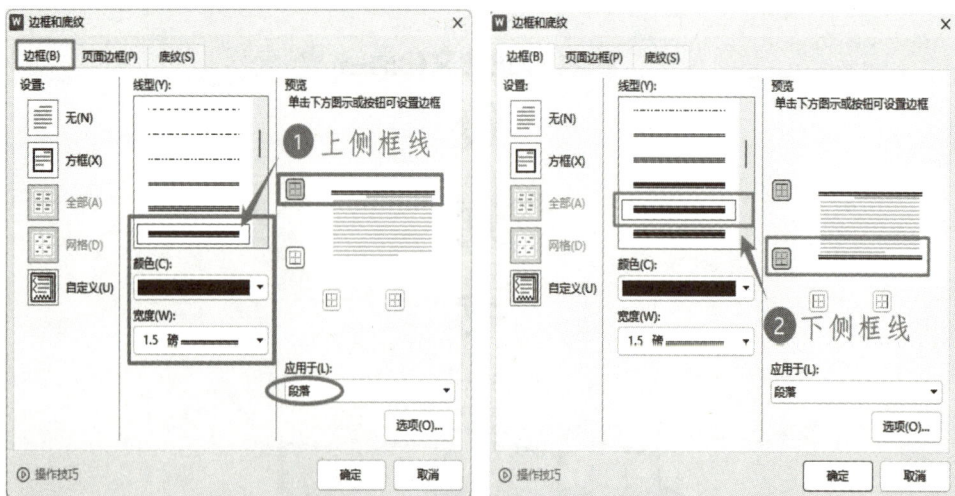

图1.5.24　设置段落的上、下侧框线

　　企业文化是企业围绕企业生产经营管理而形成的观念的总和，是企业在生产经营实践中形成的一种基本精神和凝聚力，包括企业的经营理念、经营宗旨、发展战略、奋斗目标以及企业员工共同的价值观念和行为准则。

图1.5.25　设置上、下侧框线后的效果图

　　步骤24：给"企业文化"设置带圈字符效果。先选中"企"字，在【开始】选项卡中找到"拼音指南"按钮 雯▾ ，单击其右侧的箭头，在弹出的下拉列表中选择"带圈字符"，此时会弹出"带圈字符"对话框，选择样式"增大圈号"、圈号"○"，如图1.5.26所示。单击"确定"后，即可完成"企"字的字符带圈效果设置。使用同样的方法，分别给"业""文""化"这3个字设置相同的效果。

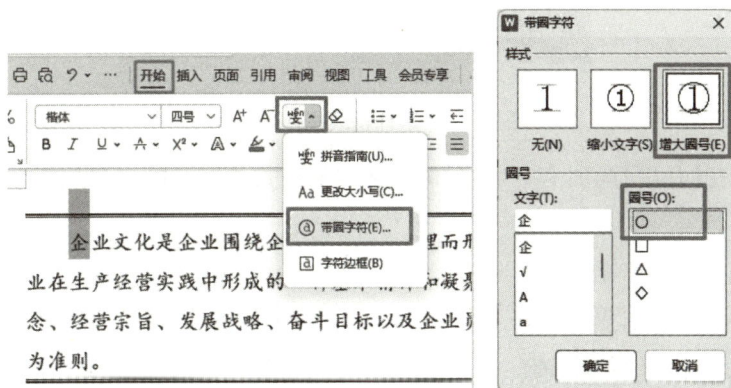

图1.5.26　带圈字符

　　步骤25：同时选中"企业文化"这4个带圈的字符，将字形设置为加粗，字体颜色设置为"渐变填充"中的"ID：预设7"，如图1.5.27所示。

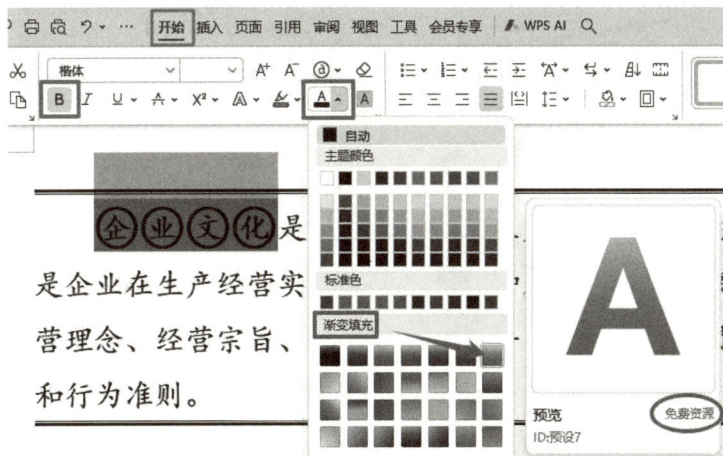

图1.5.27　设置字符格式

2.设置一级标题文本格式

步骤26：选中文本"一、方案宗旨"→【开始】选项卡→【选择】→在弹出的下拉列表中点击"选择格式相似的文本"，即可同时选中所有一级标题文本，如"一、方案宗旨""七、工作要求"等，如图1.5.28所示。

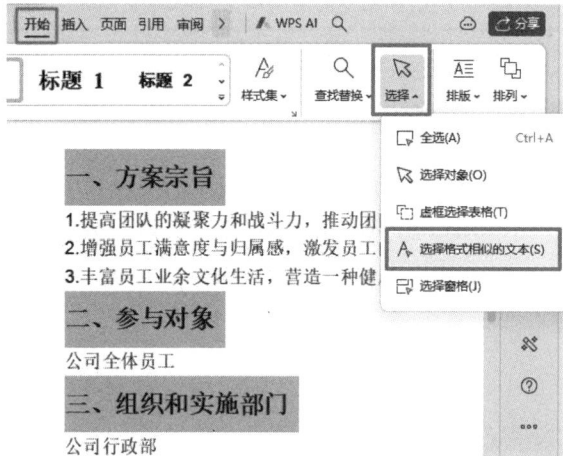

图1.5.28　选择格式相似的文本

步骤27：在【开始】选项卡中，设置选中文本的格式为"黑体"、三号、深蓝(标准色)，段前间距0.5行。

3.将文本转化为智能图形

步骤28：将光标定位到段落"3.丰富员工……团队氛围。"的后面→【插入】选项卡→点击【智能图形】按钮，此时会弹出"智能图形"对话框，在其中依次点击"循环"→"免费资源"→"3项"，选择需要使用的智能图形，即可在指定位置处插入一个智能图形，如图1.5.29所示。

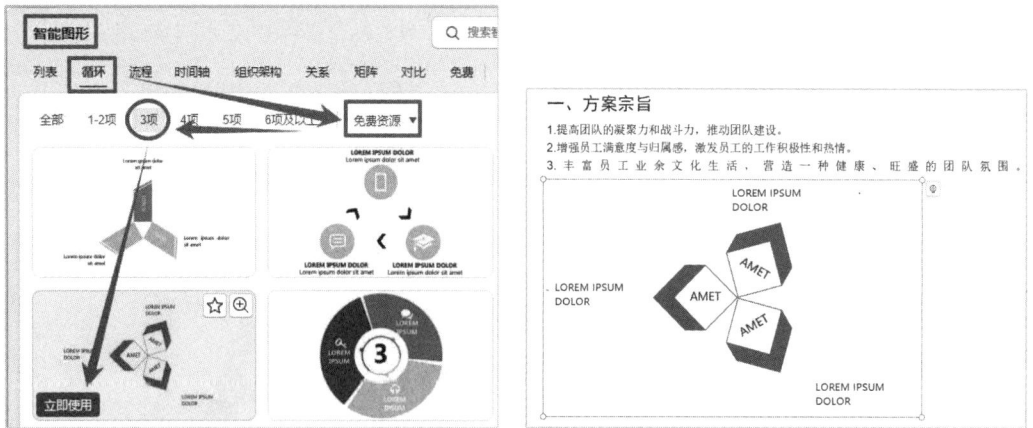

图1.5.29　插入智能图形

步骤29：通过剪切、粘贴的方法，参照图1.5.30将文本移动到智能图形相应的文本框中。

一、方案宗旨

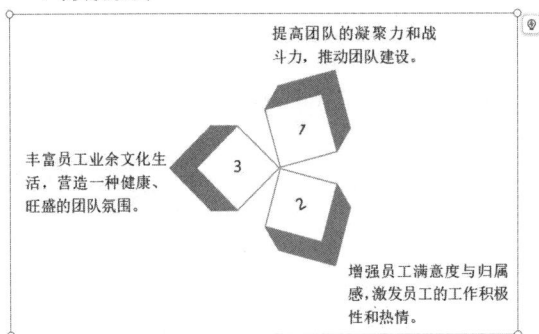

图1.5.30 智能图形中的文本

步骤30：设置序号"1""2""3"的字号为18磅,加粗显示;其他文本的字体格式为"楷体"、四号,段落行距为固定值20磅。同时,根据文本效果的变化,适当调整文本框的大小和位置,使整个智能图形看起来整齐美观,完成后效果如图1.5.31所示。

一、方案宗旨

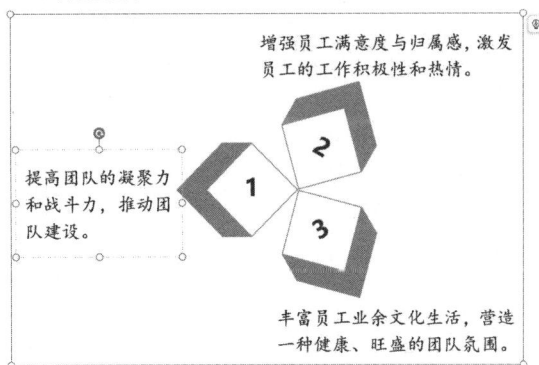

图1.5.31 设置智能图形文本效果

步骤31：将光标定位到智能图形的右侧(注意不要选中智能图形),单击【开始】选项卡中的"居中对齐"按钮三 ,将整个智能图形设置为居中对齐。

4.设置其他正文文本的格式

步骤32：选中文本"公司全体员工"→【开始】选项卡→【选择】,在弹出的下拉列表中点击"选择格式相似的文本",即可同时选中所有与文本"公司全体员工"格式相似的正文文本,设置这些文本的字号为"四号",首行缩进2字符,行距为固定值25磅。

步骤33：加粗显示"六、公司企业文化环境建设"部分的文本"员工墙："和"员工互动区：",然后选中"员工墙"这3个文字,在【开始】选项卡中找到"中文版式"按钮 A ,在弹出的下拉列表中选择"调整宽度",在弹出的"调整宽度"对话框中,设置"新文字宽度"为5字符,如图1.5.32所示。

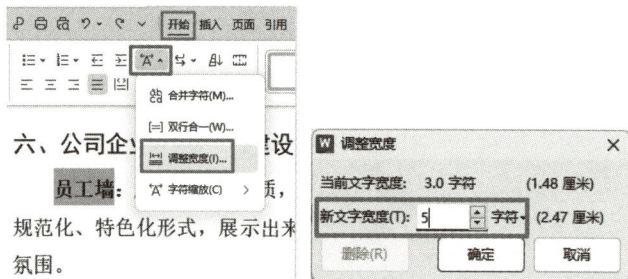

图 1.5.32　调整字符宽度

步骤 34：调整完毕文本"员工墙"的文字宽度后，该文本所在段落的首行缩进显示异常，可以在"段落"对话框中，将该段落的首行缩进值修改为 1 字符，如图 1.5.33 所示。

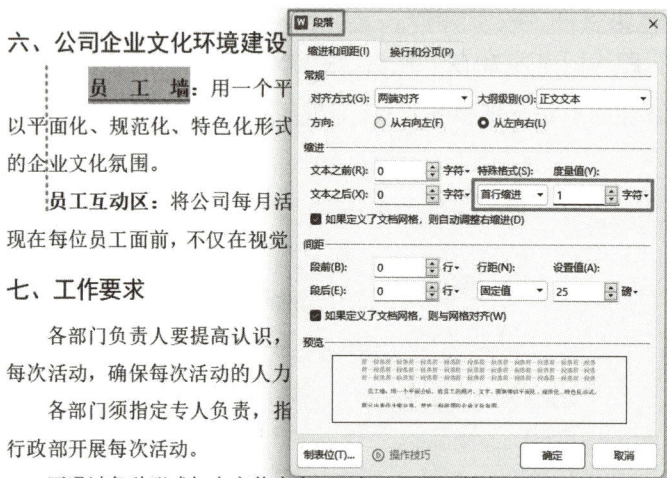

图 1.5.33　修改首行缩进

步骤 35：同时选中文本"员工墙"和"员工互动区"，单击【开始】选项卡中的"底纹颜色"按钮 ，在弹出的下拉列表中选择主题颜色"橙色，着色 3，浅色 60%"，为选中的文本设置底纹，如图 1.5.34 所示。

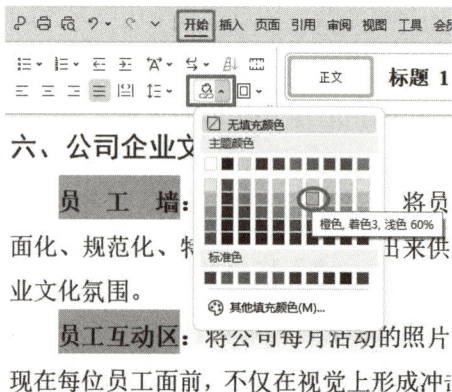

图 1.5.34　设置文本的底纹

5.编排标题部分的文本格式

步骤36：选中文本"公司年会"（注意：不要选中段落标记）→【插入】选项卡→【艺术字】→"艺术字预设"→选择艺术字样式"渐变填充-矢车菊蓝,倒影",将文本转换为艺术字,如图1.5.35所示。

图1.5.35 选择艺术字样式

步骤37：保持艺术字文本框为选中状态,单击右侧浮动工具栏中的"布局选项"按钮，在弹出的列表框中选择"嵌入型",如图1.5.36所示。

图1.5.36 设置艺术字文本框的环绕方式

步骤38：保持艺术字文本框为选中状态,在【文本工具】选项卡中,设置艺术字的字体为"华文隶书"、颜色为深红(标准色)、轮廓为黄色(标准色),对齐方式为"分散对齐",如图1.5.37所示。

图1.5.37 设置艺术字文本效果

步骤39：保持艺术字文本框为选中状态，在【绘图工具】选项卡中，设置艺术字文本框的宽度为6.5cm；将光标定位到艺术字文本框的右侧（注意不要选中艺术字文本框），在【开始】选项卡中，将整个艺术字文本框设置为居中对齐。完成后效果如图1.5.38所示。

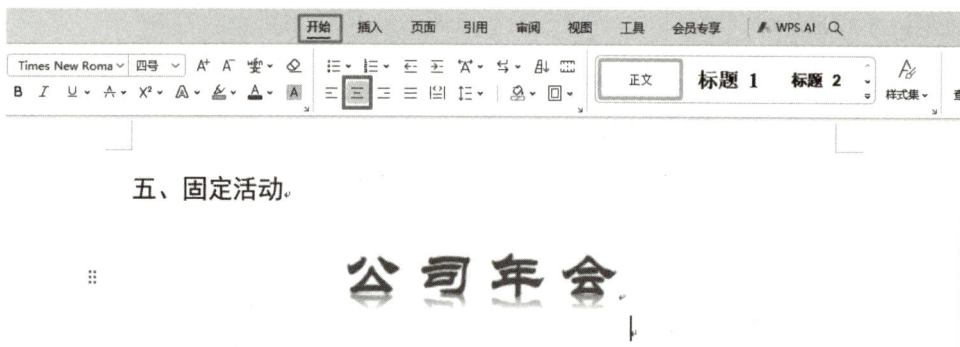

图1.5.38　最终效果

步骤40：同时选中"活动目的""年会主题"……"预算费用"这7个文本标题，设置字号为四号。然后在【开始】选项卡中找到"项目符号"按钮，单击其右侧的箭头，在弹出的下拉列表中选择"其他样式"右边的"更多"，此时会弹出"对象美化"任务窗格，如图1.5.39所示。可以通过"筛选"功能，选择一个合适的项目符号，将其用于选中的标题文本，如图1.5.40所示。

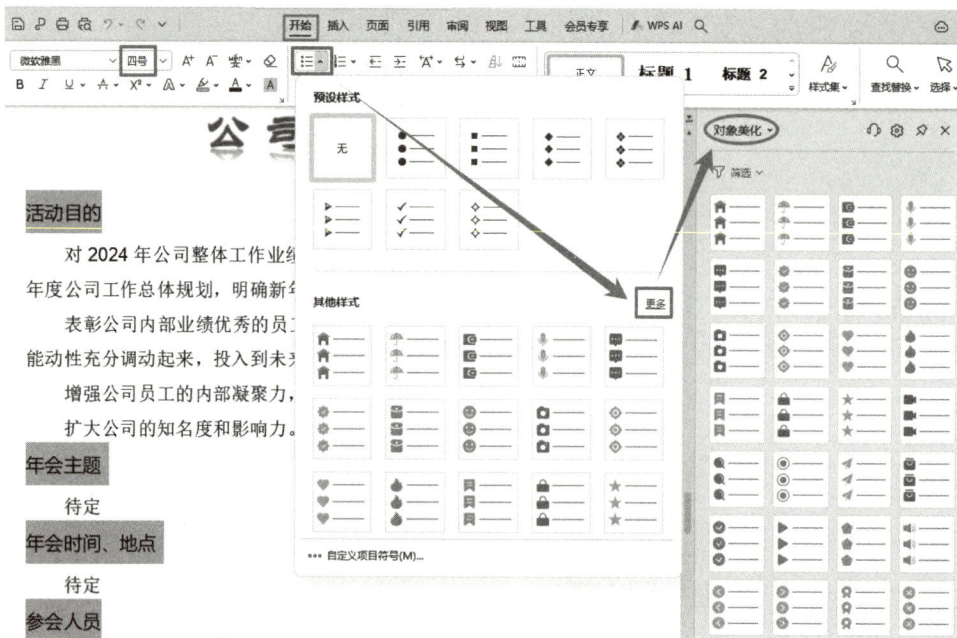

图5.39　打开"项目符号"的其他样式

步骤41：此时添加给各个标题的项目符号大小不一，单击任意一个项目符号，此时这7个项目符号全处于被选中状态，修改字号为四号，即可统一这些项目符号的大小，如图1.5.41所示。

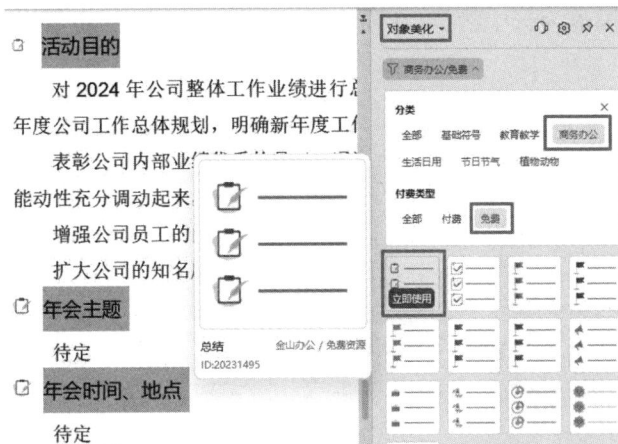

图 1.5.40　添加项目符号

图 1.5.41　统一项目符号的大小

步骤 42：选中"活动目标"下方的 4 段文本"对 2024 年公司……和影响力。"，在【开始】选项卡中找到"编号"按钮，单击右侧的箭头，在弹出的下拉列表中选择如图 1.5.42 所示的编号，即可给选中的段落添加指定样式的编号。

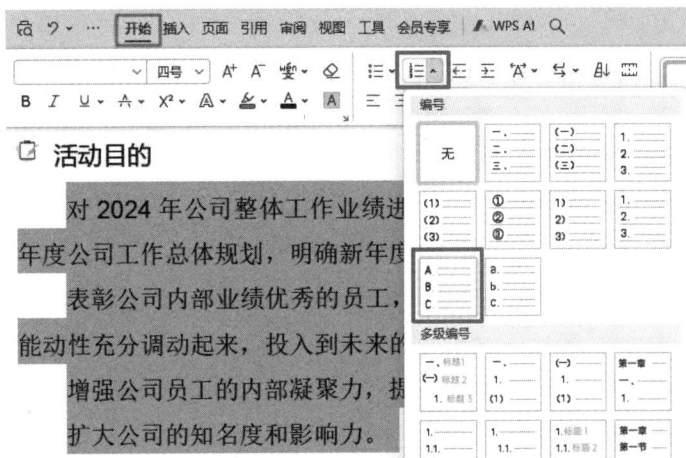

图 1.5.42　添加编号

步骤43：保持段落为选中状态，在弹出的"段落"对话框中，设置"文本之前"缩进2字符，如图1.5.43所示。

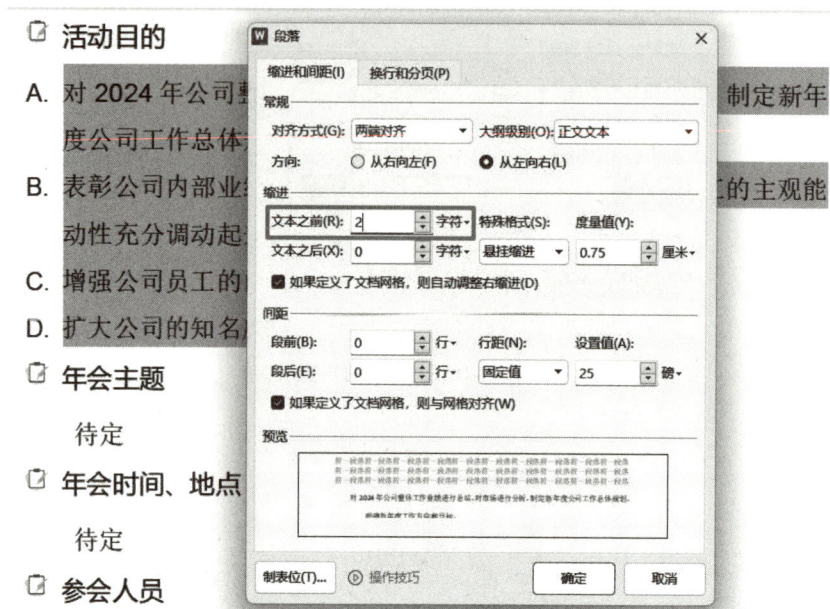

图1.5.43　段落左侧缩进2字符

步骤44：将光标定位到"年会流程与安排"下方文本段"1.年终会议"的右侧，按下组合键"Ctrl+1"，将该段落的行距设置为单倍行距，接着插入如图1.5.44所示的智能图形。

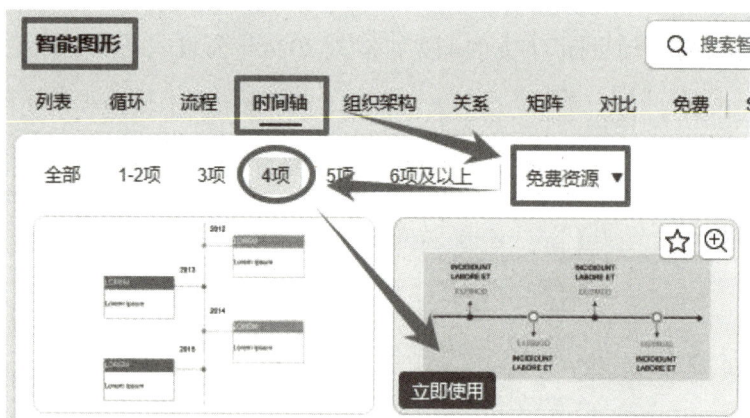

图1.5.44　插入智能图形

步骤45：参照图1.5.45，将"1.年终会议"流程的相关文本"各部门及……会议结束"移到智能图形相应的文本框中，并设置文本的字体为"楷体"，字号为小四，段落格式为左对齐，间距为单倍行距，然后将4个"EIUSMOD"文本框的内容从左到右依次修改为"01""02""03""04"，并设置文本的字号为小四，字体和颜色保持不变。在设置文本效果时，根据情况适当调整各个文本框的大小和位置，使整个智能图形看起来整齐美观。

☑ **年会流程与安排**

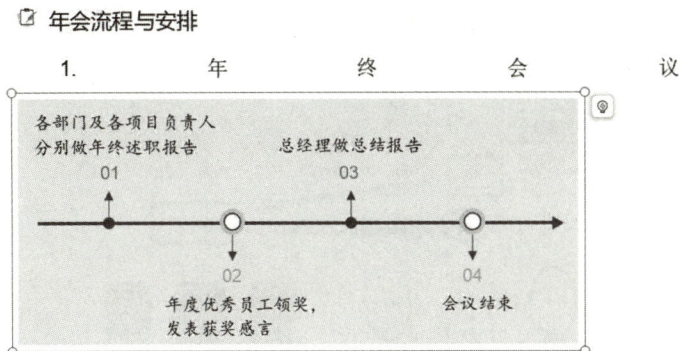

图 1.5.45　输入文本并设置格式

步骤46：选中智能图形中的"会议结束"文本框，同时按住"Ctrl"键和鼠标左键进行拖动，即可复制得到一个相同的文本框。选中该文本框，在【绘图工具】选项卡中，设置其高度为1cm，宽度为3cm，填充色为RGB(95,95,95)；将文本框内容修改为"1.年终会议"，并设置文本的字体为"楷体"，字号为四号，颜色为白色，加粗显示，行距为固定值20磅。参照图1.5.46，将该文本框拖至横线左侧合适的位置。

☑ **年会流程与安排**

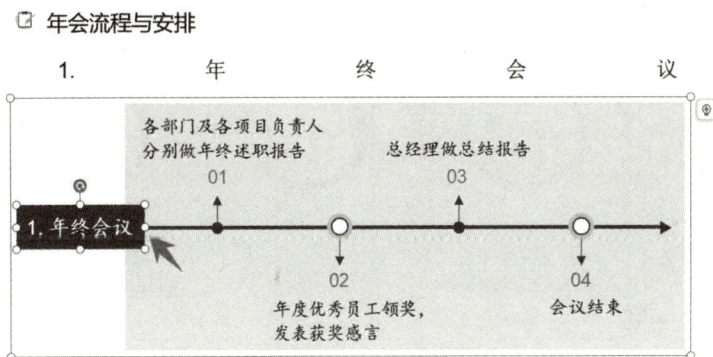

图 1.5.46　"1.年终会议"文本框设置效果

步骤47：选中智能图形中的浅灰色矩形背景区域，按下"Delete"键将该背景区域删除，然后删掉智能图形上方的文本"1.年终会议"，完成后效果如图1.5.47所示。

☑ **年会流程与安排**

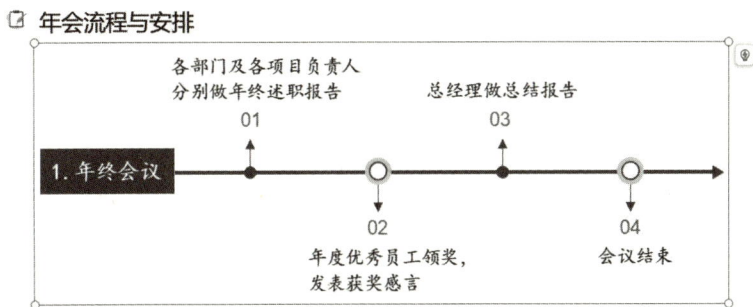

图 1.5.47　"年终会议"流程的智能图形

步骤48：将光标定位到文本段"2.晚　宴"的右侧，按下组合键"Ctrl+1"，将该段落的行距设置为单倍行距，接着插入如图1.5.48所示的智能图形。

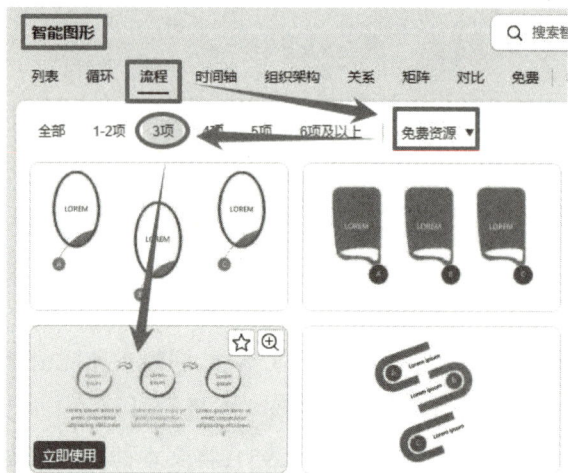

图1.5.48　插入智能图形

步骤49：参照图1.5.49，将"2.晚　宴"流程的相关文本"用餐时段……抽奖时段"移到智能图形相应文本框中，并设置文本的字体为"楷体"，字号为小四，颜色保持不变。

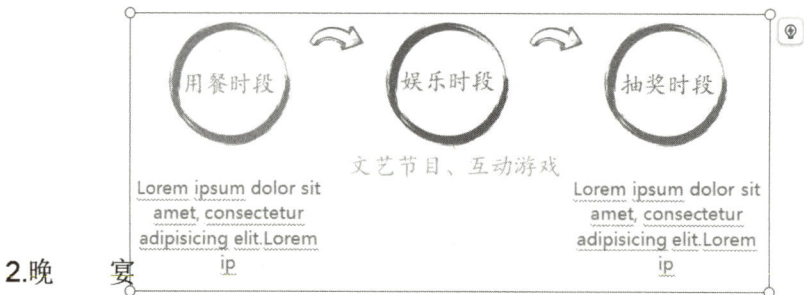

图1.5.49　输入文本并设置格式

步骤50：将文本"2.晚　宴"移到智能图形左下侧的文本框中，删掉该文本框中原有的文本，并设置其高度为1cm，宽度为3cm，填充色为RGB(95,95,95)；设置文本的字体为"楷体"，字号为四号，颜色为白色，加粗显示，间距为单倍行距，对齐方式为居中对齐。然后将该文本框拖至智能图形左侧合适的位置，并删掉右下侧不需要的文本框，调整"文艺节目、互动游戏"文本框的高度。完成后效果如图1.5.50所示。

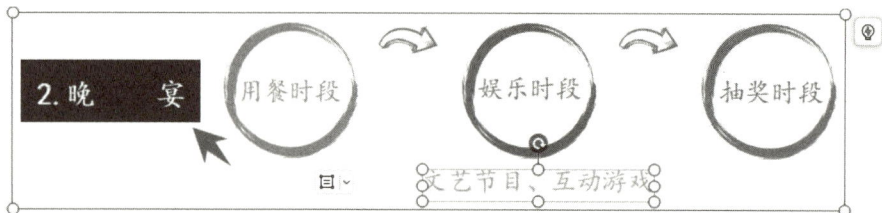

图1.5.50　"晚宴"流程的智能图形

步骤51：选中"年会准备及相关注意事项"下方的5段文本"年会的通知……拍照摄影"，在【开始】选项卡中找到"项目符号"按钮 ，单击右侧的箭头，在弹出的下拉列表中选择如图1.5.51所示的项目符号。

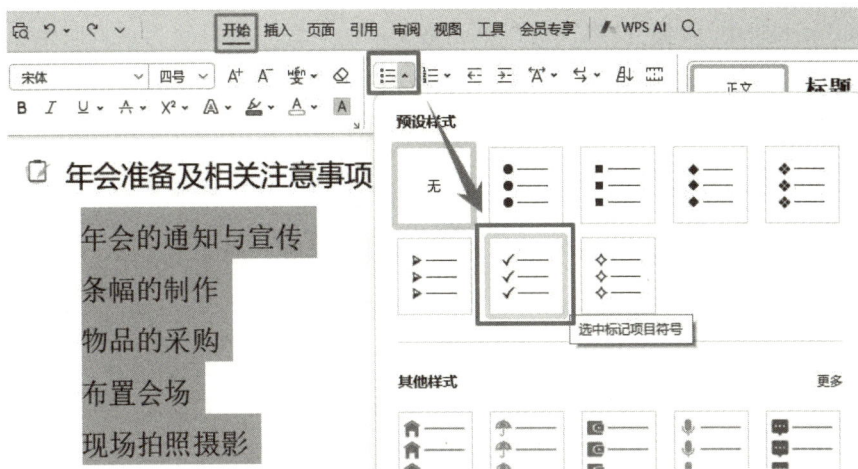

图1.5.51　添加项目符号

步骤52：保持段落文本为选中状态，在打开的"段落"对话框中，设置"文本之前"缩进2字符；然后单击【页面】选项卡中的【分栏】按钮，在弹出的下拉列表中选择"更多分栏"，在弹出的"分栏"对话框中，选择"预设"分组中的"两栏"，同时勾选"分隔线"，如图1.5.52所示。单击"确定"后，即可完成对选中段落文本的分栏效果设置，完成后效果如图1.5.53所示。

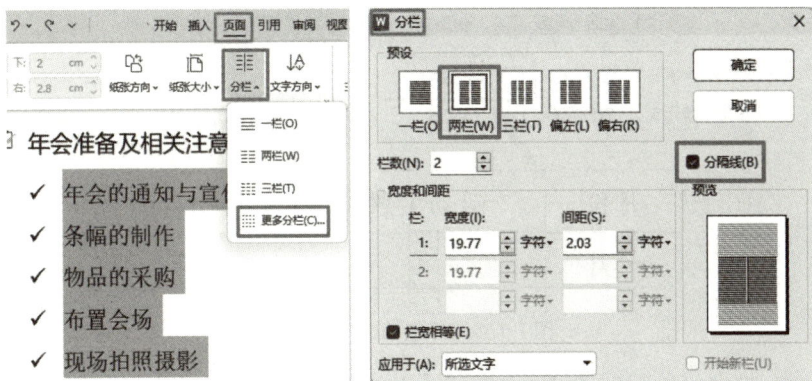

图1.5.52　打开分栏对话框并设置分栏效果

图1.5.53　最终效果图

6.设置表格格式

步骤53:选中整个表格,设置表格中所有文本的字体为"仿宋",字号为小四,行距为固定值20磅。其中表格第1行和第1列的文本加粗显示。

步骤54:选中表格的第1行和第2行,在【表格工具】选项卡中,分别单击"垂直居中"按钮三和"水平居中"按钮三,将这两行单元格文本的对齐方式设置为垂直居中和水平居中,如图1.5.54所示。使用同样的方法,将表格第1列单元格文本的对齐方式设置为垂直居中和水平居中;将除第1、2行和第1列以外其他所有单元格的对齐方式设置为垂直居中和左对齐。

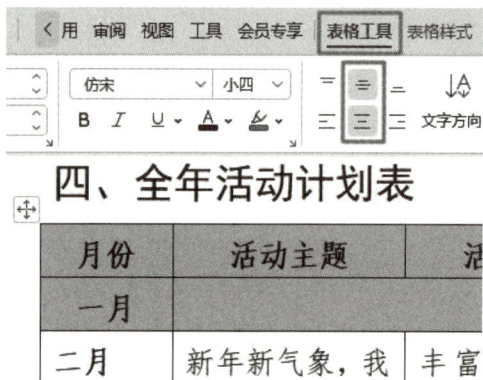

图1.5.54　设置单元格文本的对齐方式

步骤55:将光标定位到第1行任意单元格中,在【表格工具】选项卡中设置行高为0.8cm,如图1.5.55所示。

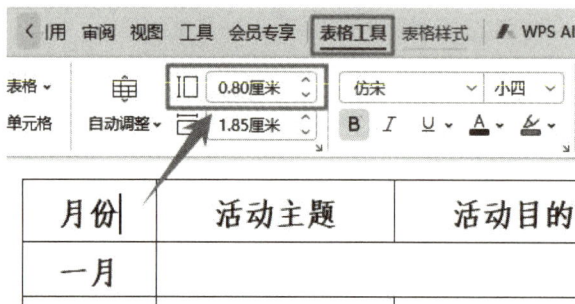

图1.5.55　设置第1行的行高

步骤56:选中第1行所有单元格,在【表格样式】选项卡中找到"底纹颜色"按钮 底纹,单击右侧的箭头,在弹出的下拉列表中选择主题颜色"橙色,着色3,浅色60%",为表格的标题行设置底纹,如图1.5.56所示。

步骤57:单击【表格工具】选项卡中的"重复标题"按钮 重复标题,即可让跨页的表格重复显示标题行,便于阅读表格各列内容,如图1.5.57所示。

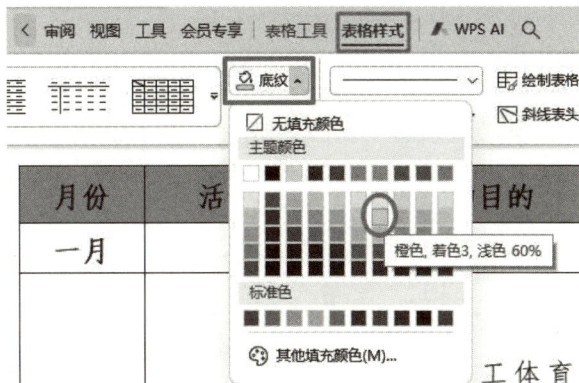

图 1.5.56　设置表格标题行的底纹

图 1.5.57　表格标题行跨页设置

步骤 58：选中二月到十二月"活动内容"列的所有单元格内容，并添加如图 1.5.58 所示的项目符号。

步骤 59：单击任意"红色旗帜"项目符号，在弹出的下拉列表中选择"调整编号缩进…"，此时会弹出"调整符号缩进"对话框，将"文本缩进"修改为 0.5cm，如图 1.5.59 所示。

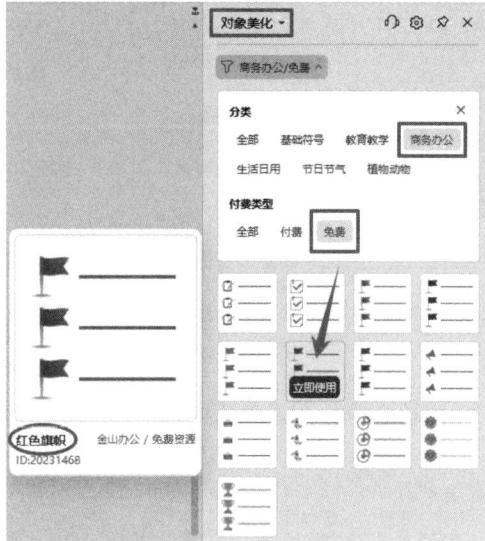

图1.5.58 添加项目符号

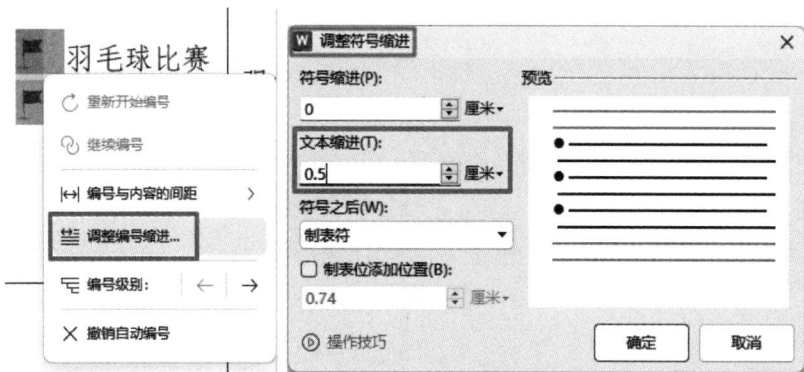

图1.5.59 "调整符号缩进"对话框

步骤60：选中二月到十二月"组织实施"列的所有单元格内容，并添加如图1.5.60所示的编号。然后参照步骤58的操作方法，将"文本缩进"修改为0.65cm。

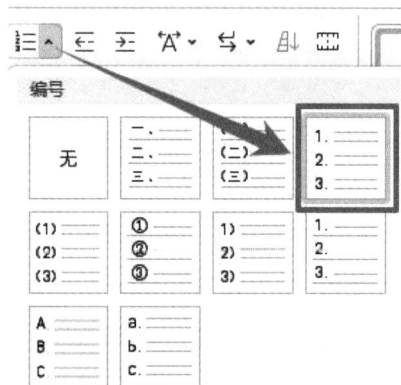

图1.5.60 添加编号

步骤61：添加编号时，默认是对所有单元格内容进行连续编号，而实际情况是每个单元格内容应单独编号，可以通过单击每个单元格的第一个编号，在弹出的下拉列表中选择"重新开始编号"，即可对每个单元格的内容进行独立编号，如图1.5.61所示。

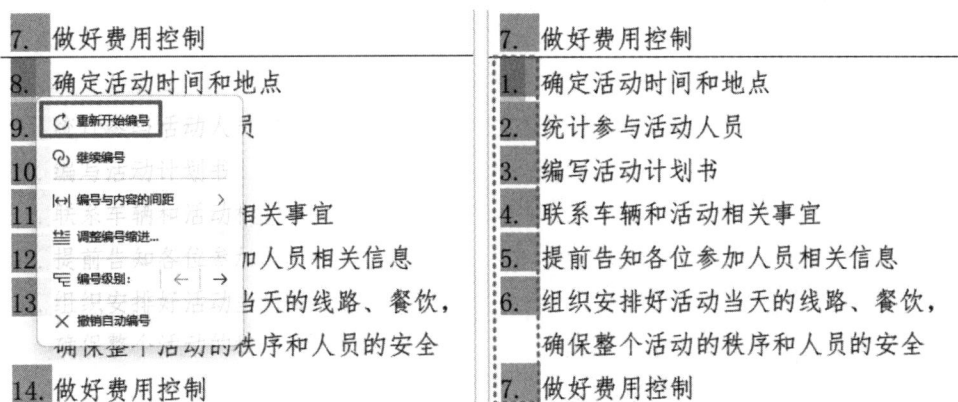

图1.5.61　对每个单元格重新编号

7.给除封面外的其他页插入页码，并设置页码格式

步骤62：将光标定位在第2页任意位置，单击【插入】选项卡中的【页码】，在弹出的下拉列表中选择如图1.5.62所示的页码样式。

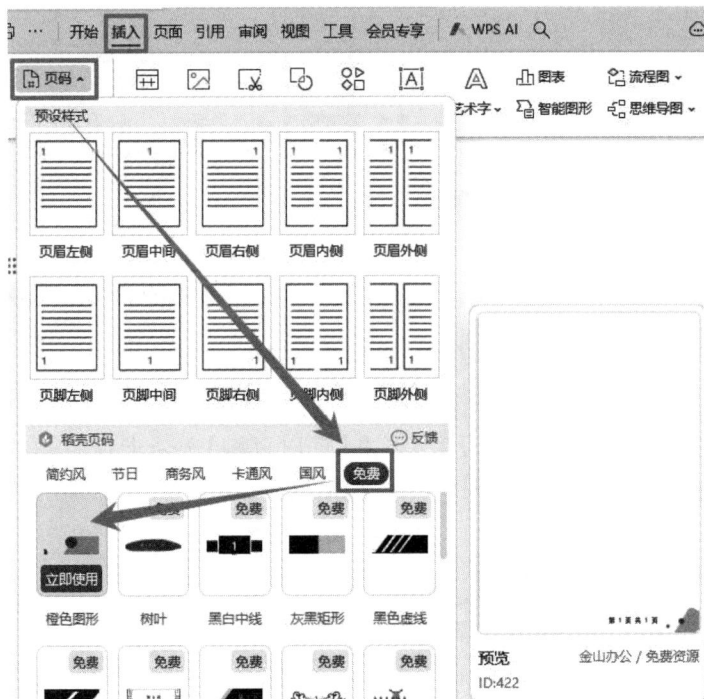

图1.5.62　插入页码

步骤63：此时处于"页眉页脚"编辑状态。单击页脚处的【页码设置】，在弹出的下拉列表中，"样式"选择"第1页"，"应用范围"选择"本页及之后"，如图1.5.63所示。

步骤64：选中页码文本"第1页"，在出现的浮动工具栏中设置页码的字体为"黑体"，字号为四号，对齐方式为居中对齐，如图1.5.64所示。

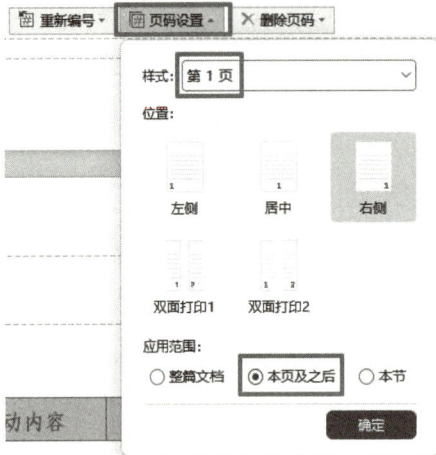

图1.5.63　修改页码样式及应用范围　　　　　图1.5.64　设置页码的文本格式

步骤65：保持页码文本框为选中状态，在【绘图工具】选项卡中设置其高度为1.5cm，宽度为5.8cm，如图1.5.65所示。

图1.5.65　修改页码文本框的大小

步骤66：至此完成文档页码设置，单击【页眉页脚】选项卡最右侧的【关闭】，如图1.5.66所示，退出页眉页脚编辑状态。

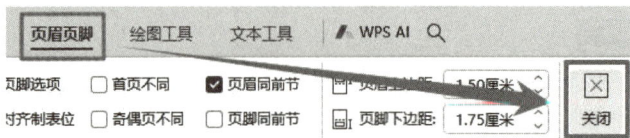

图1.5.66　退出页眉页脚编辑状态

步骤67：将文档另存为"2024年企业文化活动策划书（效果）.docx"，保存到当前文件夹中。

拓展练习

×××股份有限公司人力资源部制订了一份2024年度的员工培训计划方案,现要对该方案文档进行排版,完成后效果如图1.5.67所示。

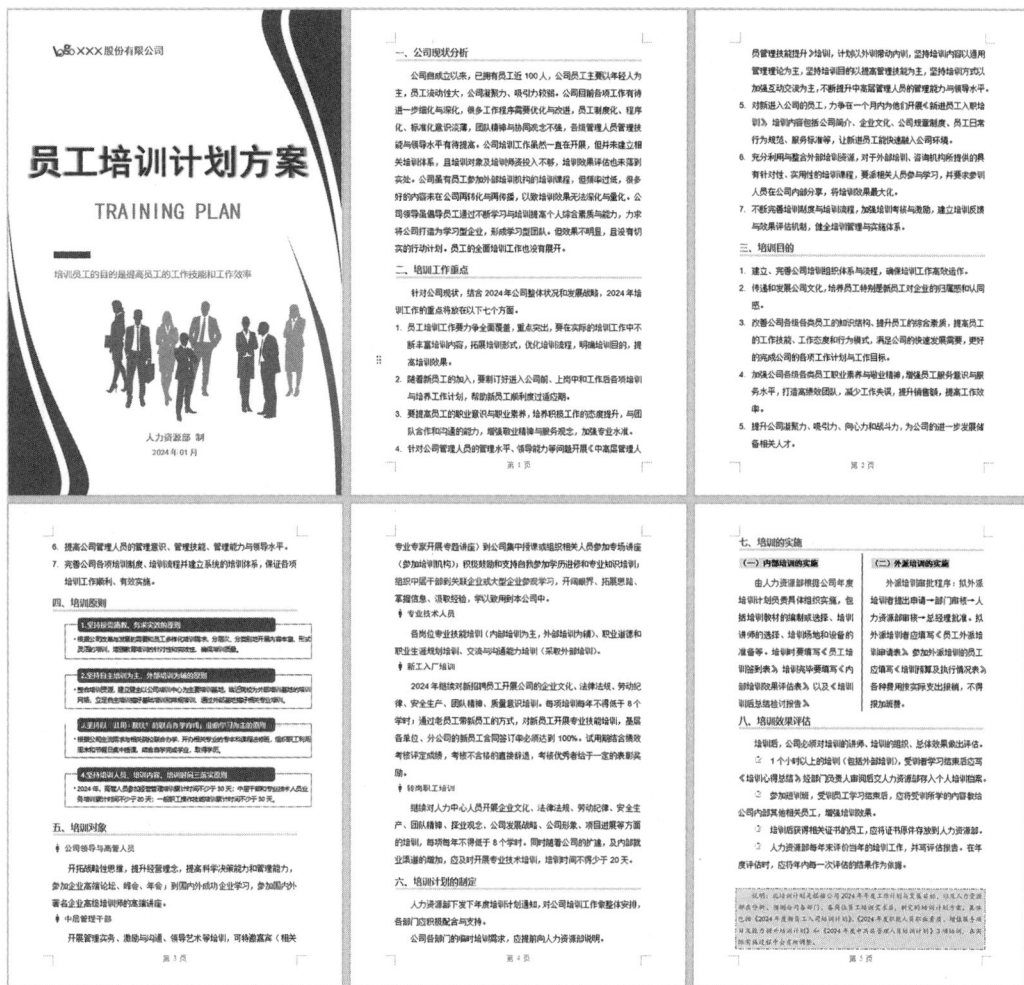

图1.5.67 文档排版后的效果图

一、要求

在打开的"员工培训计划方案(素材).docx"文档中,按要求完成格式排版。

①页边距的上、下均为2cm,左、右均为2.8cm。

②插入如图1.5.68所示的预设封面页。

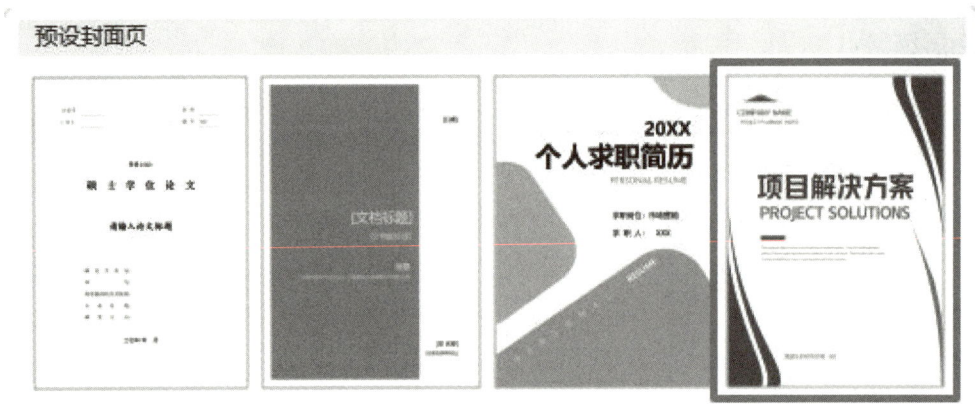

图 1.5.68　插入封面页

二、主要步骤

①修改封面的主题标题文本为"员工培训计划方案",字号修改为60磅,应用"阴影:外部/居中偏移"文字效果;将副标题文本"PROJECT SOLUTIONS"修改为"TRAINING PLAN";将封面左上角处的文本"COMPANY NAME"修改为"×××股份有限公司",并删掉其上方的图片和下方的文本框,接着插入"素材"文件夹中的图片"logo.png",将图片的高度修改为0.8cm;将"×××股份有限公司"文本框放置在该图片右侧合适的位置,完成后效果如图1.5.69所示。

②将副标题"TRAINING PLAN"文本框下方的文本框内容"The project ...process"修改为"培训员工的目的是提高员工的工作技能和工作效率",字体修改为"微软雅黑",字号为三号,字体颜色为"渐变填充/ID:预设6";接着插入"素材"文件夹中的图片"人物.png",将图片的高度修改为9cm,环绕方式为"衬于文字下方",将其放置在该文本框下方空白区域合适的位置,完成后效果如图1.5.69所示。

③将左下方处文本框内容"项目计划书修订版(B)"修改为两行文本"人力资源部 制""2024年01月",两行文本均居中对齐,行距为固定值25磅,其中"人力资源部 制"文本的字号修改为三号;然后将文本框水平居中。封面的最终效果如图1.5.69所示。

④将正文一级标题"一、公司现状分析""二、培训工作重点"至"八、培训效果评估"的字体设置为"微软雅黑",字号为三号,段前间距1行,段后间距0.5行,行距为固定值20磅;然后对这些标题段落进行统一设置:线型为双实线、宽度为0.5磅、颜色为"矢车菊蓝,着色5,浅色60%"的下框线。

图1.5.69　封面效果图

⑤将"四、培训原则"部分的内容转换为如图1.5.70所示的智能图形(类型:列表、4项、免费资源)。

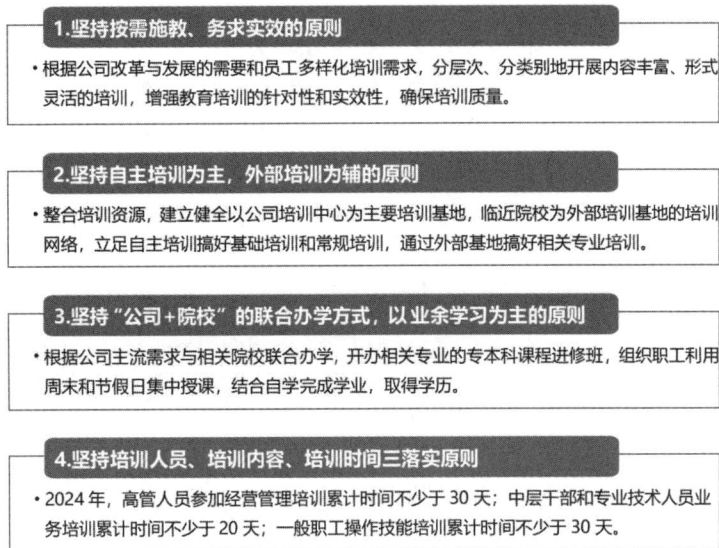

1.坚持按需施教、务求实效的原则
· 根据公司改革与发展的需要和员工多样化培训需求,分层次、分类别地开展内容丰富、形式灵活的培训,增强教育培训的针对性和实效性,确保培训质量。

2.坚持自主培训为主,外部培训为辅的原则
· 整合培训资源,建立健全以公司培训中心为主要培训基地,临近院校为外部培训基地的培训网络,立足自主培训搞好基础培训和常规培训,通过外部基地搞好相关专业培训。

3.坚持"公司+院校"的联合办学方式,以业余学习为主的原则
· 根据公司主流需求与相关院校联合办学,开办相关专业的专本科课程进修班,组织职工利用周末和节假日集中授课,结合自学完成学业,取得学历。

4.坚持培训人员、培训内容、培训时间三落实原则
· 2024年,高管人员参加经营管理培训累计时间不少于30天;中层干部和专业技术人员业务培训累计时间不少于20天;一般职工操作技能培训累计时间不少于30天。

图1.5.70　智能图形效果图

其中:a.整个智能图形大小为:高度11.6cm,宽度15.5cm;b.小标题文本框的宽度均为12.5cm,填充色均为"矢车菊蓝,着色5,深色25%",内容文本框的轮廓颜色均为"矢车菊蓝,着色5,深色25%";c.小标题文本字体格式均为"微软雅黑"、小四号、加粗、白色,段落格式均为文本之前缩进0.5字符,段前段后间距为0,行距为固定值16磅;d.内容文本字体格式均为"微软雅黑"、五号、黑色,段落格式均为文本之前缩进0.5字符、悬挂缩进0.25cm,段前间距为0.5行、单倍行距。

⑥将正文文本字体设置为四号,首行缩进2字符,行距为固定值30磅。

⑦分别为"二、培训工作重点"部分中的段落"员工培训工作要力争……健全培训管理与实施体系。"和"三、培训目的"部分中的段落"建立、完善公司培训……保证各项培训工作顺利、有效实施。"添加如图1.5.71所示的编号。

⑧将"五、培训对象"部分中5个小标题文本的字体设置为"黑体"、四号,字体颜色保持不变,然后添加如图1.5.72所示的项目符号(字符代码为128),并修改项目符号的字号为小二。

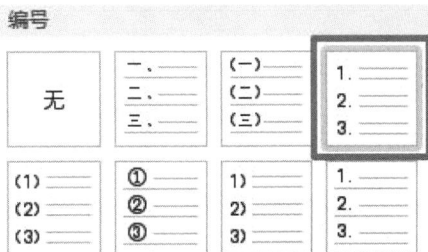

图1.5.71　添加编号

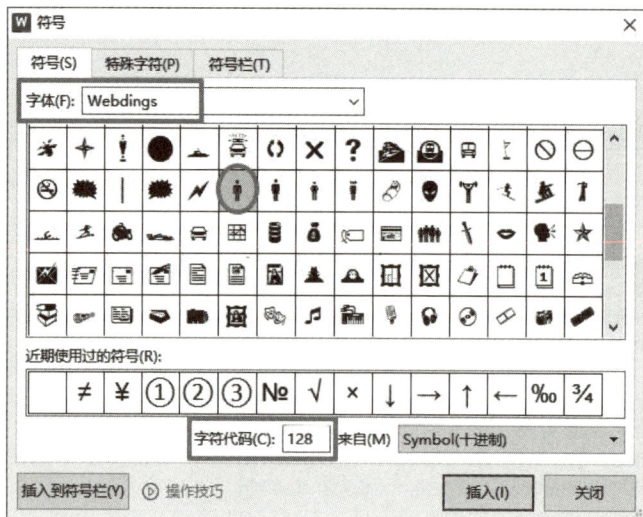

图 1.5.72　项目符号

⑨为"八、培训效果评估"部分中的 4 个段落"1 个小时以上的培训……应将年内每一次评估的结果作为依据。"添加如图 1.5.73 所示的项目符号,并设置段落首行缩进为 2 字符,项目符号的"编号与内容的间距"为"适中(空格)"。

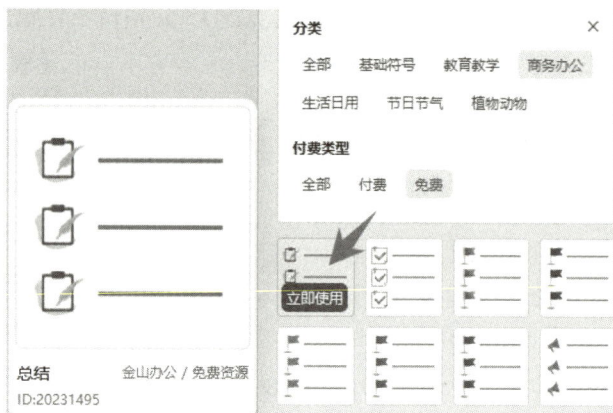

图 1.5.73　项目符号"总结"

⑩将"七、培训的实施"部分的内容分成等宽的两栏,间距为 3 字符,加分隔线;其中 2 个小标题"(一)内部培训的实施"和"(二)外派培训的实施"的字体均为"黑体"、四号、加粗,文字底纹颜色均为"矢车菊蓝,着色 5,浅色 80%"。

⑪设置最后一段深红色文本的字体为"楷体",字号为小四,首行缩进 2 字符,1.3 倍行距,并将该段落线型设置为虚线(自选),宽度为 1 磅,颜色为"矢车菊蓝,着色 5,深色 25%"的边框线和"矢车菊蓝,着色 5,浅色 80%"的底纹。

⑫在所有正文页的"页脚中间"处插入样式为"第 1 页"的页码;页码的字号为小四,颜色为"矢车菊蓝,着色 5,深色 50%"。

⑬将文档另存为"员工培训计划方案(效果).docx",保存到当前文件夹中。

任务六 经济文书

案例导入

李玲是公司刚刚转正的行政秘书,兼任公司 HR 工作。公司没有专门的法务部门,且需要租赁五套三居室供公司高层管理人员居住,公司办公室主任王钢因而让她草拟一份房屋租赁合同,并注意必备条款的制订。

知识准备

一、经济合同的概述

(一)概念

经济合同是经济活动中使用的合同,是平等主体间为实现一定的经济目的,明确相互间债权债务关系而订立的文书。

(二)作用

①有利于保障合同当事人的合法权益。

②有利于维护社会经济秩序。

③有利于强化专业化生产协作。

④有利于加强企业的经营管理。

⑤有利于开展对外贸易和经济技术交流。

(三)主要条款

①标的:当事人权利和义务所共同指向的对象。

②数量:标的数量,通用标准计量单位。

③质量:产品的外观形态和产品的内在成分。

④价格(酬金):价格组成、作价方法、作价标准、调价处理办法。

⑤期限:确定合同是否按时履行或迟延履行的依据。

⑥地点:履行合同的地点。

⑦履行方式:运输方式、提货方式、还贷方式等。

⑧结算:作为交易的最后环节,保障买卖双方权益,结算方式多样,含现金、银行转账、第三方支付等。

⑨违约责任:对不履行合同规定义务的一方的制裁措施。

二、经济合同的种类

(一)按经济内容分

①购销合同:涉及商品或服务的购买和销售。

②加工承揽合同:涉及对原材料或半成品进行加工或承揽特定工作。

③建设工程勘察设计合同:涉及建筑项目的勘察、设计和咨询。

④建筑安装工程承包合同:涉及建筑项目的安装和施工。

⑤财产租赁合同:涉及不动产或动产的租赁。

⑥货物运输合同:涉及货物的运输服务。

⑦仓储保管合同:涉及货物的储存和保管。

⑧借款合同:涉及资金的借贷。

⑨财产保险合同:涉及财产的保险服务。

⑩ 技术合同:涉及技术转让、技术服务等。

(二)合同的其他分类

1.按合同形式分

有口头经济合同和书面经济合同。书面合同在格式上又分为条文式和表格式两种。

2.按合同成立的程序分

有诺成合同和实践合同。双方意思表示一致,合同即告成立的,叫诺成合同,如购销合同、建筑工程承包合同等。实践合同指除当事人意思表示一致以外,尚需交付标的物或完成其他现实给付才能成立的合同。

3.按合同的标的分

可以分为转移财产的合同、提供劳务的合同和完成工作的合同三种。转移财产的合同是一方将一定财产转移给对方,由对方付给价款的合同。一般有三类情况:财产所有权转移,如购销合同;财产管理权转移,如供用电合同;财产使用权转移,如房屋、土地的租赁合同。此类合同也包括无形财产的转让,如专利权、商标专用权转让合同。提供劳务的合同和完成工作的合同,都要求乙方按约定条件付出劳动,并向对方支付报酬。其区别在于前者只提供服务,不产生新的劳动成果,如货物运输合同、仓储保管合同等;后者最终要表现为产生新的劳动成果,如勘测设计合同、建筑安装工程承包合同、科研试制合同、加工承揽合同等。

技能准备

一、调整宽度

为了使文本整齐美观,需要将字数不同的文本调整成相同的宽度,如对合同中签约双方的个人信息进行中文版式的快速排版调整。

方法：按住"Ctrl"键用鼠标选中多行文本→【开始】选项卡→【中文版式】→"调整宽度"。

二、制表位的设置

为了使签约双方信息后的横线保持相同的宽度，需要用到制表符。

方法：选中文字(包括冒号)→【开始】选项卡→【段落】→"制表位"→输入相应参数。

项目实战

一、任务分析

制作一份房屋租赁合同，包括合同封面、合同正文及合同签字区。完成后效果如图1.6.1所示。

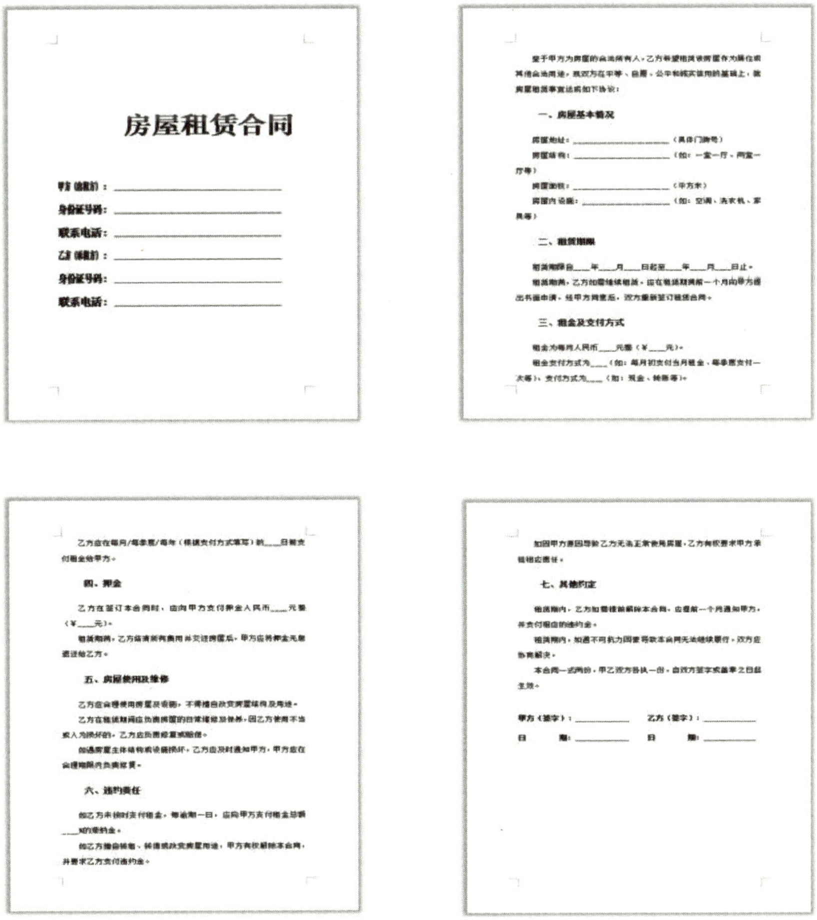

图 1.6.1　整体效果图

二、任务实施

(一)合同封面制作

1.标题排版

要求:设置标题"房屋租赁合同",字体为"华文中宋",字号为48,字符间距为130%,水平居中。

步骤1:打开文件"房屋租赁合同.docx",选中封面中的标题"房屋租赁合同",然后右键点击"房屋租赁合同",在弹出的快捷菜单中选择"字体"选项。在随后出现的"字体"对话框中,切换至"字体"选项卡,并将字体设置为"华文中宋",字号调整为48。接着,切换至"字符间距"选项卡,并将缩放比例设置为"130%"。完成以上设置后,点击"确定"按钮以保存更改。步骤如图1.6.2、图1.6.3所示。

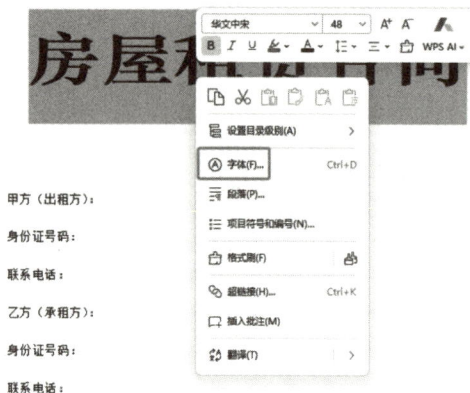

图1.6.2 字体设置

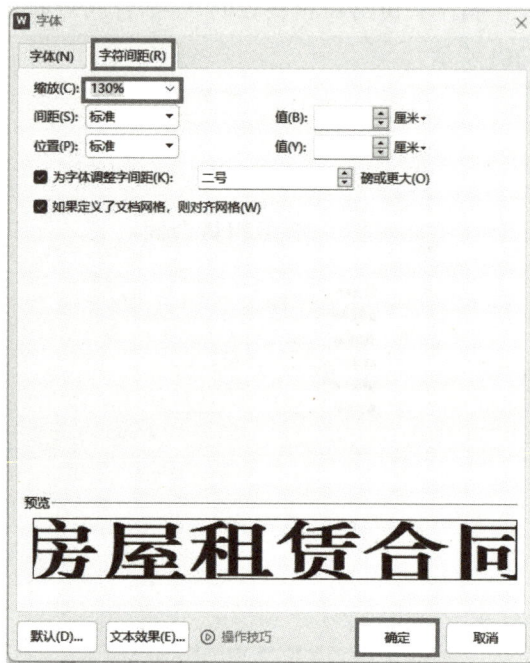

图1.6.3 字符间距设置

2.调整宽度

要求:将封面上其他文字设置为相同的宽度。

步骤2:设置字体,按住"Ctrl"键,选中冒号前的文字,右键单击选中的文字,在弹出的快捷菜单中选择"字体"选项。在随后出现的"字体"对话框中,切换至"字体"选项卡,并将字体设置为"华文中宋",字号调整为"二号";设置相同宽度:【开始】选项卡→【中文版式】→"调整宽度"→"调整宽度"对话框→将"新文字宽度"字符数设置为7.5。步骤如图1.6.4、图1.6.5所示。

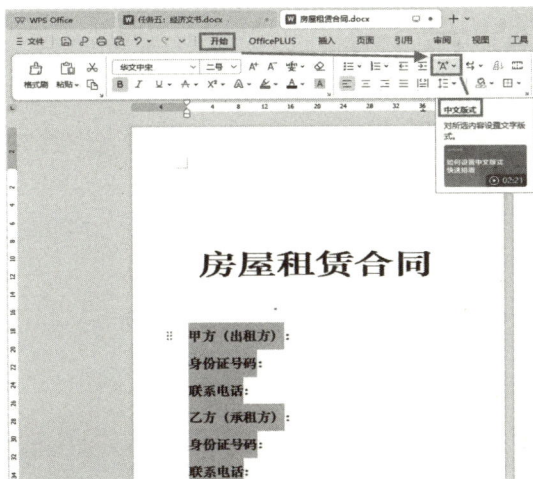

图 1.6.4 开始-中文版式

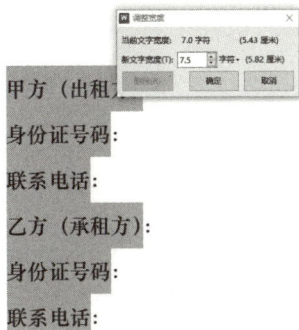

图 1.6.5 调整字符宽度

3.制表位设置

要求:使用制表位设置相同宽度的下划线。

步骤3:选中需要操作的文字(包括冒号),鼠标右键单击选中的文字,在快捷菜单中选中"段落"选项,进入"段落"对话框,单击"制表位"按钮,弹出"制表位"对话框,在"制表位位置"中输入36,在"对齐方式"中单击"居中"单项框,在"前导符"中点选"4",单击"确定"按钮,最后,取消选中文字,再把光标放在每一行的冒号后,依次按"Tab"键,整齐的下划线就设置完成了。步骤如图1.6.6至图1.6.8所示,完成后效果如图1.6.9所示。

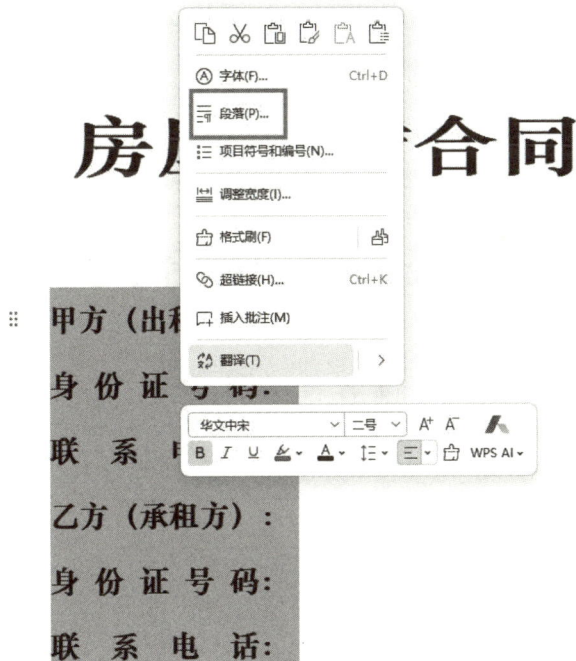

图 1.6.6 进入"段落"对话框

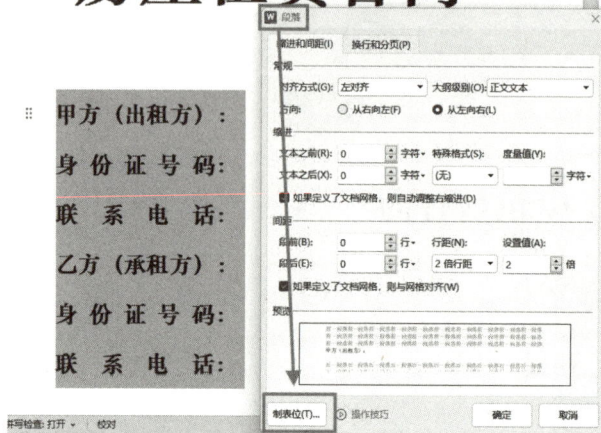

图1.6.7 进入"制表位"对话框

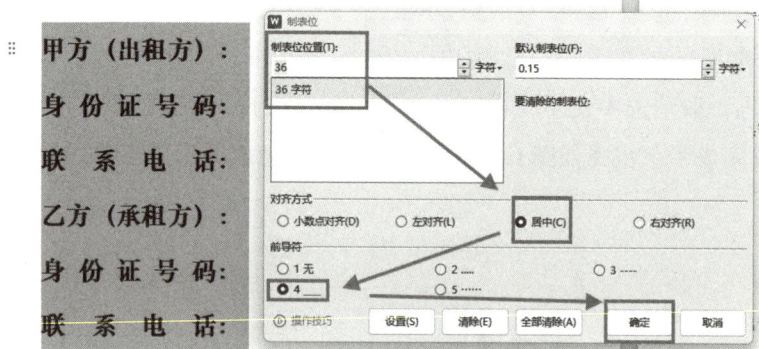

图1.6.8 "制表位"对话框

房屋租赁合同

甲方（出租方）：_____

身份证号码：_____

联系电话：_____

乙方（承租方）：_____

身份证号码：_____

联系电话：_____

图1.6.9 封面效果图

(二)正文样式设置

要求:修改"标题1"样式:"宋体",三号,加粗,并应用于"一、房屋基本情况""二、租赁期限"等内容;修改"正文"样式:"宋体",四号,加粗,行间距1.5倍,首行缩进2个字符,并应用于其他正文内容。

(三)签字区设置

1.宽度调整

步骤4:长按"Ctrl"键,选中冒号前的文字→【开始】选项卡→【中文版式】→"调整宽度"对话框→将"新文字宽度"设置为6个字符,如图1.6.10所示。

图1.6.10　调整签字区字符宽度

2.制表符设置

步骤5:选中"签字区"的文字(包含冒号),右键单击→"段落"→"制表位"→将"制表位位置"设置为18字符,然后将光标停留在每一行后面,按"Tab"键,设置好下划线。

3.分栏设置,将签字区分为两栏

步骤6:将光标放在需要分栏的那一行前面→【页面】选项卡→【分栏】→"两栏",如图1.6.11所示,完成后效果如图1.6.12所示。

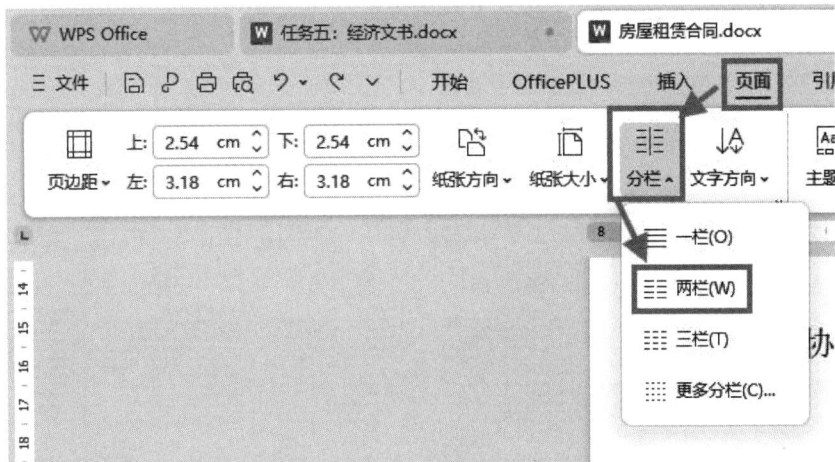

图1.6.11　分栏

本合同一式两份，甲乙双方各执一份，自双方签字或盖章之日起生效。

甲方（签字）：＿＿＿＿＿＿＿　　乙方（签字）：＿＿＿＿＿＿＿

日　　　期：＿＿＿＿＿＿＿　　日　　　期：＿＿＿＿＿＿＿

图 1.6.12　分栏效果图

拓展练习

用AI工具撰写"购销合同"并排版，对封面、正文和签字区进行相应设置。

任务七　邀请函

案例导入

某公司为了展示公司优秀的新产品、吸引潜在的合作伙伴共同探讨合作机会、实现资源共享和互利共赢，计划举办一场新产品发布会，办公室准备制作一份邀请函，发送给相关领导和专家，正式邀请他们来参加此次新产品发布会。本次学习任务就是利用WPS文字来完成邀请函的批量制作工作。完成后效果如图 1.7.1 所示。

图 1.7.1　邀请函效果图

知识准备

邀请函是一种正式的书信,用于邀请某人或某个团体参加活动、会议、典礼等特殊场合。它通常包括活动的名称、时间、地点、目的和邀请人的身份等信息,同时表达对受邀人的尊重和期望其出席的诚意。邀请函语言通常礼貌且正式,旨在表达邀请人的诚意和期待,其在商务、社交和日常生活中被广泛应用,是一种重要的社交礼仪和商业沟通工具。一般来说,邀请函主要具备以下特点:

①正式性:邀请函通常采用正式的语言和格式,这体现了邀请活动的正式程度。邀请函语言应得体、规范、正式,避免使用口语化或随意的表达方式。

②明确性:邀请函应明确表达邀请的目的、时间、地点、参与人员等重要信息。这些信息应准确无误,避免出现歧义或误解。

③礼貌性:邀请函应展现出礼貌、诚恳、友好的态度,给受邀者留下良好的印象。语气应温和、亲切,避免强势或命令式的口吻。

④针对性:邀请函是针对特定的对象发出的。

⑤时效性:邀请函与活动相关,具有一定的时间限制。

⑥独特性:虽然邀请函有其通用的格式和规范,但每一份邀请函都应根据活动的特点和受邀者的身份进行个性化设计,以体现活动的独特性和对受邀者的尊重。

⑦简洁性:邀请函的内容应简洁明了,突出重点。避免使用冗长或复杂的句子,以让受邀者能够快速了解活动的详情。

总之,一份好的邀请函应该既正式又友好,既明确又简洁,既能有效传达活动信息,又能充分展现对受邀者的尊重。

技能准备

邮件合并是WPS文字处理软件中一项非常实用的功能,它主要用于批量处理文档,如批量生成邀请函、台签、工作证、证书、信函和录取通知书等。通过邮件合并,你可以将一份包含共性内容的文档(主文档)与一份包含变化信息的数据源(如表格或数据库)进行合并,从而快速生成多份具有个性化内容的文档。

项目实战

一、任务分析

利用WPS文字软件完成邀请函的制作工作,先创建一个主文档,然后在文档中呈现活动的标题、相关内容和公司/部门名称等信息,通过添加艺术字、文本框、图片或形状等进行编辑。接着,使用WPS表格创建数据源,最后进行邮件合并。

二、任务实施

(一)创建文档

主文档通常是指在特定的文档处理或项目中,作为主要框架或基础的文档,是一个样板。

1.页面设置

步骤1:启动WPS文字软件,新建一个空白文档,并命名为"邀请函文档"→【页面】选项卡→"页面设置"→将纸张大小设置为"B5信封",如图1.7.2所示。

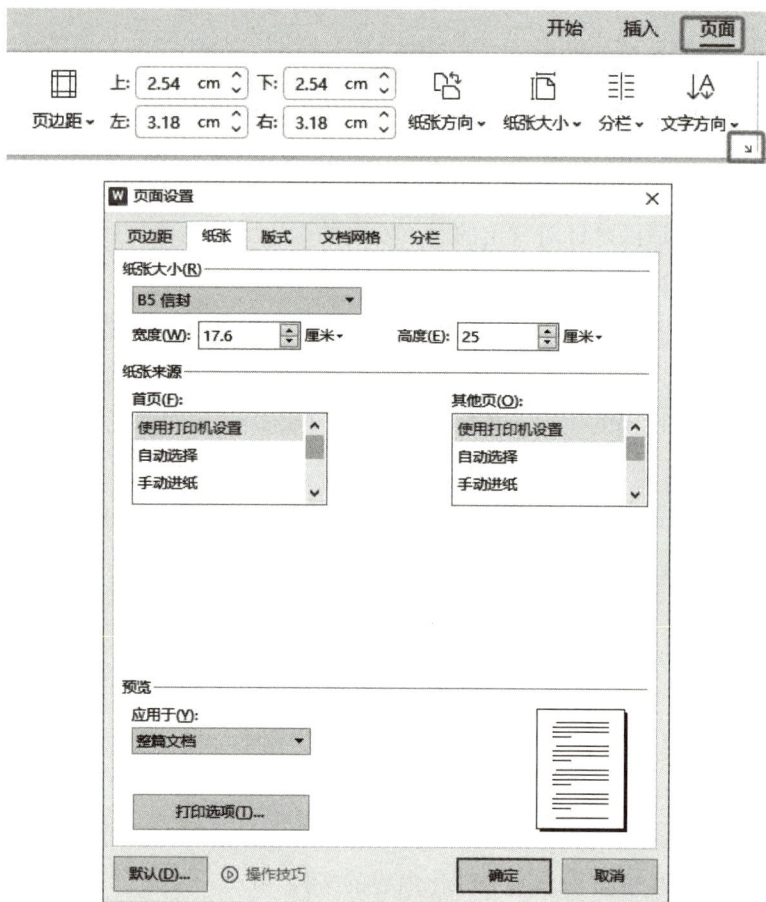

图1.7.2　页面设置

2.设置背景

步骤2:插入背景图片:【插入】选项卡→【图片】→"本地图片"→在素材文件夹找到名称为"beijing"的图片并打开。将图片的高和宽分别设置为25cm和17.60cm,环绕方式为"衬于文字下方",对齐方式为水平、垂直居中。完成后效果如图1.7.3所示。

3.插入艺术字和文本框

步骤3:【插入】选项卡→【艺术字】→选择"填充–金色,着色2"→输入"2024年××新品发布会"和"邀请函"。将艺术字文本填充为红色,设置字体格式为"黑体"、加粗,对齐方式为水平居中。其中"2024年××新品发布会"字号为小一,"邀请函"字号为72。完成后效果如图1.7.4所示。

图1.7.3　背景图

图1.7.4　插入艺术字

步骤4:在艺术字下方合适的位置插入文本框,将文本框的高和宽分别设置为16cm和15cm,然后单击【绘图工具】选项卡,设置无填充和无轮廓颜色,点击对齐下拉按钮"ˇ"后选择"水平居中"。

输入邀请函的其他文字,并设置字体为"宋体",字号为三号,正文部分首行缩进2个字符,行距为固定值25,间距为段前0.5行,完成后效果如图1.7.5所示。

(二)创建数据源

数据源指的是提供原始数据的源头或存储位置。具体来说,它是包含一系列相关数据的集合体,可以采用电子表格、数据库、文本文件等多种形式。

步骤5:启动WPS表格,输入需要邀请的人员

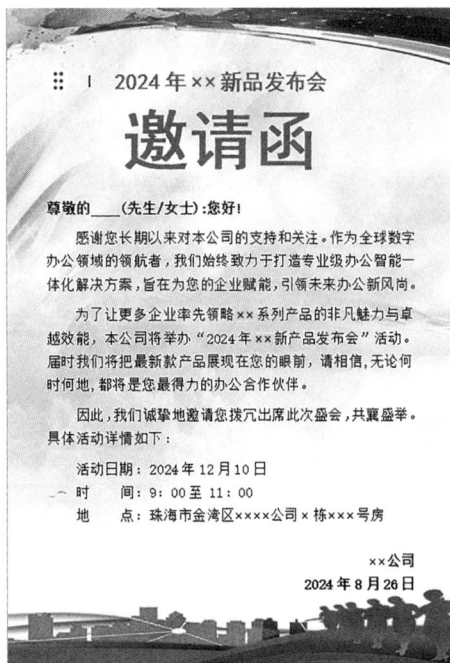

图1.7.5　插入文本框

的信息,并将其保存为邀请人员信息表,包含序号、公司、姓名,如图1.7.6所示。

图 1.7.6　员工信息表

(三)邮件合并

邮件合并是一种将相同的内容(如信件格式、文本等)与不同的数据源(如收件人姓名、联系方式等)进行组合、批量生成个性化邮件或文档的功能。

1.在"邀请函文档"中打开数据源

步骤6:在设置好的"邀请函文档"中进行操作。【引用】选项卡→【邮件合并】→"打开数据源"并选择"邀请人员信息表",如图1.7.7所示。

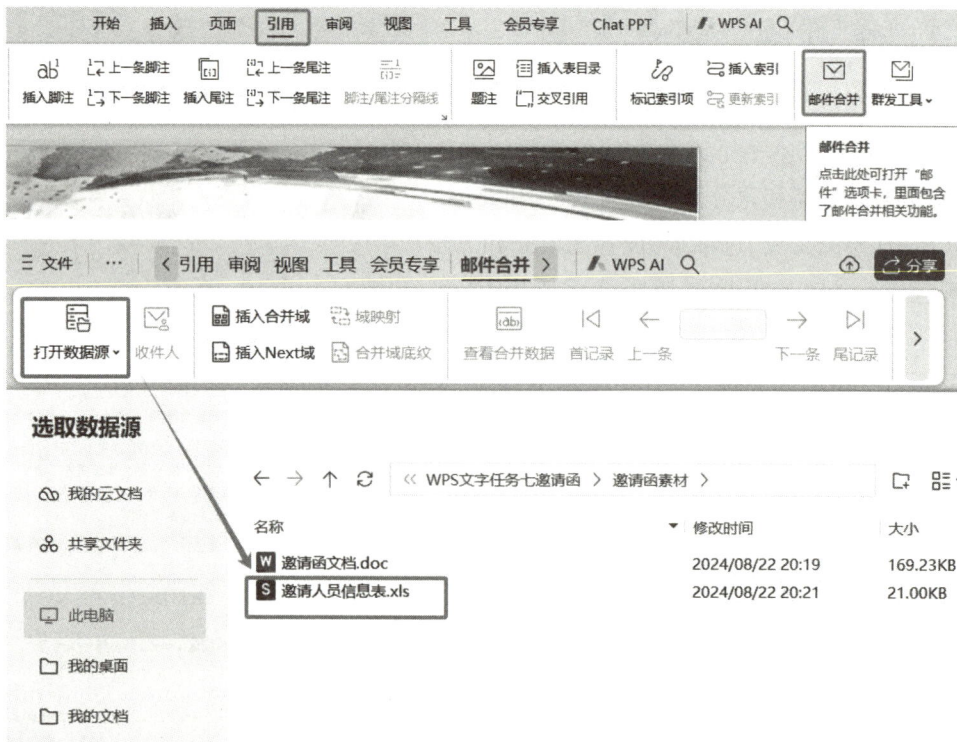

图 1.7.7　打开数据源

2.插入合并域

步骤7:将光标定位到(先生/女士)前面的空白处→【邮件合并】选项卡→【插入合并

域】→在"插入域"对话框中选择姓名并点击"插入",如图1.7.8所示。

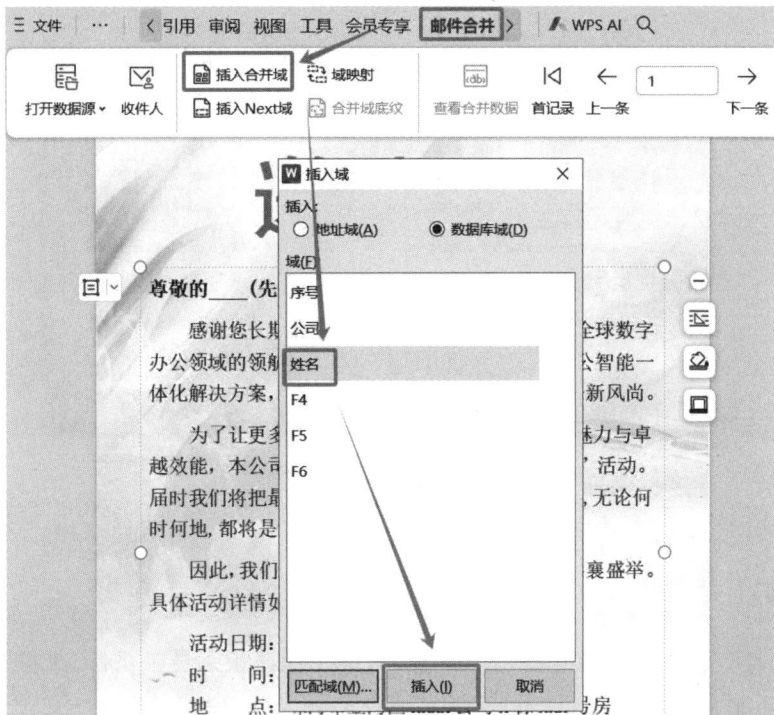

图1.7.8　插入合并域

3.预览结果和生成合并

步骤8:【邮件合并】选项卡→【查看合并数据】,此时,文档中原来"域名"的位置就会被某一个姓名所替代,如图1.7.9所示。

步骤9:【邮件合并】选项卡→【合并到新文档】→弹出"合并到新文档"对话框,如图1.7.10所示。

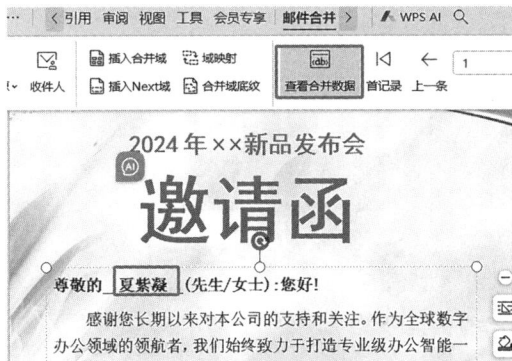

图1.7.9　预览结果

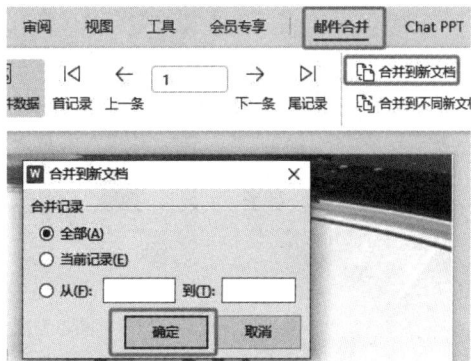

图1.7.10　合并到新文档对话框

步骤10:这时会生成一个名称为"文字文稿"的新文档,每一页都包含一份邀请函,单击保存即可。完成后效果如图1.7.11所示。

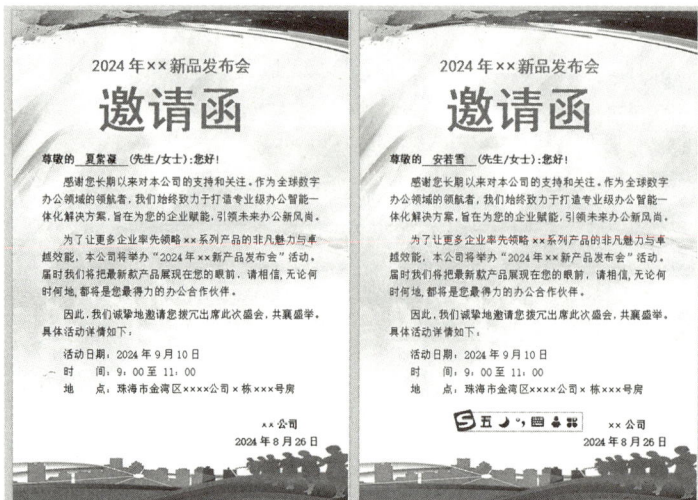

图1.7.11　合并后的效果图

拓展练习

工作证是企业内部规范化管理的体现,有助于快速识别员工身份,维护企业的安全秩序,防止外部人员随意进入,强化员工对企业的认同感,使员工能够顺利进入工作场所和相关区域。

本练习将通过邮件合并(域)的功能批量制作(含照片)工作证,完成后效果如图1.7.12所示。

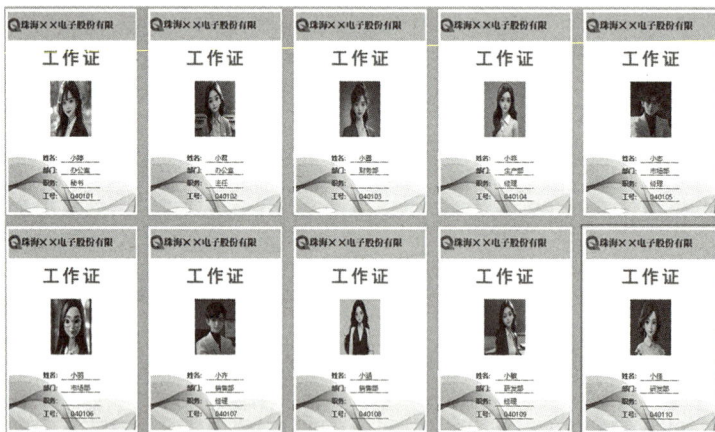

图1.7.12　工作证效果图

一、创建工作证模板

1.页面设置

将上、下、左、右的页边距全部设置为0cm,纸张大小设置为宽6cm、高9cm。

2.插入背景

如图1.7.13所示。

3.依次插入公司 logo、艺术字、矩形形状和表格

如图1.7.14所示。

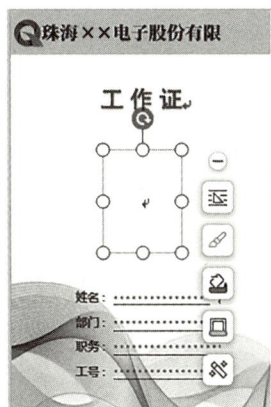

图1.7.13　背景　　　　　图1.7.14　主文档效果图

二、创建含有照片的数据源

1.准备照片素材

照片的尺寸要保持一致，否则会导致工作证的模板变形。以一寸照片为基准（宽约为2.39cm，高约为3.17cm），可以用图像处理软件（如PS）处理照片。

2.打开WPS表格，建立"员工信息表"文档

数据源中的照片名称要与实际照片的文件名称相同，如图1.7.15所示。

工号	姓名	性别	职务	部门	照片
040101	小婷	女	秘书	办公室	小婷.tif
040102	小君	女	主任	办公室	小君.tif
040103	小露	女		财务部	小露.tif
040104	小菲	女	经理	生产部	小菲.tif
040105	小志	男	经理	市场部	小志.tif
040106	小丽	女		市场部	小丽.tif
040107	小齐	男	经理	销售部	小齐.tif
040108	小涵	女		销售部	小涵.tif
040109	小敏	女	经理	研发部	小敏.tif
040110	小佳	女		研发部	小佳.tif

图1.7.15　员工信息表的数据

3.邮件合并

步骤参考"项目实战"的步骤6和步骤7。

4.插入照片嵌套域

①将光标定位到照片文本框，插入照片嵌套域，如图1.7.16所示。

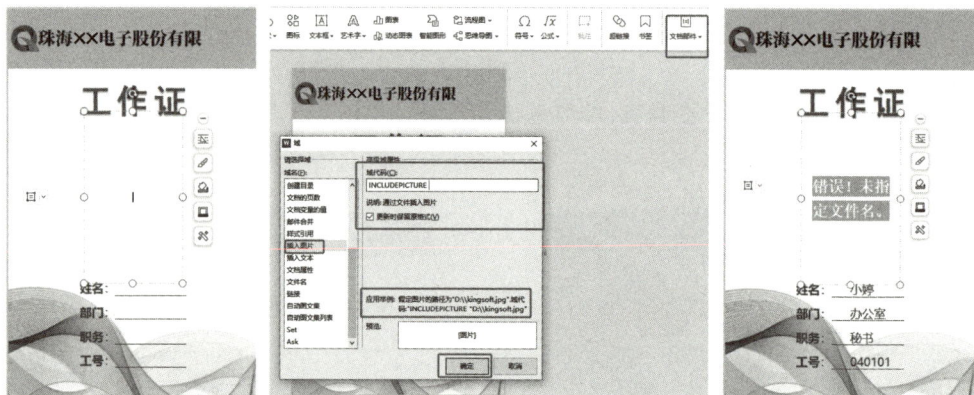

图 1.7.16 插入合并域和照片嵌套域后的效果图

②切换域代码:右键单击照片嵌套域"错误！未指定文件名。",选择"切换域代码"命令,将光标定位到域代码后面(\的前面),然后在"插入合并域"中选择"照片",如图 1.7.17 所示。

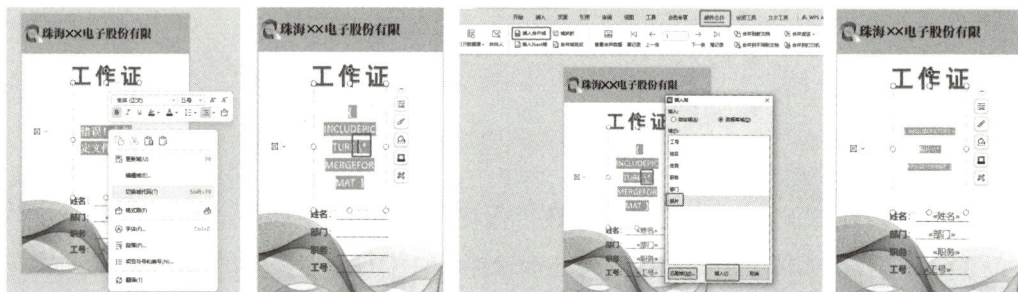

图 1.7.17 切换域代码步骤

③合并到新文档,需将收集到的照片、主文档、员工信息表保存在同一文件夹里。按 "F9"键更新合并文档的照片域,即可显示工作证的效果。

项目二
行政办公表格制作

知识目标:

• 深入理解WPS表格函数与公式应用领域。

• 理解WPS表格的数据管理与分析功能。

• 熟悉图表与数据透视表的制作特点。

能力目标:

• 能够熟练使用WPS表格进行数据处理和分析。

• 能够有效管理表格数据,提高工作效率。

• 能够运用图表和透视表进行数据可视化。

• 能够对表格数据进行安全保护和管理。

素质目标:

• 激发创新思维与自主学习能力。

• 坚定支持国产软件,弘扬爱国情怀。

• 培育精益求精的工匠精神。

任务一　员工档案

案例导入

　　某公司人事专员接到上级领导的工作指令,要求半小时内把员工档案中的信息整理出来,以便领导了解和掌握全公司员工档案的具体情况。其需要处理的信息如下:把员工的姓和名分开,放在不同的列中;把员工姓名拼音的首字母改为大写;根据员工的身份证号码提取出生年月日,判断员工性别。

知识准备

1.员工档案

　　员工档案是记录员工基本情况的文档,其包含员工编号、员工姓名、姓名拼音、身份证号码、出生年月日、性别、联系方式等基本信息。

2.智能员工档案

　　利用WPS表格函数公式快速处理员工信息。如果忘记函数公式,可以借助WPS AI的功能,让其帮助编写函数公式,完成对员工信息的处理。

3.处理员工档案的步骤

　　①姓名:使用函数把姓和名提取出来。

　　②拼音:使用函数快速将员工姓名的拼音首字母改为大写。

　　③出生年月日(生日):身份证号码第7至14位数字为出生年月日。可使用提取函数,根据身份证号码的信息提取员工的出生年月日,确定员工生日的时间。

　　④性别:身份证号码第17位数字表示性别,奇数表示男性,偶数表示女性。结合员工的身份证号码,使用IF函数嵌套公式判断员工的性别。

技能准备

一、提取函数应用

　　常用提取函数包括LEFT、MID、RIGHT,本任务主要使用LEFT、MID函数,如表2.1.1所示。

表2.1.1　函数应用实例

函数	示例	结果及说明
LEFT	=LEFT("珠海香洲区",2)或=LEFT(A2,2)	珠海(A2单元格的内容为"珠海香洲区")
MID	=MID("珠海香洲区",3,3)或=MID(A2,3,3)	香洲区((A2单元格的内容为"珠海香洲区")

LEFT(字符串,字符个数),从一个文本字符串的第一个字符开始返回指定个数的字符,第一参数为要提取字符的字符串,第二参数为从左边提取的字符个数。函数实例信息如图2.1.1和图2.1.2所示。

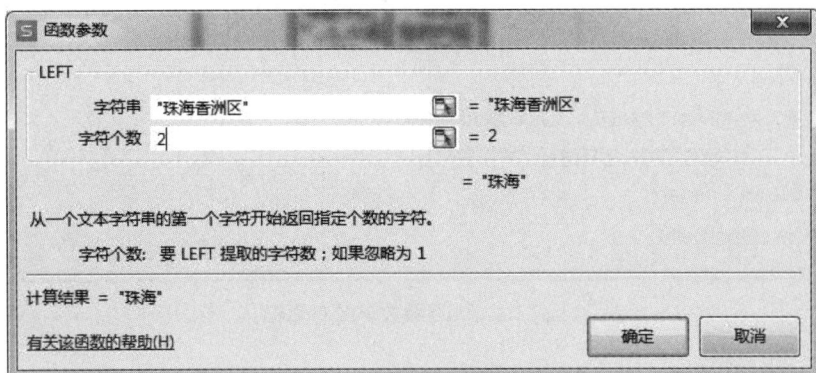

图 2.1.1　LEFT 函数参数对话框

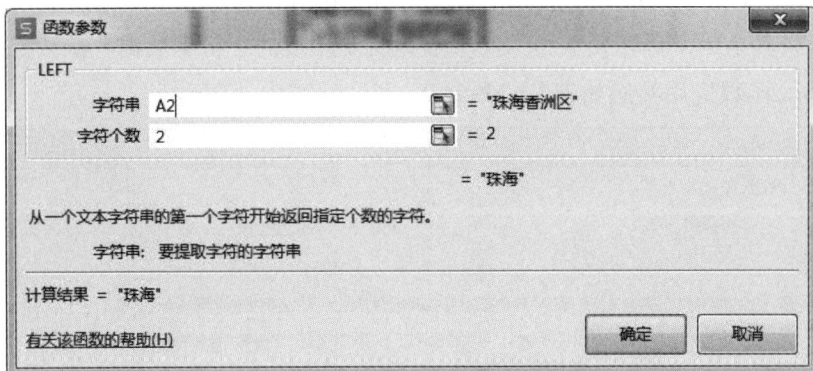

图 2.1.2　LEFT 函数参数对话框

MID(字符串,开始位置,字符个数),从文本字符串中指定的位置开始,返回指定长度的字符串。第一参数为准备从中提取字符串的文本字符串;第二参数为准备提取的第一个字符的位置;第三参数为指定所要提取的字符长度。函数实例信息如图2.1.3和图2.1.4所示。

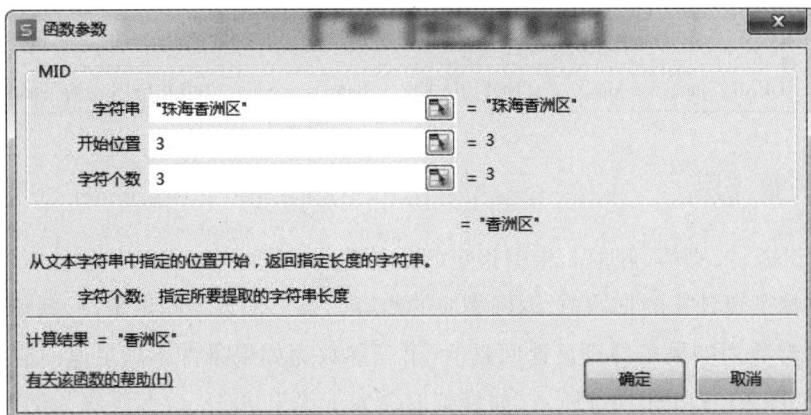

图 2.1.3　MID 函数参数对话框

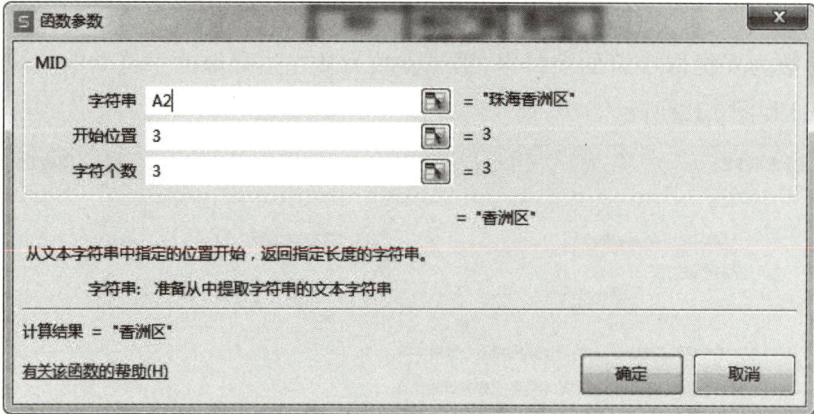

图 2.1.4　MID 函数参数对话框

二、文本函数应用

PROPER（字符串），将一个文本字符串的首字母及任何非字母字符之后的首字母转换成大写，将其余的字母转换成小写。参数为所要转换的字符串数据。函数实例信息如图 2.1.5 所示，函数应用实例如表 2.1.2 所示。

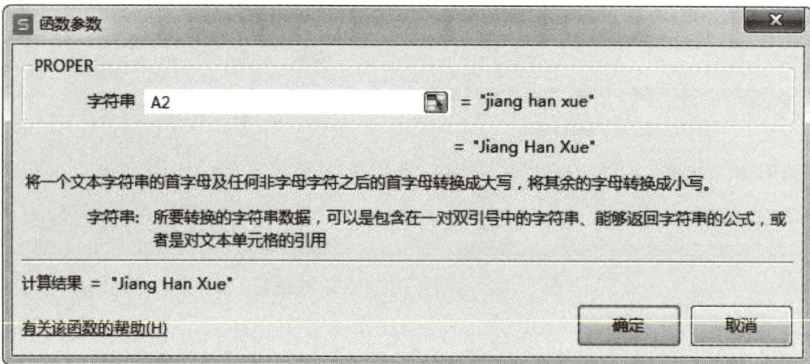

图 2.1.5　PROPER 函数参数对话框

表 2.1.2　PROPER 函数应用实例

函数	示例	结果及说明
PROPER	=PROPER（"jiang han xue"）或=PROPER（A2）	Jiang Han Xue（A2 单元格内容为"jiang han xue"）

三、判断函数应用

IF（测试条件，真值，假值），根据指定的条件执行"真值"（TRUE）、"假值"（FALSE）的判断，并依据逻辑计算的真假值，返回相应的内容。第一参数为测试条件，判断是否满足条件；第二参数为如果条件满足返回真值；第三参数为如果条件不满足返回假值。函数实例信息如图 2.1.6 和图 2.1.7 所示，如果其成绩大于等于 90 分，成绩等级为优秀，否则为良好。

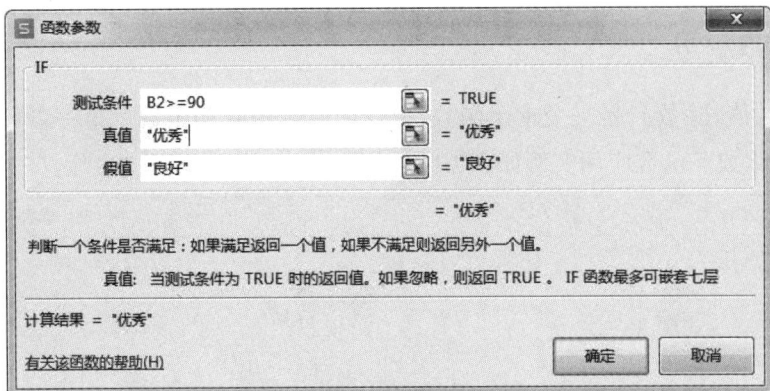

图 2.1.6 IF 函数参数对话框

图 2.1.7 IF 函数公式

四、日期函数应用

DATE(年,月,日),是一个常用的日期函数,返回代表特定日期的序列号。第一参数表示年份,第二参数表示月份,第三参数表示一个月中的第几天。函数实例如图 2.1.8 和图 2.1.9 所示。在 WPS 表格中,可使用 DATE 函数将三列包含日期数据的单元格中的信息转换为常规的日期格式。

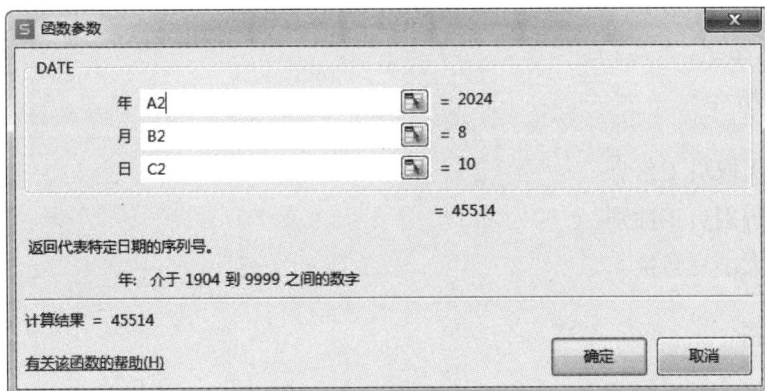

图 2.1.8 DATE 函数参数对话框

图 2.1.9 DATE 函数公式

五、求余函数应用

MOD(数值,除数),是一个求余函数,指返回两数相除的余数。第一参数为被除数;第二参数为除数。函数应用实例如图2.1.10和图2.1.11所示,表示388除以32,余数为4。

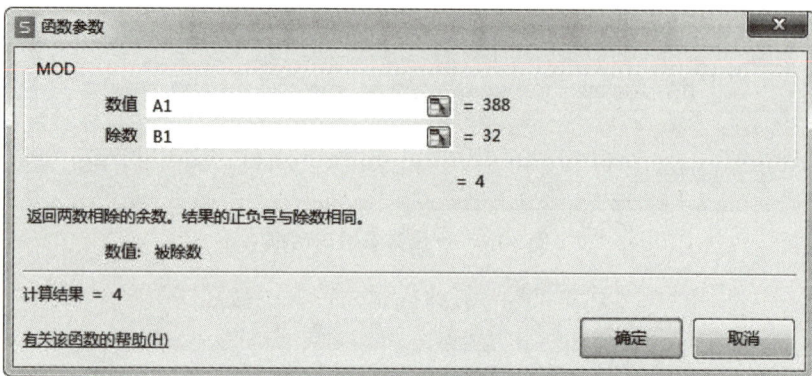

图2.1.10　MOD函数参数对话框

图2.1.11　MOD函数公式

项目实战

一、任务分析

①快速提取员工信息。

②准确辨别员工性别。

③字母大小写转换。

二、任务实施

(一)提取函数的应用

1.LEFT、MID函数:快速提取员工的姓和名

步骤1:打开素材文件夹中的"员工档案"表格,在C2单元格内输入函数公式"=LEFT(B2,1)",如图2.1.12所示,然后使用填充柄提取所有员工的"姓";在D2单元格内输入函数公式"=MID(B2,2,2)",如图2.1.13所示,再用填充柄提取所有员工的"名",提取员工姓和名的函数公式如图2.1.14所示。

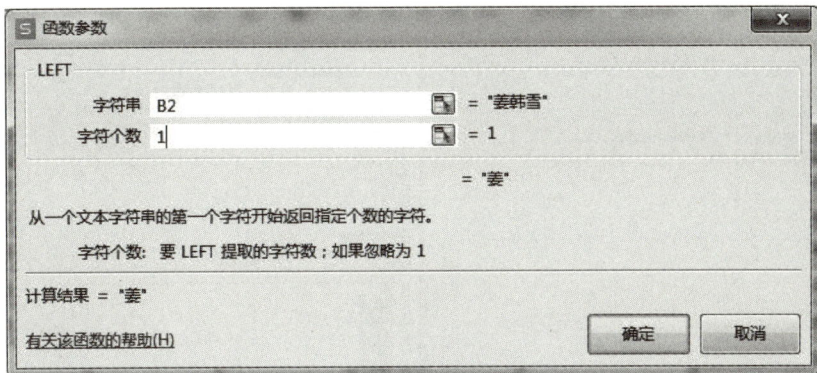

图 2.1.12　LEFT 函数参数对话框

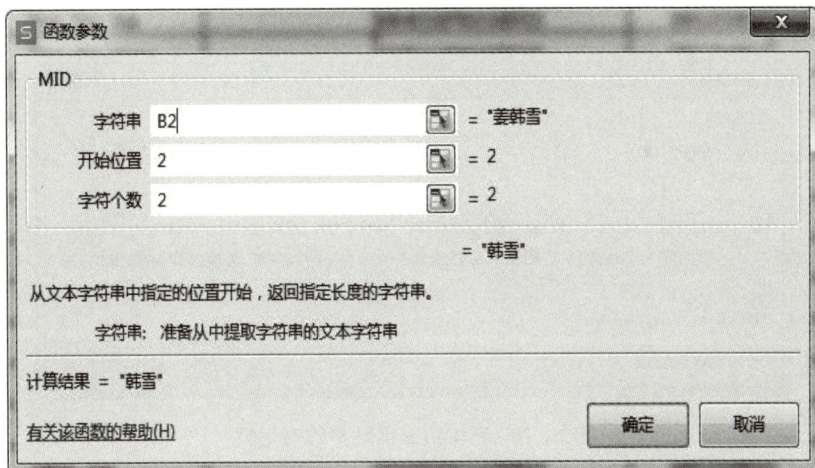

图 2.1.13　MID 函数参数对话框

图 2.1.14　用函数公式提取姓和名

知 识 拓 展

　　复制 B 列（姓名）→粘贴到 C 列（姓）→选中 C 列（姓）→【数据】选项卡→【分列】→"固定宽度"→"数据预览"→"完成"，如图 2.1.15 所示。

　　2.PROPER 文本函数：将拼音首字母变为大写

　　步骤 2：在"员工档案"表格中的 F2 单元格中输入函数公式"=PROPER（E2）"，把员工姓名拼音首字母从小写变成大写，如图 2.1.16 和图 2.1.17 所示。

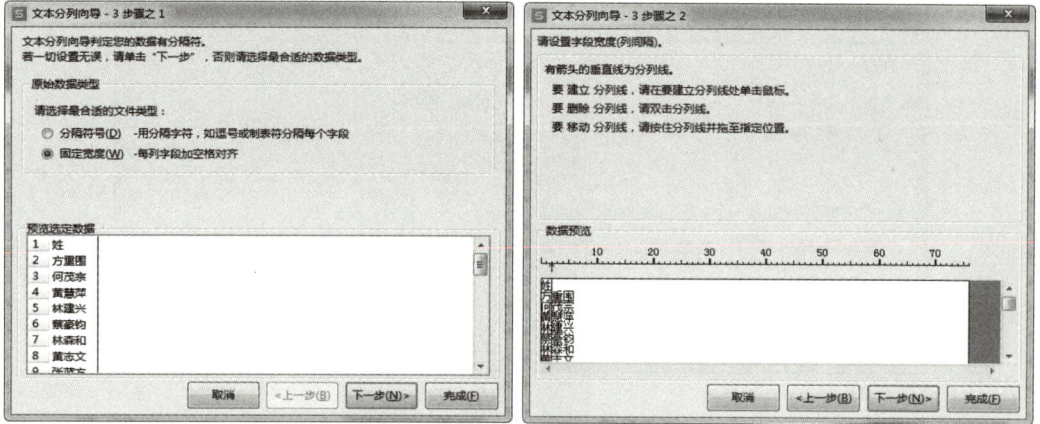

图2.1.15 使用分列提取姓和名

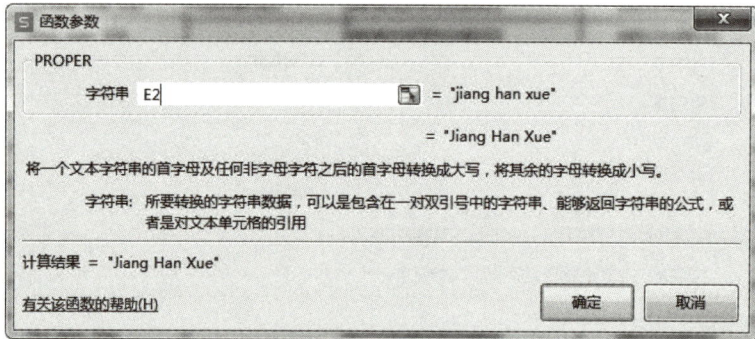

图2.1.16 PROPER函数参数对话框

图2.1.17 PROPER函数公式

3.函数嵌套:提取员工出生年月日

步骤3:根据员工档案中的身份证号码,先用MID函数分别提取员工出生的年、月、日,再用DATE函数把提取的字符串转换为日期格式。用MID函数提取员工出生年、月、日的公式如表2.1.3所示,日期格式转换如图2.1.18和图2.1.19所示。

表2.1.3 用MID函数提取员工出生年月日

提取信息	函数公式	结果
提取员工出生年份	MID(G2,7,4)	2010
提取员工出生月份	MID(G2,11,2)	12
提取员工出生日	MID(G2,13,2)	18

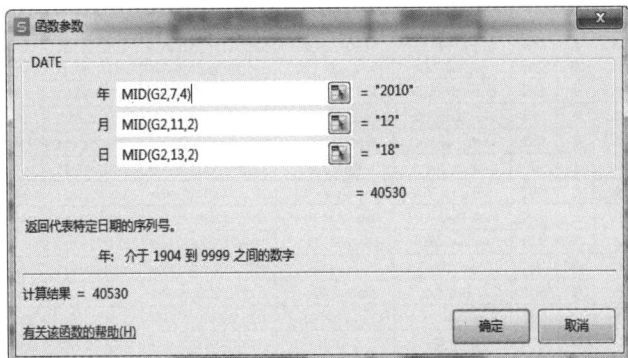

图 2.1.18 DATE 函数参数对话框

G	H	I
身份证号码	电话	出生年月日
440402201012185911	18912316610	=DATE(MID(G2,7,4),MID(G2,11,2),MID(G2,13,2))
440402197910249321	18912316611	
322501199304086009	18912316612	

图 2.1.19 DATE 函数公式

知识拓展

可通过【开始】选项卡→【填充】→"智能填充"来完成。

4.函数嵌套:辨别员工性别

要求:员工的身份证号码是18位,前面6位是区位码,中间8位是出生年月日,最后一位是验证码,可以通过倒数第2位数分辨性别,单数是男性,双数是女性。

步骤4:先使用MID函数提取身份证号码中的第17位的数字[MID(G2,17,2)],再使用求余函数MOD判断是否有余数[MOD(MID(G2,17,2),2)],最后使用IF函数判断男女性别[IF(MOD(MID(G2,17,2),2),"男","女")],如图2.1.20和图2.1.21所示。完成后效果如图2.1.22所示。

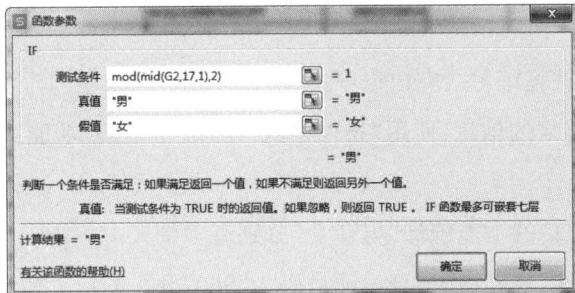

图 2.1.20 IF 函数参数对话框

G	H	I
身份证号码	电话	出生年月日
440402201012185911	18912316610	=IF(MOD(MID(G2,17,2),2),"男","女")
440402197910249321	18912316611	
322501199304086009	18912316612	

图 2.1.21 IF 函数公式

员工编号	姓名	姓	名	拼音	姓名（拼音）	身份证码	电话	出生年月日	性别
1001	姜韩雪	姜	韩雪	jiang han xue	Jiang Han Xue	44040220101218****	18912316610	2010/12/18	男
1002	蔡宝琳	蔡	宝琳	cai bao lin	Cai Bao Lin	44040219791024****	18912316611	1979/10/24	女
1003	岳志城	岳	志城	yue zhi cheng	Yue Zhi Cheng	32250119930408****	18912316612	1993/4/8	女
1004	陈肖瑶	陈	肖瑶	chen xiao yao	Chen Xiao Yao	50302919920902****	18912316613	1992/9/2	男
1005	周佳佳	周	佳佳	zhou jia jia	Zhou Jia Jia	36242219890419****	18912316614	1989/4/19	男
1006	王决	王	决	wang jue	Wang Jue	23273319751115****	18912316615	1975/11/15	男
1007	万刚鑫	万	刚鑫	wan gang xin	Wan Gang Xin	21120419870122****	18912316616	1987/1/22	男
1008	王小红	王	小红	wang xiao hong	Wang Xiao Hong	15280119880721****	18912316617	1988/7/21	男
1009	吴真浩	吴	真浩	wu zhen hao	Wu Zhen Hao	24108719950513****	18912316618	1995/5/13	男
1010	郝健	郝	健	hao jian	Hao Jian	35280019870425****	18912316619	1987/4/25	男
1011	鲁敏涛	鲁	敏涛	lu min tao	Lu Min Tao	41272419620625****	18912316620	1962/6/25	女
1012	陈小青	陈	小青	chen xiao qing	Chen Xiao Qing	21030019960126****	18912316621	1996/1/26	女
1013	招杰	招	杰	zhao jie	Zhao Jie	32233020011228****	18912316622	2001/12/28	男
1014	杨明	杨	明	yang ming	Yang Ming	43122220070413****	18912316623	2007/4/13	男
1015	邹佳雪	邹	佳雪	zhou jia xue	Zhou Jia Xue	15303019820721****	18912316624	1982/7/21	男
1016	李诗诗	李	诗诗	li shi shi	Li Shi Shi	23068320091107****	18912316625	2009/11/7	男
1017	陈欣欣	陈	欣欣	chen xin xin	Chen Xin Xin	15300019641214****	18912316626	1964/12/14	男
1018	杨栋杰	杨	栋杰	li dong jie	Li Dong Jie	30092220081215****	18912316627	2008/12/15	男
1019	赵志强	赵	志强	zhao zhi qiang	Zhao Zhi Qiang	14142619690501****	18912316628	1969/5/1	男
1020	黄姗姗	黄	姗姗	huang shan shan	Huang Shan Shan	53090019991115****	18912316629	1999/11/15	女
1021	王静	王	静	wang jing	Wang Jing	52112419800717****	18912316630	1980/7/17	男
1022	赵志然	赵	志然	zhao zhi ran	Zhao Zhi Ran	10022219910515****	18912316631	1991/5/15	女
1023	陈志忠	陈	志忠	chen zhi zhong	Chen Zhi Zhong	53010619811126****	18912316632	1981/11/26	男
1024	陈倩莲	陈	倩莲	chen qian lian	Chen Qian Lian	44010619901225****	18912316633	1990/12/25	女
1025	林芳	林	芳	lin fang	Lin Fang	44010619860101****	18912316634	1986/1/1	女
1026	周涛	周	涛	zhou tao	Zhou Tao	31093019780408****	18912316635	1978/4/8	男
1027	贺敏	贺	敏	he min	He Min	21042219710816****	18912316636	1971/8/16	男
1028	高小平	高	小平	gao xiao ping	Gao Xiao Ping	41010719951215****	18912316637	1995/12/15	男
1029	朱珍	朱	珍	zhu zhen	Zhu Zhen	45122319630113****	18912316638	1963/1/13	男
1030	邓小小	邓	小小	deng xiao xaio	Deng Xiao Xaio	42052920070220****	18912316639	2007/2/20	男
1031	温馨	温	馨	wen xin	Wen Xin	53000019771018****	18912316640	1977/10/18	男
1032	文才	文	才	wen cai	Wen Cai	42102820030806****	18912316641	2003/8/6	男
1033	廖明珠	廖	明珠	liao ming zhu	Liao Ming Zhu	53273119800206****	18912316642	1980/2/6	男
1034	翁涛	翁	涛	weng tao	Weng Tao	51058119811127****	18912316643	1981/11/27	男
1035	胡小静	胡	小静	hu xiao jing	Hu Xiao Jing	41273119800206****	18912316644	1980/2/6	女
1036	唐佐	唐	佐	tang zuo	Tang Zuo	46058119811127****	18912316645	1981/11/27	男

图2.1.22　员工档案效果图

拓展练习

打开文档"员工档案练习"，完成以下操作：

①为避免输入重复的信息，使用"条件格式"中的"重复值"功能，标注出相同的信息，删除重复的信息。

②使用"分类汇总"的功能统计"男""女"分别有多少人。

③使用"自动筛选"功能，筛选身份证号码为"360"开头的员工信息。

④根据文档中的员工身份证号码，结合本任务的知识点，使用函数公式判断员工性别，可借助WPS AI功能帮助编写函数公式，快速判断员工性别。也可通过【公式】选项卡→【插入】→"常用公式"来提取身份证性别。

⑤根据文档中的员工身份证号码，结合本任务的知识点，使用函数公式提取员工出生年月日(注：出生年月日应是正规的日期格式，可以使用DATE函数进行日期格式转换，

如果无法独立完成,可以使用"插入函数"中的"常用公式"来提取身份证生日,或者寻求WPS AI的帮助,其会按照指令编写正确的函数公式,快速完成员工出生年月日信息的提取)。

任务二　员工加班表

案例导入

员工因自身工作需求或领导指定任务,在规定工作时间之外继续工作,这种情况可被定义为加班。按照《中华人民共和国劳动法》的规定,工作日加班、周末加班和法定节假日加班,均应向员工发放加班费。本任务旨在学习如何运用函数计算员工的加班时间和加班费用。

知识准备

员工加班属于员工考勤范畴,公司设有加班管理规定,对加班时间、加班补贴计算、加班补偿标准、加班调休等内容予以明确。员工加班需填写《加班申请单》,HR可以从中获取加班事由,具体加班时间,加班员工姓名、部门、岗位等信息,以便计算员工的加班时间和加班费用。在此案例中,公司规定员工加班费用为200元/小时,加班时间以0.5小时为单位,低于0.5小时不计算加班费用,大于0.5小时且低于1小时,按0.5小时计算加班费用。

WPS表格具备HOUR、MINUTE、SECOND等时间函数,本任务主要运用HOUR、MINUTE函数计算员工加班的小时数和分钟数,以便统计员工的加班费用。FLOOR是一种数学函数,其功能是求出将数值向下舍入到最接近指定的基数倍数的值,结合企业加班的规定,运用FLOOR函数处理员工加班时间,能够准确计算员工的加班费用。

技能准备

一、时间函数应用

1.HOUR 函数

HOUR函数是WPS表格中返回时间值的小时数的函数。HOUR(日期序号)返回序列号表示某时间的小时数值,为介于0至23的整数。日期序号是WPS表格进行日期及时间计算的日期–时间代码,或以时间格式表示的文本。HOUR函数计算实例如图2.2.1和图2.2.2所示。

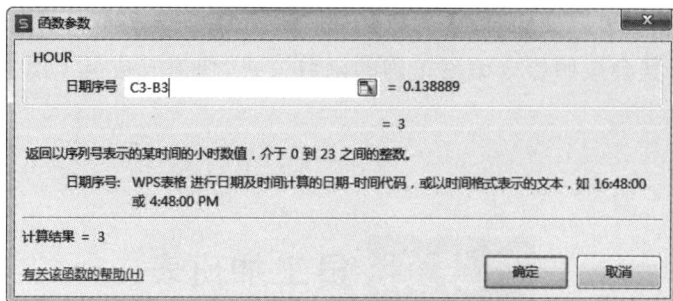

图 2.2.1　HOUR 函数参数对话框

图 2.2.2　HOUR 函数公式

2.MINUTE 函数

使用 MINUTE 函数可快速得出特定时间的分钟部分,结果将以数字格式显示。MINUTE 函数(日期序号)返回以序列号表示的某时间的分钟数值,为介于 0 到 59 的整数。日期序号是 WPS 表格进行日期及时间计算的日期-时间代码,或以时间格式表示的文本。MINUTE 函数的计算实例如图 2.2.3 和图 2.2.4 所示。

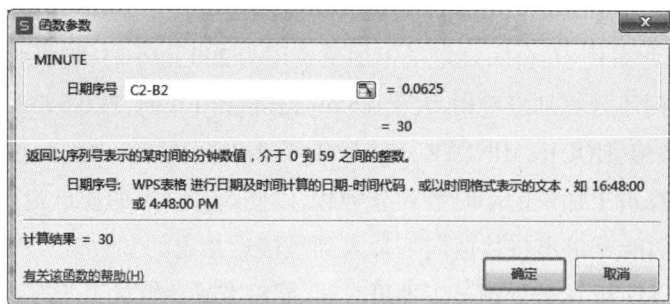

图 2.2.3　MINUTE 函数参数对话框

图 2.2.4　MINUTE 函数公式

二、数学函数应用

FLOOR(Y,1),其功能是"向下取整",或者"向下舍入",即取不大于Y的最大整数(与"四舍五入"不同,向下取整是直接取按照数轴上最接近要求值的左边值,即不大于要求值的最大的那个整数值)。

例如,FLOOR(5.18,1)=5,表示将5.18沿绝对值减小的方向向下舍入,使其等于最接近1的倍数;FLOOR(5.18,2)=4,表示将5.18沿绝对值减小的方向向下舍入,使其等于最接近2的倍数。

FLOOR函数(数值,舍入基数)按照给定基数进行向下舍入计算(沿绝对值减小的方向向下舍入)。第一参数数值是需要进行舍入运算的数值,第二参数舍入基数是进行舍入计算的倍数,如图2.2.5所示。FLOOR函数向下舍入计算的实例如图2.2.6所示。

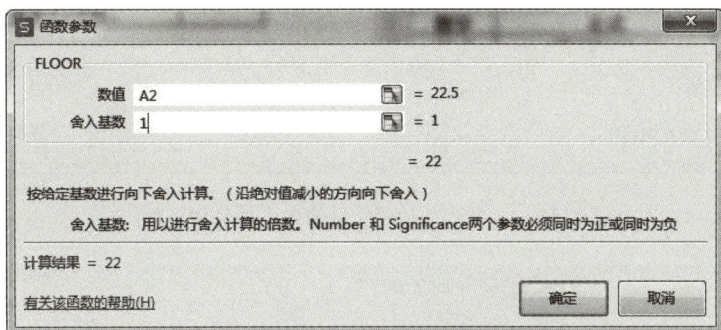

图2.2.5　FLOOR函数参数对话框

	A	B	C	D
1	数字	公式	结果	结果(说明)
2	22.5	=FLOOR(A2,1)	22	22最接近1的倍数
3	22.5	=FLOOR(A3,3)	21	21最接近3的倍数
4	25.8	=FLOOR(A4,4)	24	24最接近4的倍数

图2.2.6　FLOOR函数公式

项目实战

一、任务分析

①精确计算员工加班的小时、分钟数。

②熟悉数学函数,准确舍入数值。

③快速计算员工的加班费用。

二、任务实施

(一)时间函数的应用

1.HOUR 函数:计算员工加班小时数

步骤1:在"加班表"中的E2单元格中输入公式"=HOUR(D2-C2)",再用填充柄计算所有员工的加班小时数。计算员工加班小时数的步骤如图2.2.7和图2.2.8所示。

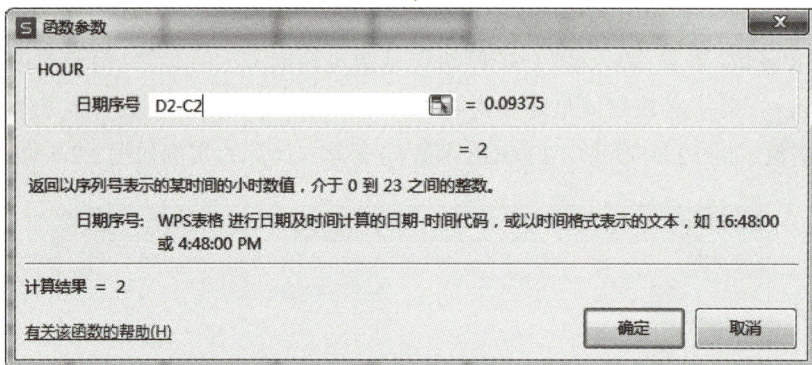

图 2.2.7　用 HOUR 函数计算员工加班小时数

图 2.2.8　用 HOUR 函数计算员工加班小时数公式

2.MINUTE 函数:计算员工加班分钟数

步骤2:在"加班表"中的F2单元格中输入公式"=MINUTE(D2-C2)",再用填充柄计算所有员工的加班分钟数。计算员工加班分钟数的步骤如图2.2.9和图2.2.10所示。

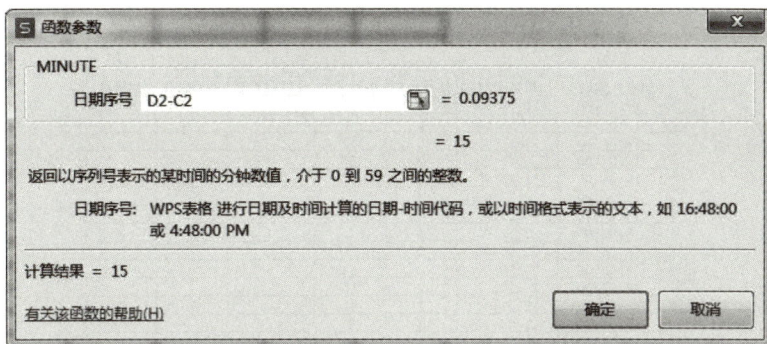

图 2.2.9 用 MINUTE 函数计算员工加班分钟数

图 2.2.10 用 MINUTE 函数计算员工加班分钟数公式

(二)数字函数的应用

FLOOR 函数：结合公司加班规定，对加班分钟数进行舍入

步骤3：在"加班表"中的 G2 单元格中输入公式"=FLOOR(F2,30)"，根据公司的加班规定，加班时间大于30分钟且不足1小时，以30分钟为单位来转换分钟数，如图 2.2.11 和图 2.2.12 所示。

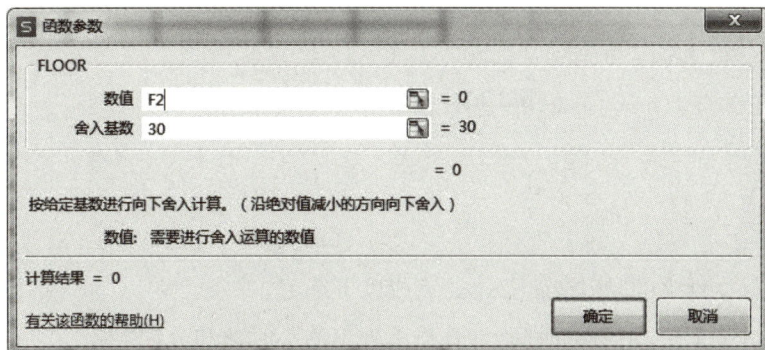

图 2.2.11 用 FLOOR 函数转换员工加班分钟数

G2 =FLOOR(F2,30)

	C	D	E	F	G	H	I
1	加班开始时间	加班结束时间	加班小时	加班分钟	分钟数换算	加班时长	加班费
2	18:02:00	20:17:00	2	15	0		
3	18:05:00	20:08:00	2	3			
4	18:00:00	21:11:00	3	11			
5	18:02:00	20:25:00	2	23			
6	18:04:00	21:15:00	3	11			
7	18:00:00	20:23:00	2	23			
8	18:00:00	19:59:00	1	59			
9	18:07:00	21:12:00	3	5			
10	18:05:00	21:05:00	3	0			
11	18:01:00	20:50:00	2	49			
12	18:02:00	20:17:00	2	15			
13	18:07:00	19:51:00	1	44			
14	18:04:00	21:05:00	3	1			
15	18:03:00	20:57:00	2	54			
16	18:01:00	20:00:00	1	59			
17	18:02:00	20:37:00	2	35			
18	18:02:00	20:17:00	2	15			
19	18:00:00	20:25:00	2	25			
20	18:05:00	19:59:00	1	54			
21	18:01:00	21:05:00	3	4			
22	18:07:00	20:17:00	2	10			
23	18:03:00	19:51:00	1	48			
24	18:02:00	21:05:00	3	3			
25	18:00:00	20:17:00	2	17			
26	18:03:00	20:57:00	2	54			

图2.2.12　用FLOORE函数转换员工加班分钟数公式

步骤4：在H2单元格中输入公式“=E2+G2/60”，计算员工加班小时数，如图2.2.13所示。

H2 =E2+G2/60

	B	C	D	E	F	G	H
1	业务员	加班开始时间	加班结束时间	加班小时	加班分钟	分钟数换算	加班时长
2	李拓	18:02:00	20:17:00	2	15	0	2
3	赵亮	18:05:00	20:08:00	2	3	0	2
4	刘一富	18:00:00	21:11:00	3	11	0	3
5	曾珊珊	18:02:00	20:25:00	2	23	0	2
6	唐风川	18:04:00	21:15:00	3	11	0	3

图2.2.13　计算员工加班小时数

步骤5：在I2输入公式“=H2*200”，按照该公司的加班规定，加班费用是200元/小时，将加班小时数乘以200，来计算员工的加班费用，如图2.2.14所示。

I2 =H2*200

	B	C	D	E	F	G	H	I
1	业务员	加班开始时间	加班结束时间	加班小时	加班分钟	分钟数换算	加班时长	加班费
2	李拓	18:02:00	20:17:00	2	15	0	2	400
3	赵亮	18:05:00	20:08:00	2	3	0	2	400
4	刘一富	18:00:00	21:11:00	3	11	0	3	600
5	曾珊珊	18:02:00	20:25:00	2	23	0	2	400
6	唐风川	18:04:00	21:15:00	3	11	0	3	600

图2.2.14　计算员工加班费用

拓展练习

基于素材文件夹的“拓展练习.xlsx”完成以下练习。

①结合员工上班、下班的时间，计算员工外出的小时数和分钟数。

②针对顾客游戏通关时间的计算，先计算通关的小时数，再计算通关的分钟数，最后

计算通关的总分钟数。

③使用HOUR函数计算小时数,MINUTE函数计算分钟数,并思考计算时间为"秒"时应使用什么函数。计算商品秒拍的时间。可以尝试使用WPS AI完成该练习。

任务三　员工考勤表

案例导入

员工考勤表是记录和追踪员工的工作时间和出勤情况的工具。通过员工考勤表,企业可以准确地计算员工的工作时长,掌握员工到岗情况,从而进行薪资发放、休假安排和绩效考评等工作。员工考勤表也可以帮助企业及时发现和解决可能存在的迟到、早退、加班、轮休和排班等出勤问题。

知识准备

员工出勤记录与统计是企业日常管理中不可或缺的一项重要工作。员工出勤主要包括员工的正常出勤、请假、加班、出差、迟到和早退等情况,对员工出勤数据进行整理、统计与分析,可以帮助企业了解员工的出勤情况,合理安排人力资源,提高工作效率,提升绩效管理水平。

1.数据有效性

第一,选择考勤日期;第二,根据每位员工的出勤情况,选择对应的出勤符号,以做好出勤记录。

2.绝对引用

借助绝对引用功能,锁定日期。

3.统计函数

使用COUNTIF函数统计每位员工正常出勤、病假、事假、出差、迟到、早退等的天数。

技能准备

一、数据有效性的设置

1.数据有效性介绍

数据有效性是对单元格或单元格区域输入的数据从内容到数量上的限制,其允许输入符合条件的数据,禁止输入不符合条件的数据。可以使用WPS表格系统检查数据的有效性,避免录入错误的数据。

2.数据有效性步骤

【数据】选项卡→【有效性】→"有效性",弹出"数据有效性"对话框,其共有3个选项卡,分别为"设置""输入信息""出错警告",如图2.3.1和图2.3.2所示。

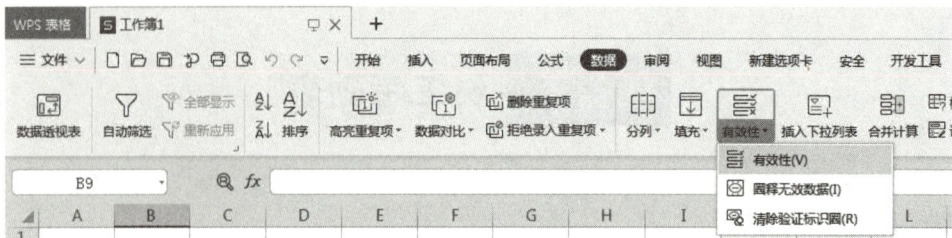

图2.3.1 数据有效性

在"设置"选项卡中的"允许"下拉列表中选择一个条件,如"序列",可在"来源"的文本框中输入信息和公式,如性别,可以直接在"来源"文本框中输入"男,女"(注意:输入的信息中,文本与文本之间的标点符号为半角),如图2.3.3所示,或者直接选中单元格中的信息,如图2.3.4所示。

图2.3.2 "数据有效性"对话框

图2.3.3 数据有效性应用实例

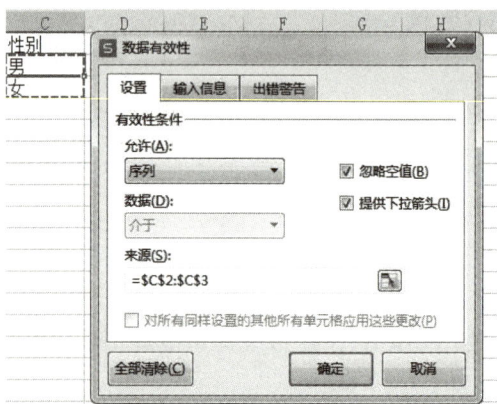

图2.3.4 数据有效性设置应用实例

"输入信息"选项卡中的"标题""输入信息"文本框默认为空白,可按需求输入相关信息,如在"标题"下的文本框中输入"性别",在"输入信息"文本框中输入"请输入男或女的文本信息。",如图2.3.5所示,完成后效果如图2.3.6所示。

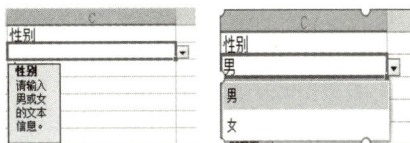

图 2.3.5　数据有效性输入信息应用实例　　　图 2.3.6　数据有效性输入信息应用效果图

"出错警告"选项卡中的"输入无效数据时显示出错警告"复选框为勾选状态,在"样式"下拉列表中选择"停止"选项,"标题"和"错误信息"文本框为空白,可按需求输入相关信息,应用实例如图2.3.7所示,完成后效果如图2.3.8所示。

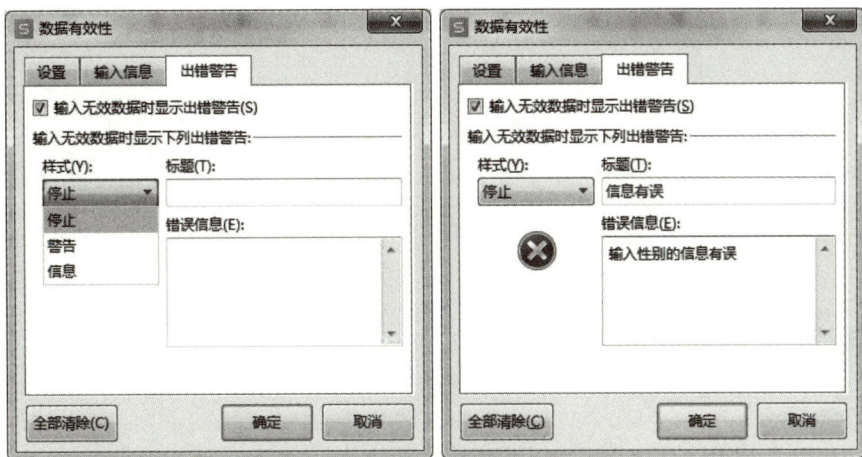

图 2.3.7　数据有效性出错警告应用实例

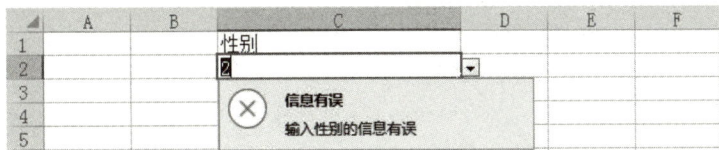

图 2.3.8　数据有效性出错警告应用效果图

二、函数的使用

COUNTIF是对指定区域中符合指定条件的单元格进行计数的函数,该函数的语法规则是:COUNTIF(区域,条件)。其中,参数"区域"是计算其中满足条件的单元格数目的单元格区域,即范围,参数"条件"是以数字、表达式或文本形式定义的条件。例如,条件可以表示为8、"8"、">8"或"home"等,应用实例如图2.3.9和图2.3.10所示,表示在B列数组中,符合条件"8"的单元格个数。

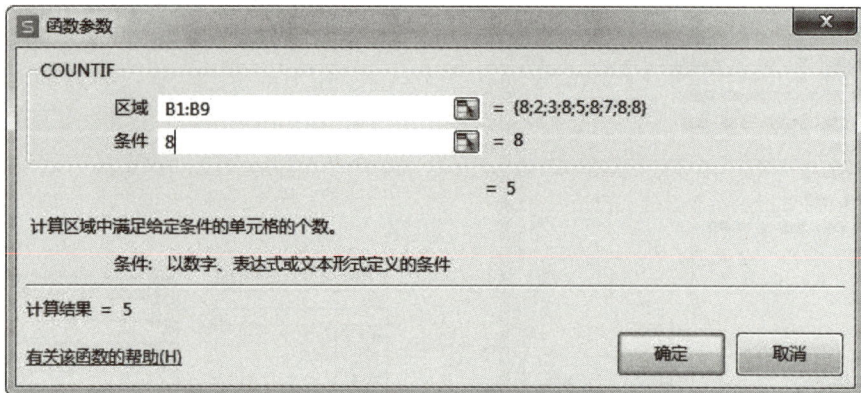

图 2.3.9　COUNTIF 函数参数对话框

图 2.3.10　COUNTIF 函数公式

项目实战

一、任务分析

①数据有效性的设置。

②统计函数 COUNTIF 的应用。

二、任务实施

(一)数据有效性的设置

1.设置(序列):通过数据有效性设置日期

步骤 1:在素材文件夹的"考勤表"表格中选择 M3 单元格→【数据】选项卡→【有效性】→"有效性"→"数据有效性"对话框中的"设置"选项卡→"允许"→"序列"→在"来源"文本框中输入"序列"表格中的 D2:D28 单元格区域→"确定"。参考 M3 单元格数据有效性的设置步骤,继续完成 P3 单元格数据有效性的设置。年份和月份的设置如图 2.3.11 所示,完成后效果如图 2.3.12 所示。

图 2.3.11 通过数据有效性设置年份和月份

2.绝对引用:通过数据有效性设置出勤信息

步骤2:在"考勤表"的A2单元格中输入公式"=$M$3&"年"&$P$3&"月"&"××公司考勤表""(对 M3、P3 单元格进行绝对引用,固定其在工作表上的位置,复制公式时,绝对引用永远不会改变)。

3.设置(序列):通过数据有效性设置出勤信息

步骤3:在"考勤表"表格中选中 B6:B30 单元格区域→【数据】选项卡→【有效性】→"有效性"→"数据有效性"对话框中的"设置"选项卡→"允许"→"序列"→

图 2.3.12 数据有效性设置效果图

在"来源"文本框中输入"序列"表格中的 B2:B10 单元格区域→"确定",如图 2.3.13 所示。接着,复制 B6:B30 单元格区域,粘贴到 C6:AF30 单元格区域,周六、周日对应的单元格区域不粘贴。完成后效果如图 2.3.14 所示。

图 2.3.13 通过数据有效性设置出勤信息

2024年3月××公司考勤表

员工姓名＼日期	1 五	2 六	3 日	4 一	5 二	6 三	7 四	8 五	9 六	10 日	11 一	12 二	13 三	14 四	15 五	16 六	17 日	18 一	19 二	20 三	21 四	22 五	23 六	24 日	25 一	26 二	27 三	28 四	29 五	30 六	31 日
陈小珊	√			√	√	√	√	√			√	√	√	√	√			√	√	√	√	√			√	√	√	√	√		
方红	※			√	√	√	√	√			√	√	√	√	√			√	√	√	√	√			√	√	√	√	√		
何欣	√			√	√	√	√	◇			√	√	√	√	√			√	√	√	△	△			√	√	√	√	√		
吴冰冰	√			√	√	√	√	√			√	√	√	√	√			√	√	√	√	√			√	√	√	√	√		
李月兰	√			√	√	√	√	×			√	√	√	√	√			√	√	√	√	√			√	√	√	√	√		
罗玲	√			√	√	√	√	√			○	○	√	√	√			√	√	√	√	√			√	√	√	√	√		
李莉	√			√	√	√	√	√			√	√	√	√	√			√	√	√	√	√			√	√	√	√	√		
张超	√			√	√	√	√	√			√	√	√	√	√			√	√	●	√	√			●	√	√	√	√		
苏莹	√			●	√	√	√	√			√	√	√	√	√			√	√	√	√	√			√	√	√	√	√		
何涛	√			√	√	√	√	√			√	√	√	√	√			√	√	√	√	√			√	√	√	√	√		
李文文	√			√	√	√	√	√			√	√	√	√	√			√	√	√	√	√			√	√	√	√	√		
余琳琳	√			●	√	√	√	√			●	√	√	√	√			※	※	※	※	※			√	√	√	√	√		
林小彤	√			√	√	√	√	√			√	√	√	√	★			√	√	√	√	√			√	√	√	√	√		
黄秀琪	√			√	√	√	√	√			√	√	√	√	√			√	√	√	√	√			√	√	√	√	√		
刘慧敏	√			√	√	√	√	√			√	√	△	√	√			√	√	√	√	√			√	√	√	√	√		
邹家乐	√			√	√	√	√	√			√	√	√	√	√			√	√	√	☆	√			√	√	√	√	√		
邓静芳	√			√	√	√	√	√			√	√	√	√	√			√	√	√	√	√			√	√	√	√	√		
廖杰	√			√	√	√	√	★			√	√	√	√	√			√	√	√	√	√			√	√	√	●	√		
莫华庭	√			√	√	√	×	√			√	●	√	√	√			√	√	√	√	√			√	√	√	√	√		
陆笑笑	√			√	√	√	√	√			√	√	√	★	√			√	√	★	√	√			√	√	√	√	√		
邱敏仪	√			√	√	√	√	√			√	√	√	√	√			√	√	√	√	√			√	√	√	√	√		
胡月	√			√	√	√	√	√			◇	◇	◇	√	√			√	√	√	√	√			√	√	√	√	√		
梁小红	√			√	√	√	√	√			√	√	√	√	√			√	√	√	√	√			√	√	√	√	√		
方雪珍	√			√	√	√	√	×			√	√	√	√	√			√	√	√	√	√			√	√	√	√	√		
田静	√			√	√	√	√	☆			√	√	√	√	√			√	√	√	√	√			√	√	○	√	√		

图 2.3.14　通过数据有效性设置出勤信息效果图

(二)统计函数 COUNTIF 的应用

要求:统计员工考勤情况:使用 COUNTIF 函数。

步骤4:在 AI6 单元格中输入公式"=COUNTIF($B6:$AF6,AI$5)",如图 2.3.15 所示,统计员工出勤天数;在 AJ6 单元格中输入公式"=COUNTIF($B6:$AF6,AJ$5)",统计员工迟到天数,如图 2.3.16 所示;在 AK6 单元格中输入公式"=COUNTIF($B6:$AF6,AK$5)",统计员工早退天数,如图 2.3.17 所示;在 AL6 单元格中输入公式"=COUNTIF($B6:$AF6,AL$5)",统计员工旷工天数,如图 2.3.18 所示;在 AM6 单元格中输入公式"=COUNTIF($B6:$AF6,AM$5)",统计员工事假天数,如图 2.3.19 所示;在 AN6 单元格中输入公式"=COUNTIF($B6:$AF6,AN$5)",统计员工病假天数,如图 2.3.20 所示;在 AO6 单元格中输入公式"=COUNTIF($B6:$AF6,AO$5)",统计员工应休假天数,如图 2.3.21 所示;在 AP6 单元格中输入公式"=COUNTIF($B6:$AF6,AP$5)",统计员工出差天数,如图 2.3.22 所示;在 AQ6 单元格中输入公式"=COUNTIF($B6:$AF6,AQ$5)",统计员工加班天数,如图 2.3.23 所示。AI6 到 AQ6 单元格对应的公式如表 2.3.1 所示。

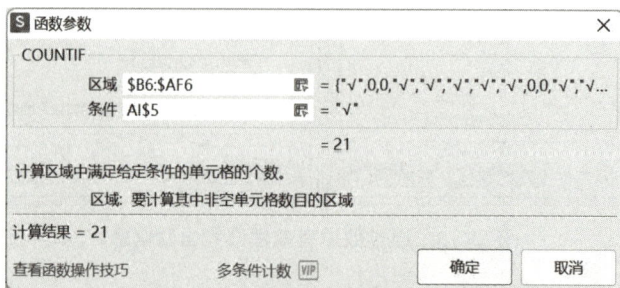

图 2.3.15　用 COUNTIF 函数统计出勤天数

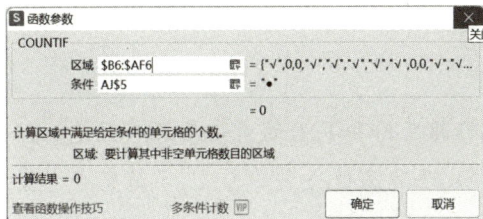

图2.3.16　用COUNTIF函数统计迟到天数

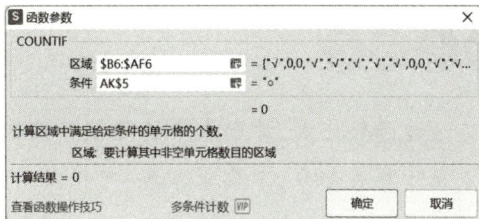

图2.3.17　用COUNTIF函数统计早退天数

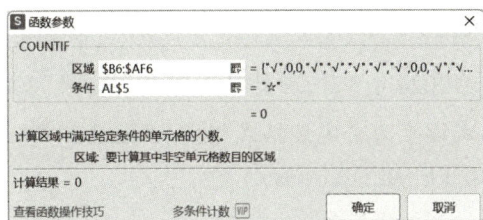

图2.3.18　用COUNTIF函数统计旷工天数

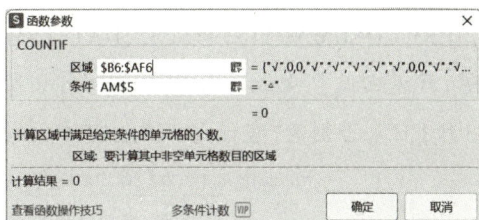

图2.3.19　用COUNTIF函数统计事假天数

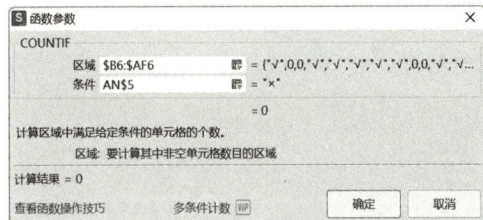

图2.3.20　用COUNTIF函数统计病假天数

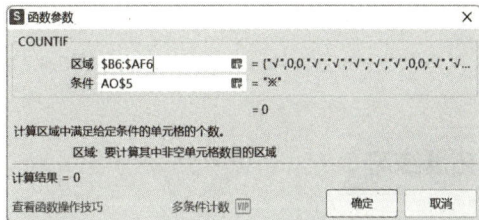

图2.3.21　用COUNTIF函数统计休假天数

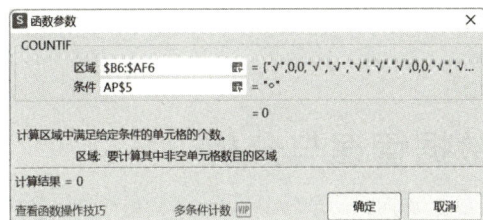

图2.3.22　用COUNTIF函数统计出差天数

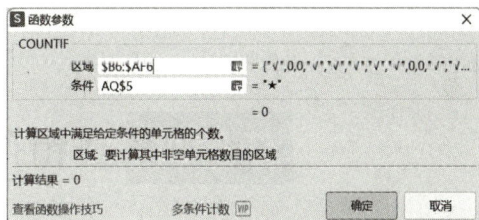

图2.3.23　用COUNTIF函数统计加班天数

表2.3.1　用COUNTIF函数统计员工考勤情况

单元格	公式	考勤情况
AI6	=COUNTIF($B6:$AF6,AI$5)	出勤
AJ6	=COUNTIF($B6:$AF6,AJ$5)	迟到
AK6	=COUNTIF($B6:$AF6,AK$5)	早退
AL6	=COUNTIF($B6:$AF6,AL$5)	旷工
AM6	=COUNTIF($B6:$AF6,AM$5)	事假
AN6	=COUNTIF($B6:$AF6,AN$5)	病假
AO6	=COUNTIF($B6:$AF6,AO$5)	休假
AP6	=COUNTIF($B6:$AF6,AP$5)	出差
AQ6	=COUNTIF($B6:$AF6,AQ$5)	加班
注:$B6:$AF6,"$"在字母前表示固定列,列信息不变;AI$5,"$"在数字前表示固定行,行信息不变。		

知 识 拓 展

通过函数公式,考勤表中的星期和日期能够随年份和月份的变化而正确显示。该知识点属于拓展部分,不要求掌握,可借助WPS AI,理解函数公式的含义,了解整个考勤表的逻辑关系。

在考勤表中,公式"=TEXT(C5,"AAA")"表示星期;而公式"=IF(MONTH(DATE($M$3,$P$3,COLUMN(A1)))=$P$3,DATE($M$3,$P$3,COLUMN(A1)),"")"表示,如果两者相等,就返回这个生成的日期值,例如,如果等于2024年3月,即结果3,则返回结果"2024年3月1日",否则为"空值"。C5:AG5单元格格式设置为自定义格式"d",如图2.3.24所示。

图 2.3.24　公式解析

拓展练习

在素材文件夹中,打开"考勤表练习",按照要求统计员工考勤情况,完成后效果参见文件夹中的"考勤表练习效果.xlsx"。

任务四　进销存数据管理与分析

案例导入

进销存数据管理与分析是企业或商家为了追踪和管理库存、销售、进货等核心业务流程而采用的一系列方法和技术。有效的进销存数据管理可以确保库存的准确性、优化库存水平、提高销售效率,并降低运营成本。

知识准备

进销存数据管理包括以下关键步骤和策略:①明确业务需求;②数据录入与维护;③库存管理;④销售管理;⑤进货管理;⑥数据分析与报告。在众多实际应用项目中,进销存管理都是核心内容。本任务侧重于销售数据分析。

技能准备

一、排序

排序是指按照指定的字段(关键字)值重新调整记录的顺序。以某一字段为关键字进行排序时,需要将光标定位到该列中的任一个单元格上,再点击排序按钮,如此其他列对应行的数据才能随着排序列的移动而移动。

排序有三个选项,包括升序/降序/自定义排序。

二、分类汇总

分类汇总是指根据指定的类别将数据以指定的方式进行统计,可以代替部分函数实现快速汇总与统计。注意:分类汇总并不能自动进行分类,在使用分类汇总之前需要将数据区域中的分类字段进行排序,以实现手动分类的目的。

三、数据筛选

数据筛选是按指定条件显示数据行。一般筛选可以筛选出同时满足所有条件的数据,并在原数据区域显示结果。高级筛选的条件可以任意指定,结果可以显示在任意位置。

四、向图表中添加数据

图表制作完成后,若发现数据不够准确,需要添加一列数据,则可以通过以下步骤操作:

将光标定位到图表任一位置→【图表工具】→"选择数据"→弹出如图2.4.1所示的"编辑数据源"对话框→在"系列"处点+号打开"编辑数据系列",如图2.4.2所示。在系列名称中点选▣标志,选中C1单元格,C1单元格会自动填充到系列名称中。系列值中点选▣标志,选中C2:C5填入,点击"确定"之后图表中会多一列数据。

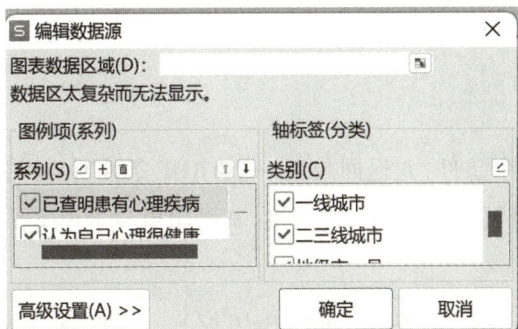

图2.4.1　编辑数据源

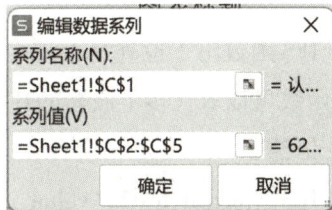

图2.4.2　编辑数据系列

五、美化图表

数据系列格式设置如图2.4.3所示,拖动"系列重叠"滑块,可以把不同系列的形状重叠在一起,拖动"分类间距"滑块,可以把系列形状变宽或变窄。

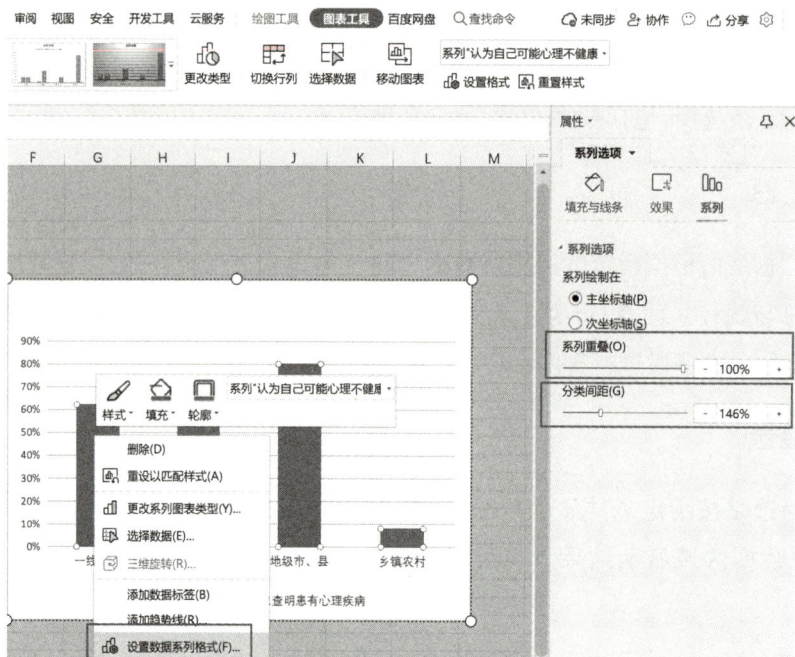

图2.4.3　设置数据系列格式

六、数据透视表

数据透视表是一种对大量数据快速汇总、建立交互式表格并进行全方位分析的工具。数据透视表可以被直接转化为数据透视图,对数据进行直观展示。

七、数据透视图

将光标定位到透视表任一单元格上→【分析】选项卡→"数据透视图"→选择一种图表类型,插入数据透视图。

八、IFS函数

IFS函数用于检查是否满足一个或多个条件,并返回与第一个TRUE条件对应的值。IFS函数可以取代多个嵌套的IF语句,并且可通过多个条件表达,其逻辑更易于理解。

语法:

IFS（logical_test1，value_if_true1，[logical_test2，value_if_true2]，[logical_test3，value_if_true3]，…）

logical_test1(必须)：计算结果为TRUE或FALSE的条件。

value_if_true1(必须)：当logical_test1的计算结果为TRUE时要返回的结果,该结果可以为空。

logical_test2…,logical_test127(可选)：计算结果为TRUE或FALSE的条件。

value_if_true2…,value_if_true127(可选)：当logical_testN的计算结果为TRUE时要返回的结果。每个value_if_trueN对应一个条件logical_testN,该结果可以为空。

说明：IFS函数最多允许测试127个不同的条件。

项目实战

一、任务分析

1.基础数据录入

录入基础数据时要确保数据的规范性、准确性和一致性。定期对数据进行清理和更新,删除过时或无效的数据,添加新的数据。同时,设立数据维护的流程和责任人,以此确保数据的及时性和准确性。

2.生成各类报表和图表

对数据进行深入挖掘和分析,发现潜在问题和改进机会。定期向管理层提交数据分析报告,为决策提供数据支持。

二、任务实施

(一)基础数据录入

1.新建"商品"工作表

打开"销售管理素材"表格,以"基本登记表"为数据源,新建"商品"工作表,该工作表用于存放商品的基本信息,如图2.4.4所示。

2.把"商品"工作表中的"(内销)""(出口)"删除

步骤1:【开始】选项卡→【查找替换】→"替换",如图2.4.5所示,*代表任意字符,? 代表一个字符。

3.设置输入限制

要求："商品"工作表中的商品编号是唯一的,用以区分不同的商品。为确保商品编号准确且不重复,需对商品编号列设置输入限制。

步骤2:选中商品编号所在的A列→【数据】选项卡→【数据有效性】→弹出"数据有效性"对话框,在"设置"选项卡中进行如图2.4.6所示的设置,公式为"AND(LEFT(A1,2)="N.",LEN(A1)=7,COUNTIF(A:A,A1)=1)",在"出错警告"选项卡中进行如图2.4.7所示的设置,错误信息为"ID必须以N.开头,长度为7且不能重复"。

	A	B	C	D	E
1	商品编号	商品名称	品类	品牌	单价
2	N.10012	H4手机，128M	手机	H品牌	6200
3	N.10011	H4手机，64M	手机	H品牌	4600
4	N.10013	H5手机，128M(出口)	手机	H品牌	4800
5	N.10014	H5手机，256M(内销)	手机	H品牌	2600
6	N.10031	M8手机，256M(内销)	手机	M品牌	3000
7	N.10032	M8手机，512M	手机	M品牌	2200
8	N.10021	T2手机，白色	手机	T品牌	2000
9	N.10023	T2手机，金色	手机	T品牌	900
10	N.10022	T2手机，银色(内销)	手机	T品牌	4000
11	N.20031	M-60电视(内销)	电视	M品牌	2600
12	N.20032	M-80电视(出口)	电视	M品牌	1500
13	N.20021	T-45电视	电视	T品牌	1200
14	N.20022	T-60电视	电视	T品牌	1000
15	N.30031	M洗衣机，5kg(出口)	洗衣机	M品牌	4000
16	N.30032	M洗衣机，6kg	洗衣机	M品牌	3200

图2.4.4 "商品"工作表

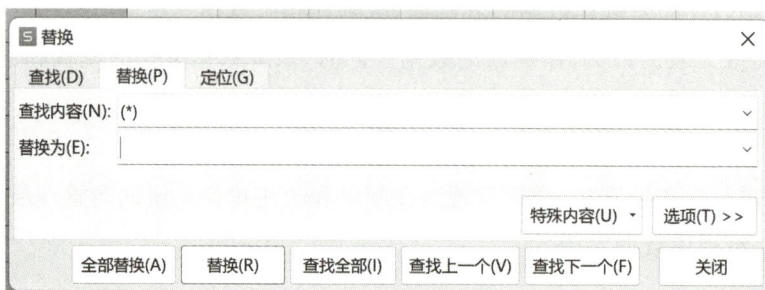

图2.4.5 查找替换

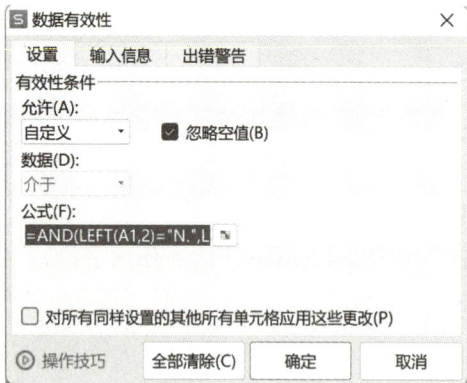

图2.4.6 数据有效性设置

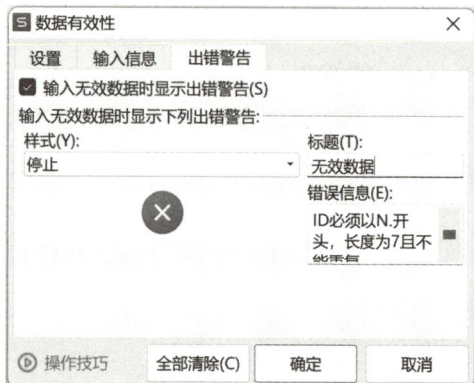

图2.4.7 出错警告

4.对类别提供序列选择

要求：提供下拉选择菜单，提高输入效率，并保证输入数据的合法性和准确性。

步骤3：复制C列数据到G列，选中G列→【数据】选项卡→【重复项】→"删除重复项"。【文件】选项卡→【选项】→"自定义序列"→导入G列不重复的数据，如图2.4.8所示。

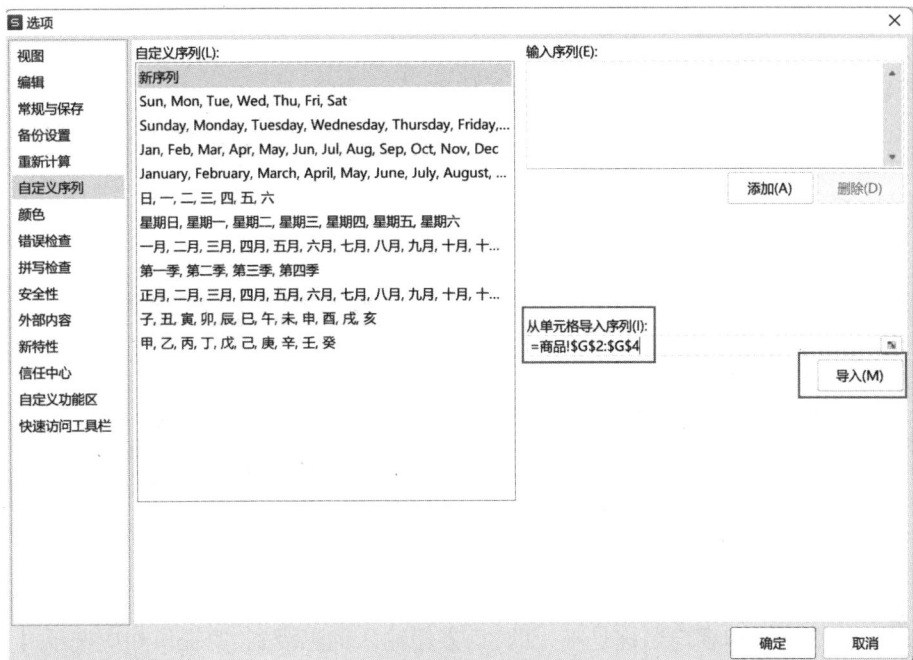

图2.4.8　自定义序列

5.按G列给出的顺序对商品进行排序

步骤4:将光标定位到品类字段的任一单元格上→【开始】选项卡→【排序】→"自定义排序",如图2.4.9所示,品类列按照自定义序列进行了排序。

图2.4.9　按自定义序列进行排序

（二）新建"折扣优惠"工作表

新建"折扣优惠"工作表，输入如图2.4.10所示的信息。

（三）新建"客户信息"工作表

新建"客户信息"工作表，输入如图2.4.11所示的信息。

	A	B
1	【优惠级别】	
2	折扣优惠	优惠
3	无优惠	100%
4	普通	95%
5	VIP	85%
6	SVIP	80%

图2.4.10　折扣优惠工作表

	A	B	C
1	客户ID	客户名称	优惠级别
2	KH-001	客户01	SVIP
3	KH-002	客户02	无优惠
4	KH-003	客户03	VIP
5	KH-004	客户04	无优惠
6	KH-005	客户05	普通
7	KH-006	客户06	普通
8	KH-007	客户07	VIP
9	KH-008	客户08	无优惠

图2.4.11　客户信息工作表

步骤5：客户ID和客户名称是唯一的，为方便输入优惠级别，应提供相应选项。【数据】选项卡→【有效性】→"有效性"→弹出"数据有效性"对话框，进行设置，如图2.4.12所示。

（四）新建"销售单"工作表

新建"销售单"工作表，输入如图2.4.13所示的数据。

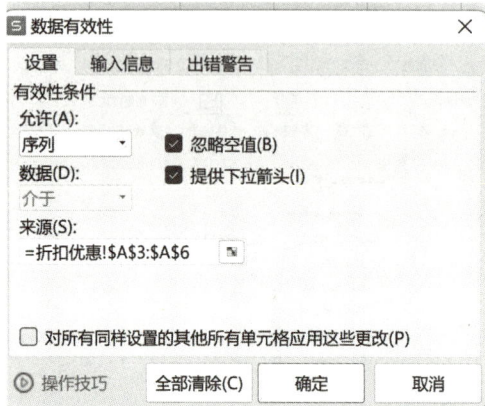

数据有效性

设置　输入信息　出错警告

有效性条件

允许(A)：
序列　　☑ 忽略空值(B)

数据(D)：　☑ 提供下拉箭头(I)
介于

来源(S)：
=折扣优惠!$A$3:$A$6

☐ 对所有同样设置的其他所有单元格应用这些更改(P)

操作技巧　　全部清除(C)　　确定　　取消

图2.4.12　折扣优惠的数据有效性

	A	B	C	D
1	销售单号	日期	客户名称	商品编号
2	XS-001	2020/10/16	客户01	N.10011
3	XS-002	2020/10/01	客户01	N.10031
4	XS-003	2020/10/07	客户01	N.20031
5	XS-004	2020/10/04	客户02	N.10012
6	XS-005	2020/10/13	客户02	N.10013
7	XS-006	2020/10/02	客户03	N.10023
8	XS-007	2020/10/10	客户03	N.20031
9	XS-008	2020/10/21	客户03	N.30031
10	XS-009	2020/10/17	客户04	N.10011
11	XS-010	2020/10/10	客户04	N.30031

图2.4.13　"销售单"工作表

（五）新建"销售明细"工作表

要求：新建"销售明细"工作表，输入该工作表的表头，表格的内容可通过函数查询和计算等完成。

步骤6：新建表头，结果如图2.4.14所示。

	A	B	C	D	E	F	G	H	I	J	K	L
1	销售单号	日期	客户名称	商品编号	商品名称	品类	品牌	单价	购买数量	购买金额	折扣优惠	折后金额

图2.4.14　"销售明细"工作表表头

步骤7：在A2单元格中输入公式"=销售单！A2"。

步骤8：日期、客户名称、商品编号都可用VLOOKUP函数在销售单工作表中查找得到：B2：=VLOOKUP(A2,销售单！A:D,2,0)，C2：=VLOOKUP(A2,销售单！A:D,3,0)，D2：=VLOOKUP(A2,销售单！A:D,4,0)。商品名称、品类、品牌、单价都可用VLOOKUP函数在商品工作表中查找得到：E2：=VLOOKUP($D2,商品！$A:$E,2,0)，F2：=VLOOKUP($D2,商品！$A:$E,3,0)，G2：=VLOOKUP($D2,商品！$A:$E,4,0)，H2：=VLOOKUP($D2,商品！$A:$E,5,0)。

步骤9：填入购买数量，购买金额J2：=H2*I2。

步骤10：客户的折扣优惠在"客户"工作表中，通过客户名称来查找折扣优惠(客户名称没有重名)K2：=VLOOKUP(C2,客户！B:C,2,0)。

步骤11：折后金额L2：=IFS(K2="无优惠",J2*100%,K2="普通",J2*95%,K2="VIP",J2*85%,K2="SVIP",J2*80%)。

步骤12：对"销售明细"工作表进行适当的美化，把与价钱有关的字段设为货币格式，保留2位小数，如图2.4.15所示。

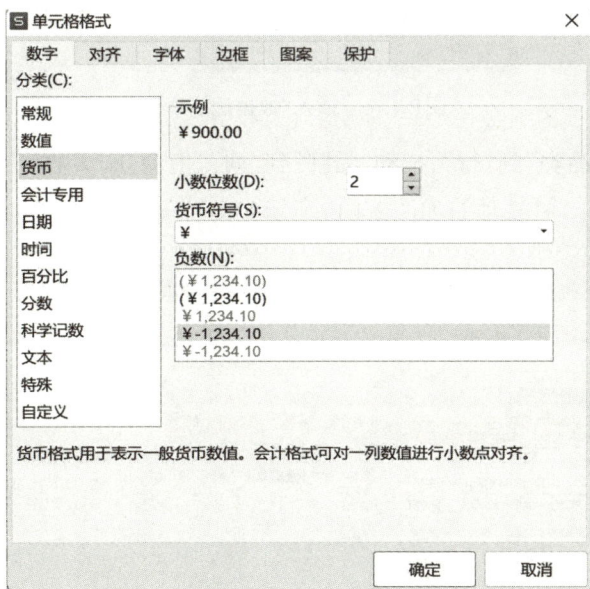

图2.4.15　"数字"格式

(六)统计销售数据

用数据透视表统计不同品类、不同品牌的购买数量、购买金额。

步骤13：新建"销售统计"工作表→将光标放到"销售明细"工作表内容区域的任一单元格中→【插入】选项卡→【数据透视表】→计算机会自动识别数据区域，在"请选择放置数据透视表的位置"处勾选"现有工作表"，并点击"销售统计"工作表，选择A2单元格，如图2.4.16所示。

图2.4.16　插入"数据透视表"

步骤14：拖动"品类"到"行"，拖动"品牌"到"列"，拖动"购买数量""购买金额"到"值"字段→【分析】选项卡→【选项】，如图2.4.17所示。

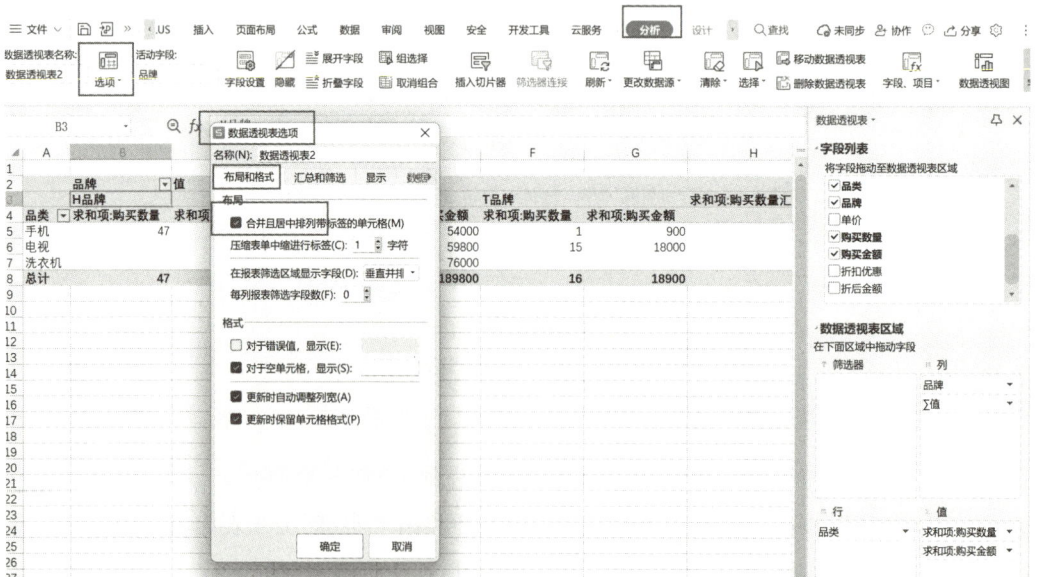

图2.4.17　"数据透视表选项"设置

步骤15：在右下角"值字段"中选择"求和项：购买数量"→"值字段设置"，如图2.4.18

所示,在"自定义名称"中把"求和项:购买数量"改为"数量","求和项:购买金额"改为
"金额"。

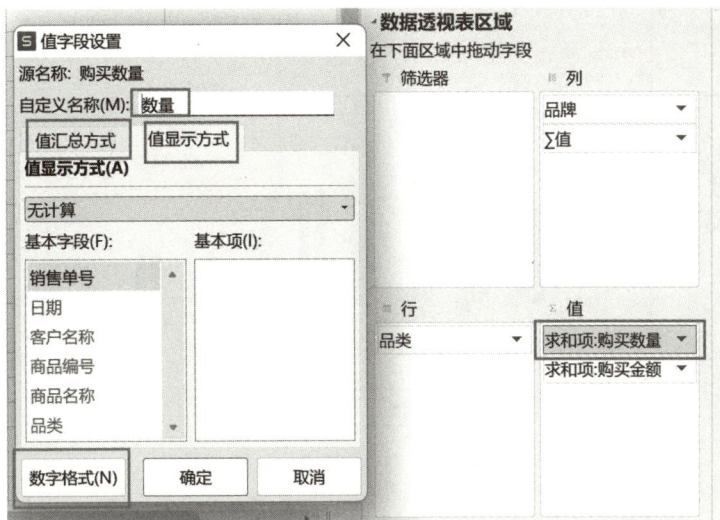

图2.4.18 值字段设置

步骤16:【分析】选项卡→【字段标题】,去掉各类标题,完成后效果如图2.4.19所示。

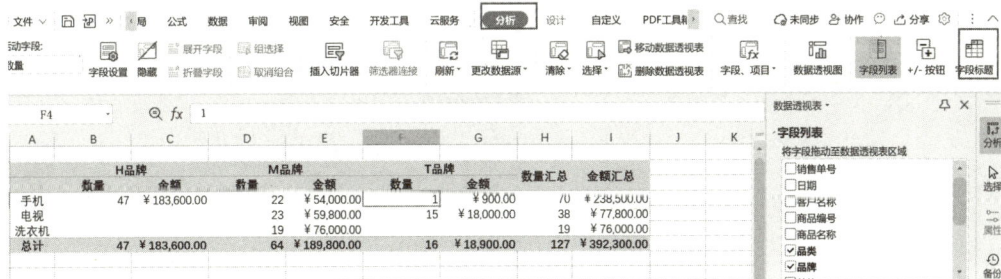

图2.4.19 最终效果图

(七)制作图表

步骤17:建立"客户分析"工作表,如图2.4.20所示。

图2.4.20 "客户分析"表头

客户名称A2:=客户! B2,优惠级别B2:=VLOOKUP(A2,客户! B:C,2,0),购买金额
C2:=SUMIF(销售明细! C:C,A2,销售明细! J:J),折后金额D2:=SUMIF(销售明细! C:
C,A2,销售明细! L:L)。

步骤18:制作客户购买金额和折后金额的对比图。选中"客户名称""购买金额""折
后金额"三个字段的数据→【插入】选项卡→【图表】→选择"柱形图",完成后效果如图
2.4.21所示。

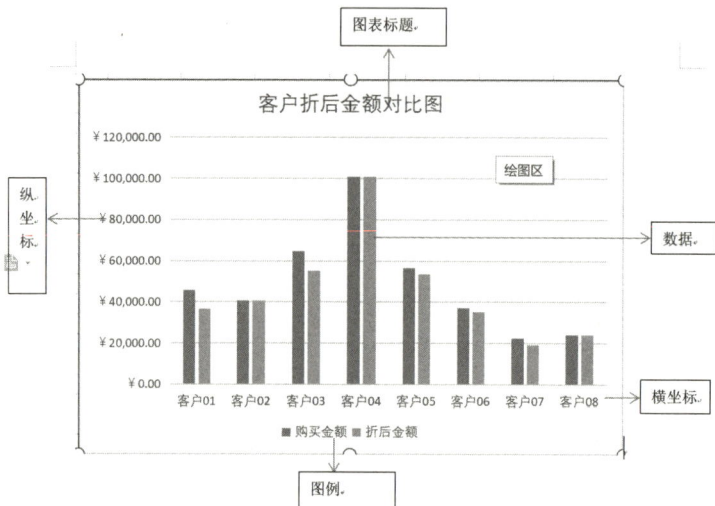

图 2.4.21 "柱形图"效果图

(八)制作动态图表

步骤19:在"客户分析"中,新建"基础数据表"区域,如图2.4.22所示。

其中,"客户名称"通过"数据有效性"提供的下拉选项进行设置,如图2.4.23所示。

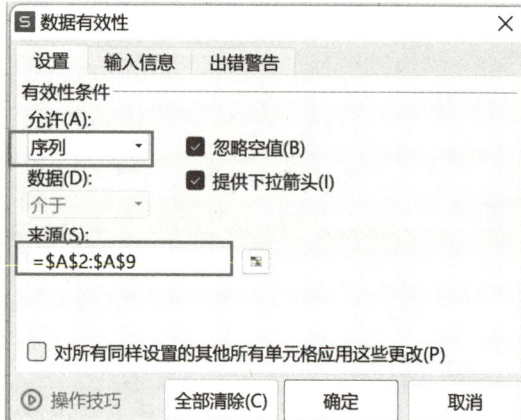

图 2.4.22 基础数据表

图 2.4.23 客户名称下拉选项

其中,购买金额 B15:=VLOOKUP($A$15,$A$2:$D$9,3,0),折后金额 C15:=VLOOKUP($A$15,$A$2:$D$9,4,0)。

步骤20:选中字段名和数据A14:C15→【插入】选项卡→【柱形图】,完成后效果如图2.4.24所示。当客户名称发生变化时,图表也会随之发生相应的变化。

(九)利用分类汇总制作优惠级别分布图

步骤21:对"优惠级别"字段进行排序→将光标放到"优惠级别"字段任一数据单元格上→【开始】选项卡→【排序】,排序的目的是对"优惠级别"进行分类,即把相同级别的数据放在一块。排序之后点击【数据】选项卡中的【分类汇总】,如图2.4.25所示。

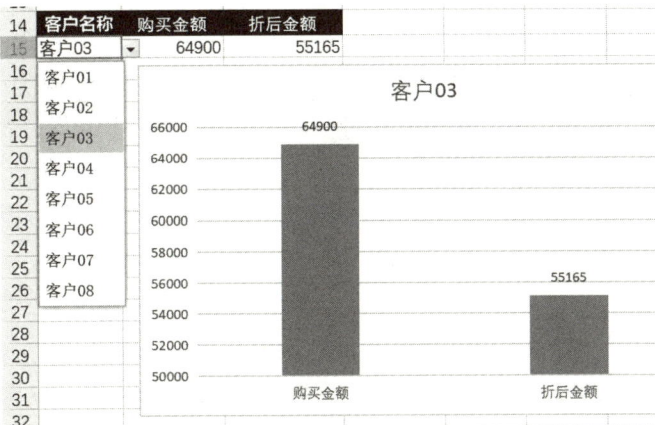

图 2.4.24 动态图表

图 2.4.25 分类汇总

汇总之后,点击分级显示编号中的级别编号"2",隐藏不需要复制的明细数据,如图 2.4.26所示。

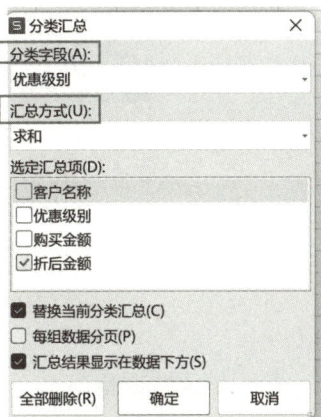

图 2.4.26 分类汇总结果

步骤22:选择数据区域B1:B13,D1:D13→【开始】选项卡→【查找】→"定位"→勾选"可见单元格",如图2.4.27所示。复制粘贴数据到以A17开头的区域中。

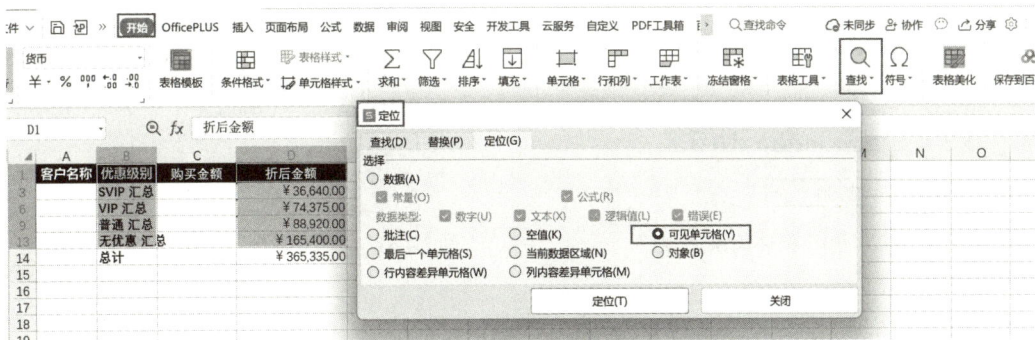

图 2.4.27 定位可见单元格

步骤23:选中以A17开头的数据区域→【插入】选项卡→【图表】→选择"饼图",完成后效果如图2.4.28所示。

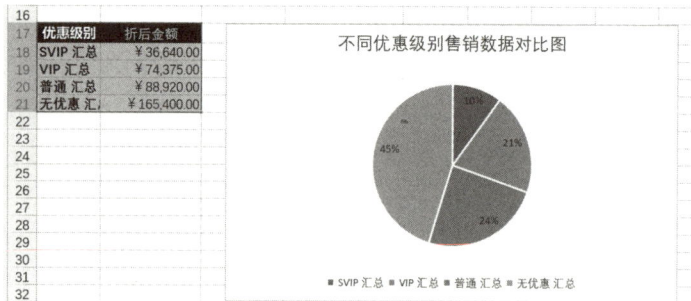

图 2.4.28　饼图效果图

(十)销售数据查询

步骤 24:新建"销售数据查询"工作表,复制"销售明细"工作表的表头到"销售数据查询"工作表中。

步骤 25:输入查询条件,将条件写在相应字段下面,如果所有条件在同一行,则代表需要同时满足所有字段下面的条件,即这些条件是和的关系,如图 2.4.29 所示。

如果条件在不同行,代表只需满足其中一个条件,即这些条件是或的关系,如图 2.4.30 所示。

步骤 26:进入"销售明细"工作表,点击"销售明细"工作表中的任一单元格→【开始】选项卡→【筛选】→"高级筛选",这样"销售明细"工作表中的数据区域便会自动写入"高级筛选"的"列表区域","条件区域"为"销售数据查询! $A$1:$L$2","复制到"为"销售数据查询! $A$5","复制到"只需填入一个单元格,如图 2.4.31 所示,完成后效果如图 2.4.32 和图 2.4.33 所示。

图 2.4.29　条件关系之"和"

图 2.4.30　条件关系之"或"

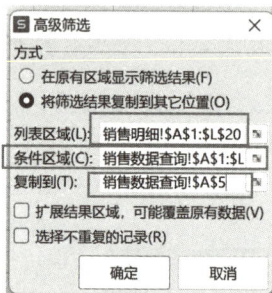

图 2.4.31　"高级筛选"对话框

销售单号	日期	客户名称	商品编号	商品名称	品类	品牌	单价	购买数量	购买金额	折扣优惠	折后金额
							<2000	<5			
销售单号	日期	客户名称	商品编号	商品名称	品类	品牌	单价	购买数量	购买金额	折扣优惠	折后金额
XS-006	2020/10/02	客户03	N.10023	T2手机,	手机	T品牌	￥900.00	1	￥900.00	VIP	￥765.00

图 2.4.32　"和"条件结果

销售单号	日期	客户名称	商品编号	商品名称	品类	品牌	单价	购买数量	购买金额	折扣优惠	折后金额
								<5			
							<2000				

销售单号	日期	客户名称	商品编号	商品名称	品类	品牌	单价	购买数量	购买金额	折扣优惠	折后金额
XS-003	2020/10/07	客户01	N.20031	M-60电视	电视	M品牌	￥2,600.00	3	￥7,800.00	SVIP	￥6,240.00
XS-005	2020/10/13	客户02	N.10013	H5手机	手机	H品牌	￥4,800.00	2	￥9,600.00	无优惠	￥9,600.00
XS-006	2020/10/02	客户03	N.10023	T2手机	手机	T品牌	￥900.00	1	￥900.00	VIP	￥765.00
XS-008	2020/10/21	客户03	N.30031	M洗衣机	洗衣机	M品牌	￥4,000.00	3	￥12,000.00	VIP	￥10,200.00
XS-013	2020/10/04	客户05	N.30031	M8手机	手机	M品牌	￥3,000.00	2	￥6,000.00	普通	￥5,700.00
XS-017	2020/10/14	客户07	N.10011	H4手机	手机	H品牌	￥4,600.00	1	￥4,600.00	VIP	￥3,910.00
XS-018	2020/10/12	客户07	N.20021	T-45电视	电视	T品牌	￥1,200.00	15	￥18,000.00	VIP	￥15,300.00

图 2.4.33 "或"条件结果

拓展练习

要求:在对应任务的"拓展练习"文件夹中完成。

①在学生成绩表.xlsx中利用高级筛选功能,筛选出英语成绩大于90或总分大于650的学生。求出各班的平均分,并把结果数据移到名称为"平均分"的工作表中。

②小明做了一次心理健康情况调查,具体数据见"心理普查数据.xlsx"。现需要将数据做成图表,以向领导汇报工作。请帮他完成图表,并进行适当的美化。

③李阳是某家用电器企业的战略规划人员,正在参与制订本年度的生产与营销计划,现需要对"销售记录"工作表中的产品进行汇总展示。请帮他完成数据透视表。

④打开"图表.xlsx"工作簿,按样例的要求制作一份图表。

⑤打开"小测案例.xls"工作簿,按图片要求录入数据,并按给定的顺序进行排序。

任务五 工资管理

案例导入

薪酬发放与管理的具体职责通常归属公司的人力资源部门。小马是公司人力资源部门的职工,负责员工薪酬的收集、核算和发放工作。他使用 WPS 表格来收集员工的基本信息,并对工资进行核算。

知识准备

一、个人所得税税率

个人所得税税率是个人所得税税额与应纳税所得额之间的比例。该税率由国家相应法律法规所规定,需依据个人收入进行计算。缴纳个人所得税,是收入达到缴纳标准的公民应尽的义务。

二、社保

公司社保即我们日常所说的五险,包括养老保险、医疗保险、失业保险、工伤保险和生育保险。其中,养老保险单位承担20%,个人承担8%;医疗保险单位承担6%,个人承担2%;失业保险单位承担2%,个人承担1%;工伤保险和生育保险则完全由企业承担。

三、公式

公式以"="开始,对单元格进行运算处理,最终返回一个值。公式的构成包含各种运算符、函数、字符、数字、单元格引用等。

算术运算符:+(加)、-(减)、*(乘)、/(除),适合各种数学运算,运算结果为数值。

比较运算符:=(等于)、>=(大于等于)、<=(小于等于)、>(大于)、<(小于)、<>(不等于),运算结果为逻辑值TRUE或FALSE,在计算机里逻辑值TRUE可以用1代替,FALSE可以用0代替。

文本运算符:&(连接运算符)用来连接数字与文本或文本与文本。

四、引用

引用是指通过输入单元格的地址来代替输入单元格的内容,计算机会根据输入的地址自动填充该地址中存放的内容。在WPS表格中,单元格的地址由单元格的行标和列标组合而成,如A1、C2等。引用分为相对引用、绝对引用和混合引用。

相对引用是指进行公式填充时,单元格地址会随着鼠标填充位置(公式位置)改变。复制粘贴公式时,相对引用的地址会发生改变。绝对引用是指所引用的单元格地址不会随着鼠标填充位置的改变而改变。

绝对引用要在行号和列号前加上"$"符号,如$A$1、$C$2,当复制该引用的单元格时,绝对引用不会改变。

混合引用允许用户仅固定行或列中的一方,而另一方会随着公式位置的改变而相对移动,可通过在行标或列标前加上"$"号进行行或列的固定,如A$1、$C2。在WPS表格中,在进行公式填充时,如果向下拖动鼠标,地址的行标则会随着鼠标的移动发生变化,而列标保持不变。如果向右拖动鼠标填充公式,地址的列标则会随着鼠标移动发生变化,而行标保持不变。

五、函数

1.函数说明

函数是按照特定语法进行计算的一种表达式。函数是可复用的代码块,可以在程序的任何地方被调用,以完成某个特定的任务。函数可以接收输入、执行操作并返回结果。函数可以使程序结构更清晰、更易读。函数的目的是执行一个任务并传递结果。

使用函数时,我们需要清楚这个函数接受的输入是什么,这个函数执行的操作或计算是什么,这个函数返回的信息是什么。函数由函数名和参数两部分组成。函数名代表函数的功能,参数是函数在进行计算时必须知道的基本信息。参数可以是函数、字符、数字、单元格引用、区域引用等,如SUM(1,5,8),SUM函数的功能是求和,其参数1、5、8表示对这3个数值进行求和。1、5、8这3个数值还可以用所在单元格的地址代替,即单元格引用,写成SUM(A1,D1,E3);如果1、5、8这三个数值在一个连续的区域中,还可以写成SUM(A1:A3)。

函数可以嵌套使用,即函数的参数是函数,如IF函数。下面以早餐是否吃饭为例,来模拟函数的判断过程。计算机模拟的判断过程如图2.5.1所示。

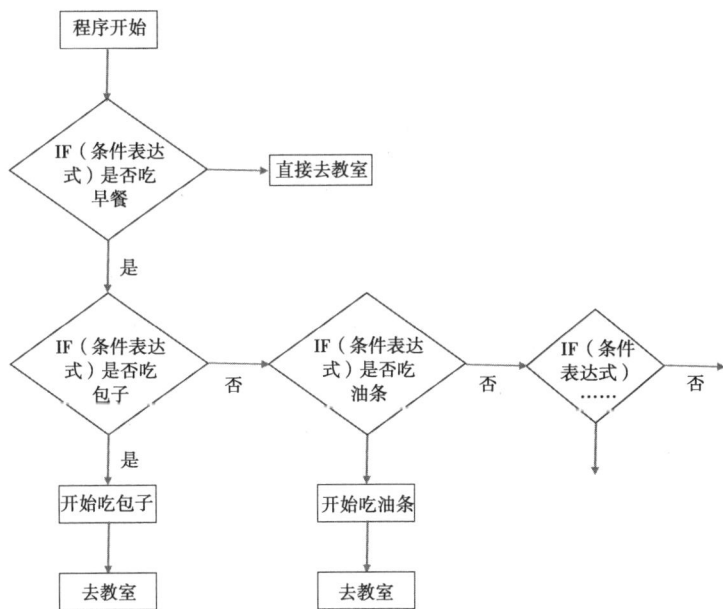

图2.5.1 IF函数的嵌套

通过合理使用函数的嵌套,我们可以构建出非常复杂的逻辑判断,以满足各种数据处理的需求。建议嵌套层次不要超过3层,以保持公式的清晰和简洁。

2.VLOOKUP函数

VLOOKUP函数用于在表格或数值数组的首列查找指定的数值,并由此返回表格或数组当前行中指定列处的数值。VLOOKUP中的"V"代表垂直。

语法:

VLOOKUP(lookup_value,table_array,col_index_num,range_lookup)

lookup_value:计算机从数据区域的第1列开始查找,lookup_value即查找值,也可被称为已知值,必须位于查找区域的第1列。lookup_value可以是数值、引用或文本字符串。

这一值是已知值,相当于中介,一般是一个唯一值。

table_array:数据表或数据区域。可以使用区域名称或区域名称的引用形式,数据区域一般采用绝对引用的方式。

col_index_num:table_array中待返回的匹配值的列序号。col_index_num为1时,返回table_array第一列中的数值;col_index_num为2时,返回table_array第二列中的数值;以此类推。如果col_index_num小于1,函数VLOOKUP则会返回错误值"#VALUE!";如果col_index_num大于table_array的列数,函数VLOOKUP则会返回错误值"#REF!"。

range_lookup为一逻辑值,指明函数VLOOKUP返回时是精确匹配还是近似匹配。如果为TRUE或省略,则返回近似匹配值,也就是说,如果找不到精确匹配值,则返回小于lookup_value的最大数值。如果range_value为FALSE,则返回精确匹配值,如果找不到,则返回错误值"#N/A"。在计算机语言中,TRUE=1,FALSE=0。

实例:A1=A,B1=4;A2=B,B2=10;A3=C,B3=17;A4=D,B4=56;查找字母C所对应的数值,公式"=VLOOKUP("B",$A$1:$B$4,2,FALSE)",返回10。

3.DATEDIF 函数

DATEDIF函数,主要用于计算两个日期之间的天数、月数或年数。其返回的值是两个日期之间的年\月\日间隔数。

语法:

DATEDIF(Start_Date,End_Date,Unit)

Start_Date:为一个日期,它代表时间段内的第一个日期或起始日期。

End_Date:为一个日期,它代表时间段内的最后一个日期或结束日期。

Unit:为所需信息的返回类型。

"Y":计算两个日期间隔的年数;"M":计算两个日期间隔的月份数;"D":计算两个日期间隔的天数;"YD":忽略年数差,计算两个日期间隔的天数;"MD":忽略年数差和月份差,计算两个日期间隔的天数;"YM":忽略相差年数,计算两个日期间隔的月份数。

4.IFERROR 函数

如果公式计算出现错误,则返回指定的值;否则返回公式结果。使用IFERROR函数来捕获和处理公式中的错误。

语法:

IFERROR(value,value_if_error)

value:需要检查是否存在错误的参数。

value_if_error:公式计算出现错误时要返回的值。计算得到的错误类型有:#N/A、#VALUE!、#REF!、#DIV/0!、#NUM!、#NAME?、#NULL!。

六、数据库

数据库是信息技术中不可或缺的核心组成部分,它是按照数据结构来组织、存储和管理数据的仓库。在数据库设计中,字段(field)或列(column)是表(table)的一个基本组成部分。每个字段都表示一种数据类型,用于存储特定的信息。

技能准备

一、填充公式

1.使用鼠标拖动填充柄

首先在WPS表格中输入公式,将鼠标放置在输入公式的单元格的右下角,鼠标会变成细黑十字形,这就是填充柄。按住鼠标左键不放,向下或向右拖动填充柄到需要填充公式的单元格区域(或者通过双击填充柄的方式进行带格式的填充)。松开鼠标后,WPS表格会自动将公式填充到所选的单元格区域。

2.使用快捷键"Ctrl+D"或"Ctrl+R"

在WPS表格中输入公式,选择包含公式的单元格以及填充公式的相邻单元格区域。按"Ctrl+D"在列中向下填充公式,按"Ctrl+R"在行中向右填充公式。

二、名称管理器

名称管理器是一个非常实用的工具,它允许用户创建、编辑和删除名称,以便在工作表中引用单元格范围、公式、常量等。

1.新建名称管理器

【公式】选项卡→"名称管理器"→在"名称管理器"窗口中选中区域新建名称,如图2.5.2、图2.5.3所示。

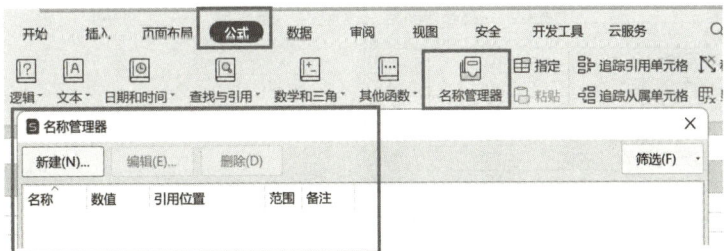

图2.5.2　名称管理器

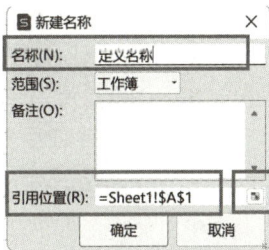

图2.5.3　新建名称

2.数据库表中的名称使用

【开始】选项卡→【表格样式】→"样式"→勾选"转换成表格,并套用表格样式",如图2.5.4所示,这样区域数据将被转化为数据库表。在选项卡中会多一个【表格工具】选项卡,如图2.5.5所示。如果不想用这个数据库表,可以选择"转换为区域",数据库表就会转为普通区域。数据区域转为数据库表之后,可以通过表名、字段名引用相应列的数据。例如,"=SUM(表2[水电费])"用于计算水电费之和,其中,"表2"是整个数据区域的名称,"[水电费]"是水电费所在列的所有数据。在"=SUM(表2[@水电

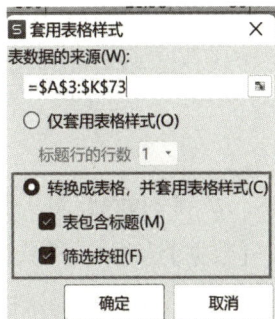

图2.5.4　套用表格样式

145

费］)"中,"@水电费"是指引用单个水电费的数值。

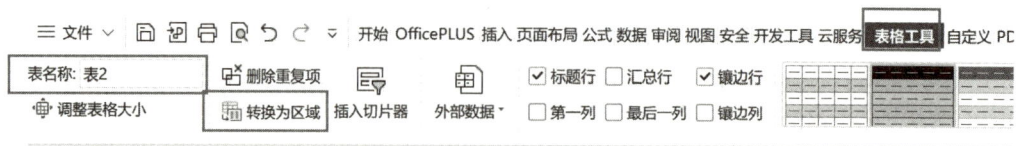

图 2.5.5　表格工具

项目实战

一、任务分析

工资管理工作簿包括"个人所得税税率""员工基本信息""奖金""扣款""工资明细"5个工作表。每个工作表都需要用函数进行计算。

二、任务实施

(一)新建"工资管理"工作簿,收集、整理员工基础资料

步骤1:新建工作簿,并命名为"工资管理"。在"工资管理"工作簿中新建"个人所得税税率"工作表,并输入以下内容,如图2.5.6所示。

	A	B	C	D	E	F	G
	级数	平均每月收入所得额	税率(%)	速算扣除数		起征点	5000
	1	不超过3,000元的部分	3	0			
	2	超过3,000元至12,000元的部分	10	210			
	3	超过12,000元至25,000元的部分	20	1410			
	4	超过25,000元至35,000元的部分	25	2660			
	5	超过35,000元至55,000元的部分	30	4410			
	6	超过55,000元至80,000元的部分	35	7160			
	7	超过80,000元的部分	45	15160			
	级数	全年应纳税所得额	预扣率(%)	速算扣除数			
	1	不超过36,000元的部分	3	0			
	2	超过36,000元至144,000元的部分	10	2520			
	3	超过144,000元至300,000元的部分	20	16920			
	4	超过300,000元至420,000元的部分	25	31920			
	5	超过420,000元至660,000元的部分	30	52920			
	6	超过660,000元至960,000元的部分	35	85920			
	7	超过960,000元的部分	45	181920			

图2.5.6　"个人所得税税率"工作表

步骤2:新建"员工基础档案"工作表→在"员工基础档案"工作表中,选中A1单元格→【数据】选项卡→【获取数据】→【导入数据】→打开数据源→在素材文件夹中找到"员工档案表.txt",按提示进行操作。注意身份证号的格式应为以文本格式存储的数字,如图2.5.7所示。

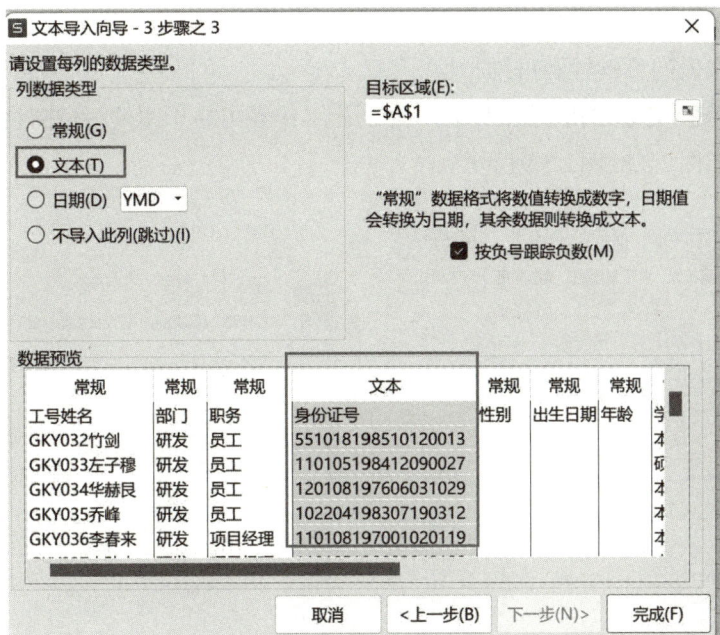

图2.5.7 以文本形式存储的数字

步骤3：工号和姓名在同一列，在A列右侧新建一空列，选中A列→【数据】选项卡→【分列】→按"固定宽度"分列。

步骤4：从身份证中提取性别信息。可通过身份证的倒数第二位来判断性别，奇数为男，偶数为女。为提取性别，在F2中输入公式"=IF(MOD(VALUE(MID(E2,17,1)),2),"男","女")"。

步骤5：从身份证中提取出生日期。身份证的第7~14位为出生年月日。在G2中输入公式"=DATE(MID(E2,7,4),MID(E2,11,2),MID(E2,13,2))"。

知识提示

先用MID函数提取出年、月、日；再用DATE函数把文本型的年、月、日组合成一个日期，以便进行计算。

步骤6：计算员工年龄。年龄公式为"=DATEDIF(G2,TODAY(),"Y")"。

知识提示

TODAY()函数的返回值是今天的日期，G2是一个单元格的引用，G2里存放着出生日期，Y是一个固定值。

(二)输入当月工资相关信息

可以使用多个工作表来存储员工当月的各种应发及扣款信息。将数据分散到多个工作表中,每个工作表专注于一个特定的主题或数据集。每个工作表都只包含必要的信息,以提升工作表的可读性和可维护性。

步骤7:新建"奖金""扣款"工作表。为了让工作表更易于阅读,可在"视图"菜单中选择阅读模式,如图2.5.8、图2.5.9所示。

图2.5.8 "奖金"工作表

图2.5.9 "扣款"工作表

(三)美化工作表

步骤8:【开始】选项卡→【表格样式】→勾选"仅套用表格样式",如图2.5.10所示。

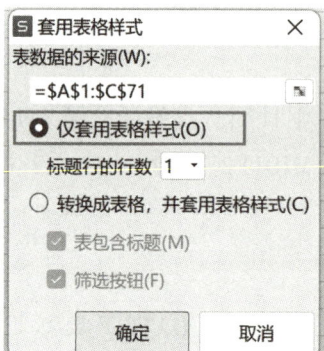

图2.5.10 套用表格样式

(四)新建"工资明细"工作表

1.编制表头

步骤9:新建"工资明细"工作表,输入表头信息,如图2.5.11所示。

图2.5.11 "工资明细"工作表表头

步骤10:【数据】选项卡→【有效性】→"有效性"→在"数据有效性"对话框中选择"序

列",输入相应序列,序列中的逗号应为半角,如图2.5.12所示,为G2、I2单元格设置下拉菜单。

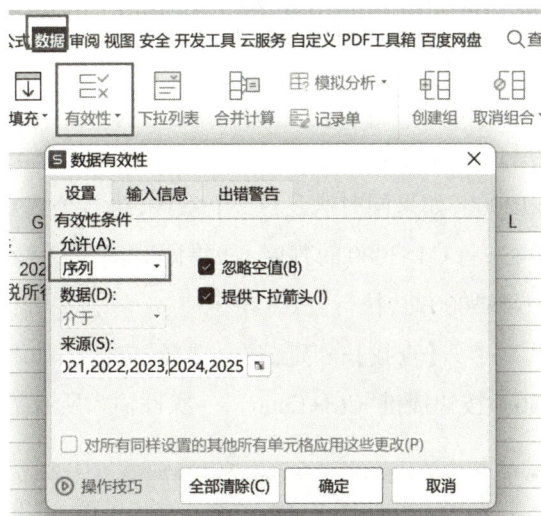

图2.5.12 "数据有效性"对话框

2.输入内容

步骤11:工号 A4:=员工基础档案! A2。

知 识 拓 展

从员工基础档案表中导入工号,当员工基础档案表中的数据发生变动时,工资明细表中的数据也会随之变动。

步骤12:姓名 B4:=VLOOKUP(A4,员工基础档案! A:B,2,0)。

步骤13:基本工资 C4:=VLOOKUP(A4,员工基础档案! A:L,12,0)。

步骤14:奖金 D4:=VLOOKUP(A4,奖金! A:C,3,0)。

步骤15:制作工资表时,只考虑个人应缴纳的部分。在本案例中,社保的个人缴纳部分按基本工资的11%计算。社保 E4:=ROUND(C4*11%,2)。

步骤16:应发工资 F4:=SUM(C4:D4)-E4。

步骤17:应税所得额 G4:=MAX(F4-个人所得税税率表! $G$1,0),有些人的应发工资减去起征点之后可能为负数,这些人是不需要纳税的。所以用0代替。

说明:应纳税所得额是为了计算个人所得税而添加的辅助列。在计算应税所得额时,需要明确什么项目可免税,什么项目不可免税。在本案例中,奖金和房租是不可免税的,而福利和社保是可免税的。奖金和福利属于收入的增加部分,其中奖金需计入应税所得额,福利可单独发放。房租和社保属于支出的减少部分,社保可在应税所得额中予以扣除,而房租不能在计算应税所得额时扣除,需在纳税之后扣除。

步骤18:个人所得税 H4:=IF(G4>80000,G4*45%－15160,IF(G4>55000,G4*35%－7160,IF(G4>35000,G4*30%－4410,IF(G4>25000,G4*25%－2660,IF(G4>12000,G4*20%－1410,IF(G4>3000,G4*10%－210,G4*3%)))))))。

说明:IF函数的嵌套形式为:IF(第一个条件,真值时执行的公式1,IF(第二个条件,真值时的计算公式2,假值时的计算公式2))。第二个条件仅在不满足第一个条件时才会进行真假判断。在这里,当G4>25000时,执行公式G*25%－2660;否则,即当G4≤25000时,会进一步判断G4>12000,如果同时满足这2个条件,执行公式G4*20%－1410;否则,即当G4≤12000时,会再进行G4>3000的判断,如果同时满足这2个条件,执行公式G4*10%－210;否则,即当G4<3000时,执行公式G4*3%。

步骤19:【开始】选项卡→【查找】→"定位"→选择"空值",如图2.5.13所示。选中所有福利单元格→输入30→按快捷键"Ctrl+Enter",一次性输入所有福利值30。

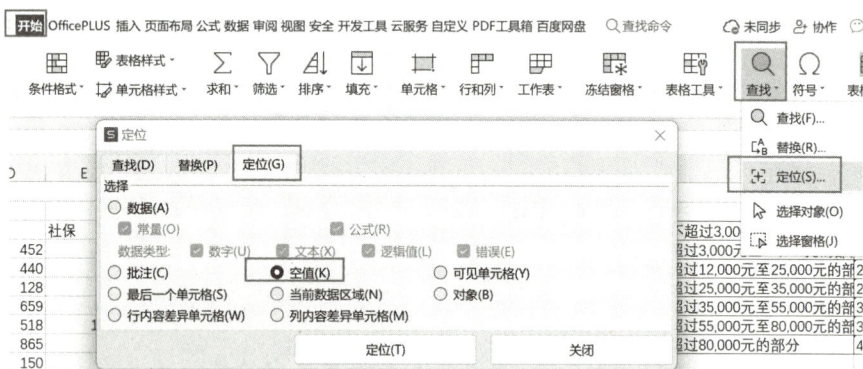

图2.5.13　定位单元格

步骤20:水电J4:=IFERROR(VLOOKUP(A4,扣款! A:C,3,0),0)。

步骤21:实发工资 K4:=F4－H4+I4－J4(实发工资=应发工资－个人所得税+福利－水电费)。

步骤22:美化"工资明细"工作表。【开始】选项卡→【表格样式】→选中一种样式→套用表格样式。

"工资明细"工作表完成后效果如图2.5.14所示。

工资明细表										
				2021		年	1		月	
工号	姓名	基本工资	奖金	社保	应发工资	应税所得额	个人所得税	福利	水电费	实发工资
GKY032	竹剑	6500	251	715	6036	1036	31.08	30	426	5608.92
GKY033	左子穆	9000	789	990	8799	3799	169.9	30	262	8307.1
GKY034	华赫良	6500	136	715	5921	921	27.63	30	372	5551.37
GKY035	乔峰	6000	686	660	6026	1026	30.78	30	0	6025.22
GKY036	李春来	11000	427	1210	10217	5217	311.7	30	409	9526.3
GKY037	李秋水	7500	821	825	7496	2496	74.88	30	472	6979.12
GKY038	刘竹庄	6000	653	660	5993	993	29.79	30	0	5993.21
GKY039	祁六三	9500	763	1045	9218	4218	211.8	30	472	8564.2
GKY040	全冠清	5000	590	550	5040	40	1.2	30	487	4581.8
GKY041	阮星竹	5500	302	605	5197	197	5.91	30	217	5004.09

图2.5.14　"工资明细"工作表最终效果图

拓展练习

①人事部统计员小牛负责本次公务员考试成绩的数据整理工作。请按要求帮助小牛完成相关数据的整理、统计和分析工作。所需素材位于"拓展练习"文件夹下的"1.公务员考试成绩"文件夹中。

②事务所的统计员小明需要对本所外汇报告的完成情况进行统计分析,并据此计算员工奖金。基础数据的收集工作已完成,现在需要统计每个人的完成情况、每篇报告对应的奖金数额、每个人撰写的报告数量以及每个人应得的奖金。相关素材位于"拓展练习"文件夹下的"2.报告作业"文件夹中。

任务六　点餐次数统计表

案例导入

公司为进一步满足员工的用餐需求,提高食堂菜系质量,不断提升员工食堂服务水平,倾力打造"最满意的食堂"。现根据近三个月员工点餐次数的统计情况,了解员工对饭菜品种样式的需求和口味偏好,以调整菜系、菜式品种,尽最大可能地满足每一位员工的就餐需求。

知识准备

某公司是一家大型企业,员工来自全国各省,口味各异。通过企业后勤的调查,该公司大部分的员工来自广东、福建、四川、浙江、山东等地。因此,公司食堂主打五个菜系,分别是鲁菜、粤菜、川菜、闽菜、浙菜。为满足员工就餐的个性化需求和新鲜感,后勤人员会不定期进行点餐次数的统计,围绕数据分析掌握员工的用餐情况,进而不断改善和丰富菜品种类。

常用统计函数包括COUNT、COUNTA、COUNTIF、COUNTIFS、SUMIF、SUMIFS等。本任务主要运用SUMIF、SUMIFS、COUNTIFS函数统计点餐次数,方便后勤人员掌握企业员工用餐的情况。为了更直观、清晰地了解员工的用餐情况,可使用组合图表进行对比分析,从而更精准掌握员工的用餐动态。

一、统计函数应用

(一)SUMIF函数

1.概念和语法

根据指定条件对若干单元格、区域或引用求和。SUMIF函数的语法是:SUMIF(区域,条件,求和区域)。第一参数为条件区域,是用于条件判断的单元格区域;第二参数是求和条件,是由数字、逻辑表达式等组成的判定条件;第三参数为实际求和区域,即需要求和的单元格、区域或引用。

2.练一练

在素材文件夹中打开"课堂练习"WPS表格文档,在G3单元格输入公式"=SUMIF(C3:C18,F3,D3:D18)",计算销售一部本月的销售利润之和,如图2.6.1所示。

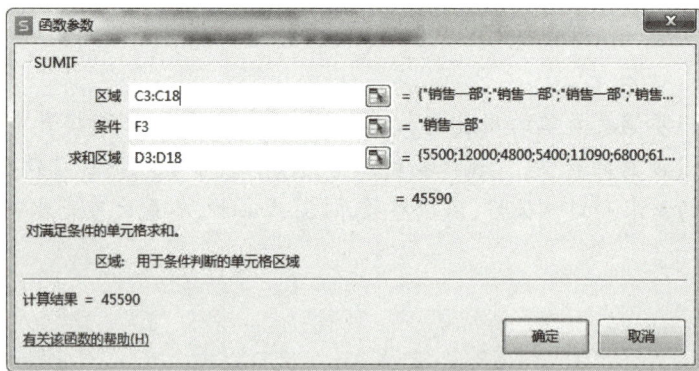

图2.6.1　SUMIF函数应用实例

(二)SUMIFS函数

1.概念和语法

可快速对区域中满足多个条件的单元格求和。SUMIFS函数的语法:SUMIFS(求和区域,条件区域1,条件1,条件区域2,条件2,……,条件区域N,条件N),第一参数求和区域是需要求和的实际单元格,包括数字或包含数字的名称、区域或单元格引用;第二参数条件区域1为计算关联条件的第一区域;第三个参数条件1是条件的形式,可以是数字、表达式、单元格引用或者文本;第四个参数是条件区域2为计算关联的第二区域;对于其余参数,依此类推。

2.练一练

打开"课堂练习"WPS表格文档,在H6单元格输入公式"=SUMIFS(D3:D18,B3:B18,F6,C3:C18,G6)",计算性别为"男",销售部门为"销售一部"的本月销售利润之和,如图2.6.2所示。根据此计算原理,在H7单元格计算性别为"男",销售部门为"销售二部"的本月销售利润之和,对比销售一部和销售二部男同事的本月销售利润。以此类推,可以继续计算性别为"女",销售部门为"销售一部""销售二部"的本月销售利润之和。

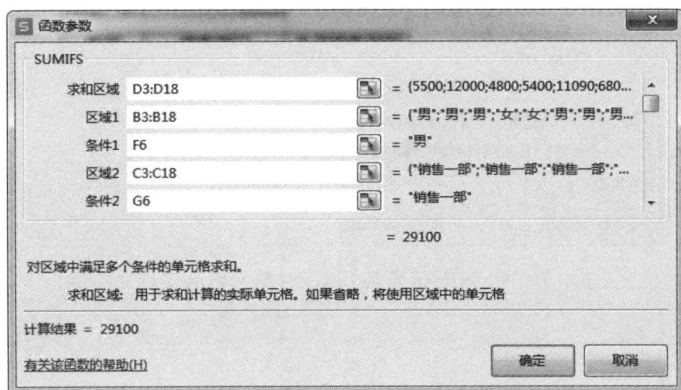

图2.6.2 SUMIFS函数应用实例

(三)COUNTIFS函数

1.概念和语法

可计算多个区域中满足给定条件的单元格的个数。COUNTIFS函数的语法:COUNTIFS(区域1,条件1,区域2,条件2,……,区域N,条件N)。第一参数是计算关联条件的第一个区域;第二参数是条件,其形式为数字、表达式、单元格引用或文本;其他参数为附加区域及其关联条件。

2.练一练

打开"课堂练习"WPS表格文档,在II12单元格输入公式"=COUNTIFS(B3:B18,F12,C3:C18,G12)",计算性别为"男"、销售部门为"销售一部"的人员数量,如图2.6.3所示。以此类推,继续完成后面的计算,分别计算性别为"男"、销售部门为"销售二部"的人员数量,性别为"女"、销售部门为"销售一部、销售二部"的人员数量。为了提高统计效率,在输入函数公式时,在单元格区域可以使用绝对引用,如图2.6.4所示。

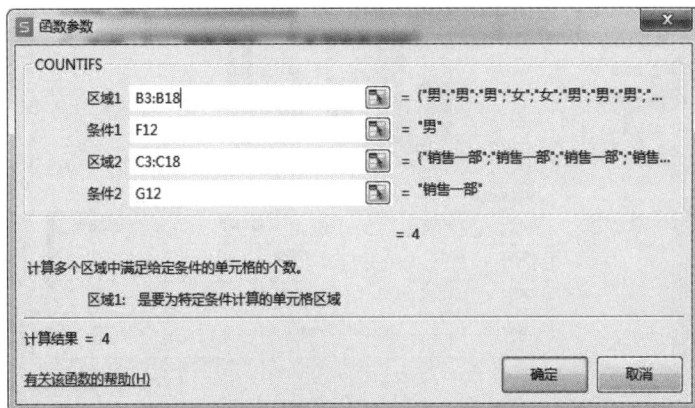

图2.6.3 COUNTIFS函数应用实例

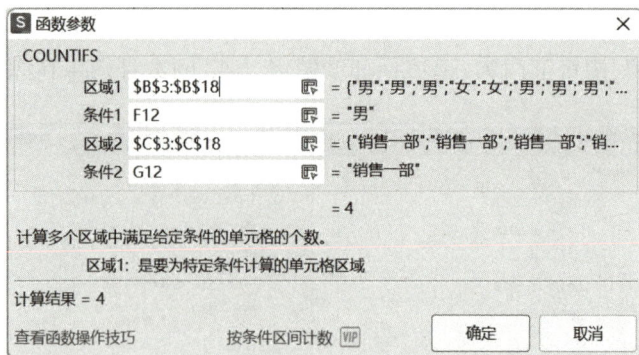

图 2.6.4 　COUNTIFS 函数应用实例（单元格区域绝对引用）

二、组合图表

使用 SUMIFS 函数计算每个月各菜系的点餐次数。

打开"混合图表练习"WPS 表格文档→【插入】选项卡→【全部图表】→"组合图"→"簇状柱形图-拆线图"，如图 2.6.5、图 2.6.6 所示。

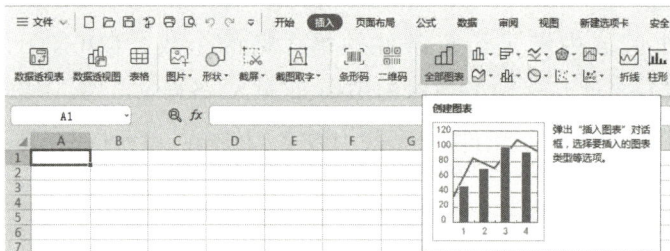

图 2.6.5 　创建图表

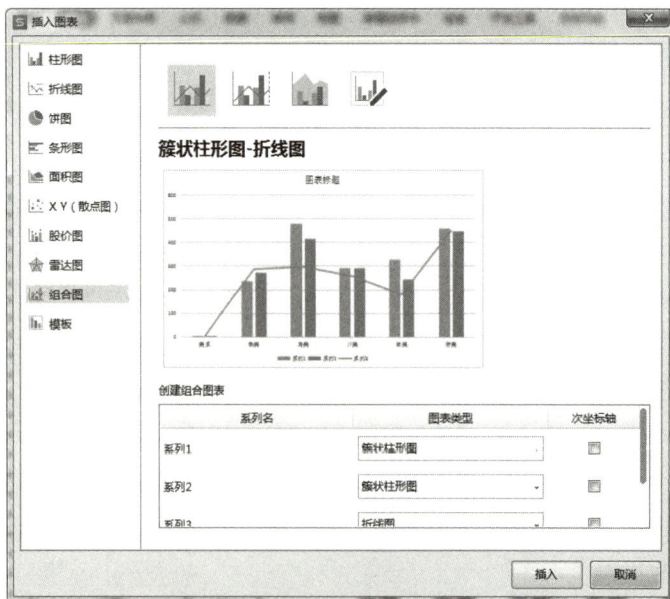

图 2.6.6 　簇状柱形图-折线图组合图

项目实战

一、任务分析

①运用SUMIF函数统计各菜系的点餐次数,运用SUMIFS函数统计各月份各菜系的点餐次数,运用COUNTIFS函数统计各菜系点餐次数"$>=90$"的个数。

②组合图表对比分析三个月员工点餐次数的情况。

二、任务实施

(一)统计函数应用

1.SUMIF函数:统计各菜系的点餐次数

步骤1:在素材文件夹中打开"点餐.xlsx"工作簿,在H2单元格中输入公式"=SUMIF($D\$2:\$D\$106,G2,\$E\$2:\$E\$106)",如图2.6.7所示;再用填充柄向下填充,显示H3至H6单元格的计算结果,如图2.6.8所示。

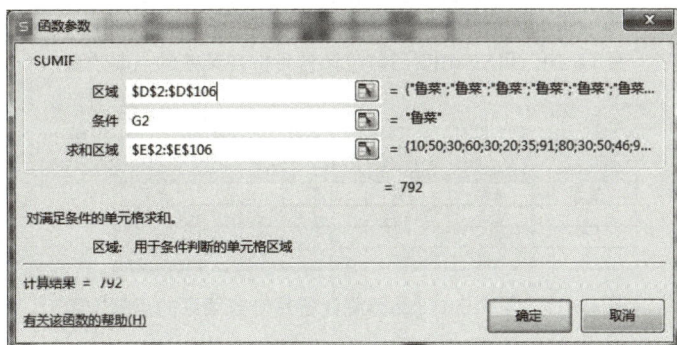

图2.6.7 用SUMIF函数统计点餐次数

图2.6.8 用SUMIF函数统计各菜系的点餐次数

2.SUMIFS函数:统计各月份各菜系的点餐次数

步骤2:在H10单元格中输入公式"=SUMIFS($E\$2:\$E\$106,\$D\$2:\$D\$106,H\$9,\$B\$2:\$B\$106,\$G10)",如图2.6.9所示。当填充柄在H10单元格右下角呈现"+"时,按住鼠标左键向下填充,再向右填充,使表格中所有空白单元格都显示相应的计算结果,如图2.6.10、图2.6.11所示。

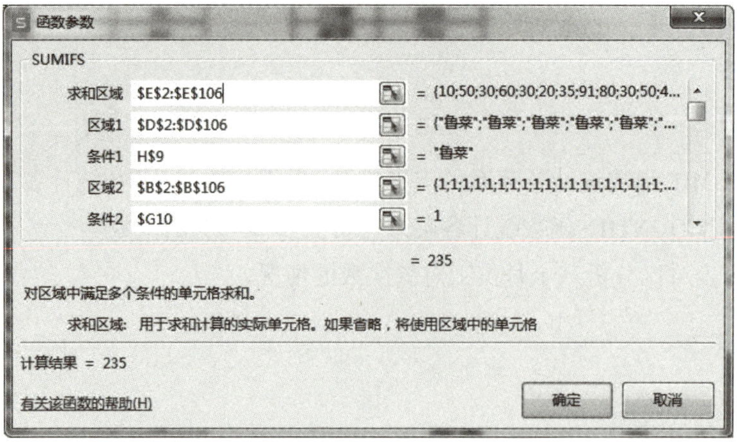

图2.6.9　用SUMIFS函数统计1月份各菜系的点餐次数

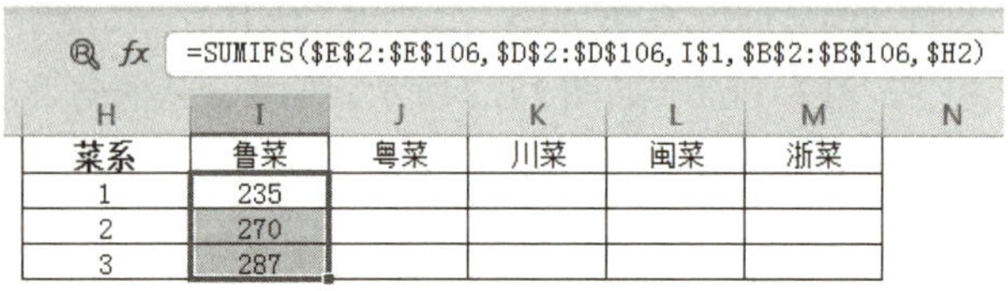

图2.6.10　用SUMIFS函数统计各月份各菜系的点餐次数

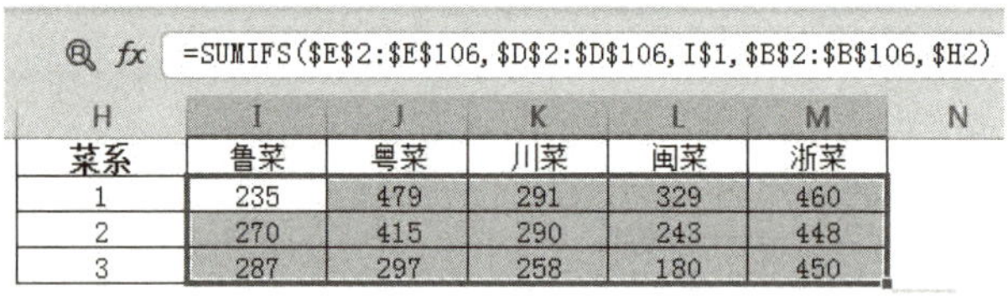

图2.6.11　用SUMIFS函数统计各月份各菜系的点餐次数

3.COUNTIFS函数:了解各菜系点餐次数大于等于90的个数

步骤3:在H15单元格中输入公式"=COUNTIFS($D$2:$D$106,H14,$E$2:$E$106,$G$15)",如图2.6.12所示。再用填充柄向右填充,计算其他菜系大于等于90点餐次数的个数,如图2.6.13所示。

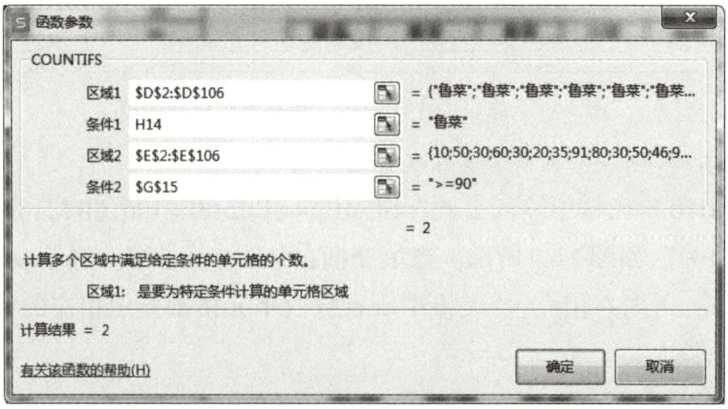

图2.6.12　用COUNTIFS函数统计鲁菜点餐次数大于等于90的个数

	H2		⊕ fx	=COUNTIFS($D$2:$D$106,H1,$E$2:$E$106,$G$2)		

	G	H	I	J	K	L	M	N
1	菜系	鲁菜	粤菜	川菜	闽菜	浙菜		
2	>=90	2	3	1	1	5		

图 2.6.13　用 COUNTIFS 函数统计其他菜系点餐次数大于等于 90 的个数

(二)组合图表

要求:分析三个月内的员工点餐次数,了解菜品质量和员工的口味偏好,插入组合图表。

步骤 4:选中 H9:12 单元格区域→【插入】选项卡→【全部图表】→"组合图"→"簇状柱形图-拆线图"→"创建组合图表"→勾选"系列 3"对应的"次坐标轴"复选框;或者,【插入】选项卡→【全部图表】→"组合图"→"簇状柱形图—次坐标轴上的折线图",即能生成组合图表,如图 2.6.14、图 2.6.15 所示。

图 2.6.14　组合图表

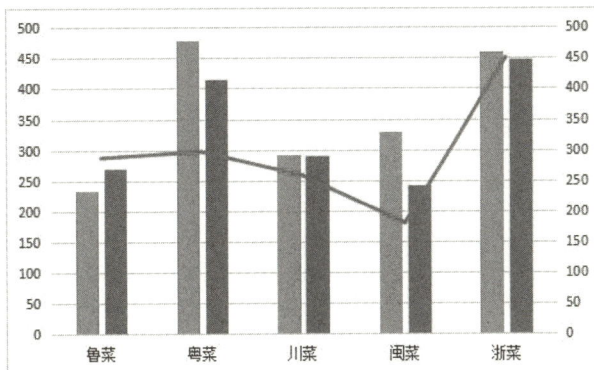

图 2.6.15　组合图表效果图

拓展练习

素材:点餐练习。

要求:

①用统计函数计算油爆双脆、糖醋排骨、鸡丝燕窝、水煮鱼、火腌金鸡五个菜品的点餐次数。

②用统计函数计算1、2月份油爆双脆、糖醋排骨、鸡丝燕窝、水煮鱼、火腌金鸡五个菜品的点餐次数,并用组合图表分析五个菜品的点餐情况。

③用统计函数统计1月份菜品点餐次数大于等于93的个数,或者使用"自动筛选"功能,筛选出1月份菜品点餐次数大于等于93的数据。

任务七　员工业绩表

案例导入

员工工作业绩是指员工在实际工作中所做出的成绩。本任务围绕行政专员的工作职责,从员工的工作量、工作速度、工作达成度、工作素质等方面展开业绩考核,并根据各项指标考核得分,确定行政专员奖金发放、员工薪资调整、员工职位晋升等情况。

知识准备

员工业绩考核表设有工作量、工作速度、工作达成度和工作素质四个考核指标。先进行数据汇总,确定业绩总分,再结合总分确定各考核结果等级和奖金。

一、数据汇总

在员工业绩表中,需结合各项指标的评分进行数据求和。可使用求和函数,或者快速求和快捷键完成数据计算。

二、高级筛选

绩效评价分为A、B、C、D、E五个等级,使用高级筛选功能,筛选各等级人员的信息。

三、数据透视表

绩效评价等级不同,奖金发放数额也不同,可以使用数据透视表快速统计各部门的奖金发放情况。

技能准备

一、数据求和

数据求和可以使用求和函数,该函数较为常用且使用简单。求和快捷键比函数更简单、更便捷,可以快速计算指定区域的数据。在"员工考核成绩"文档中,可以使用SUM函数或快速求和快捷键完成员工考核成绩的汇总。

求和函数公式为"=SUM(B2:F2)",如图2.7.1所示;快速求和快捷键为"Alt+="。先选中B2:G31单元格,再使用"Alt+="快捷键,即可求出所有员工的考核成绩之和,如图2.7.2所示。

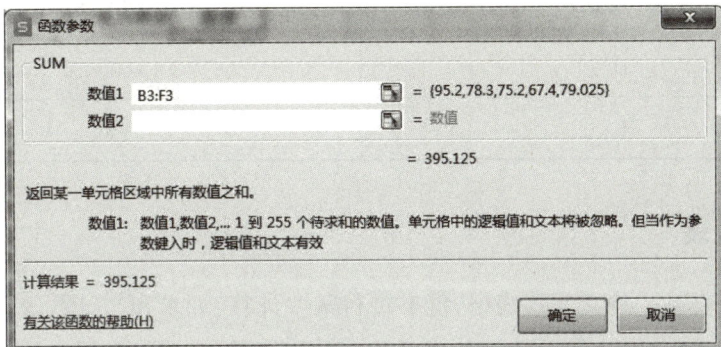

图2.7.1 用SUM函数统计员工考核成绩之和

	A	B	C	D	E	F	G
1	姓名	工作能力得分	协调性得分	责任感得分	积极性得分	执行能力得分	总分
2	林冰	95.2	78.3	75.2	67.4	79.03	395.13
3	马丽丽	70.9	89.3	75.3	70.2	76.43	382.13
4	欧阳慧	58.5	65.8	75.2	89.6	72.28	361.38
5	张健强	73.7	93.3	76.2	89.3	83.13	415.63
6	杨敏	90.9	86.2	78.9	80.5	84.13	420.63
7	乔俭俭	74.5	67.7	90.2	91.2	80.9	404.5
8	谭京振	95.2	78.3	75.2	67.4	79.03	395.13
9	贾海涛	70.9	89.3	75.3	70.2	76.43	382.13
10	文爱庆	58.5	65.8	75.2	89.6	72.28	361.38
11	马丽丽	73.7	93.3	76.2	89.3	83.13	415.63
12	陈小明	70.5	92.1	73.4	83.3	79.83	399.13
13	崔煜	78.7	91.3	80.2	86.3	84.13	420.63
14	胡明明	90.2	80.3	71.2	70.4	78.03	390.13
15	陈婷婷	79.5	65.7	94.2	88.2	81.9	409.5
16	方碧华	59.1	60.3	91.6	97.4	77.15	385.55
17	杨燕	95.2	77.6	77.4	83.5	83.43	417.13
18	何成跃	53.5	67.8	71.2	92.6	71.28	356.38
19	董蕊	76.3	80.3	58.1	68.3	70.75	353.75
20	于贝蓓	79.3	82.9	66.1	99.2	81.88	409.38
21	方欣	63.4	77.3	76.5	93.2	77.6	388
22	郝平	83.5	92.9	81.2	90.4	87	435
23	姬验验	98.1	60.5	76.5	80.7	78.95	394.75
24	辜惠娟	85.9	88.2	74.9	83.5	83.13	415.63
25	赵顺明	90.2	79.6	73.4	86.5	82.43	412.13
26	张鑫	75.9	88.5	86.2	70.1	80.18	400.88
27	梁莎	75.5	90.1	77.4	80.3	80.83	404.13
28	邱颂琴	93.1	62.5	72.5	83.7	77.95	389.75
29	迟娜	71.3	82.3	54.1	71.3	76.15	348.75
30	郑永波	54.1	62.3	87.8	100.4	76.15	380.75
31	杜歌宜	68.4	75.3	80.5	90.2	78.6	393

图2.7.2 用求和快捷键统计各员工的考核成绩

二、高级筛选

高级筛选是 WPS 表格中一个非常实用的功能,可以根据单条件和多条件快速找到数据,达到精准的筛选效果。本任务使用高级筛选的功能,分别把 A、B、C、D、E 等级的人员筛选出来,以确定发放奖金的金额。高级筛选条件如表 2.7.1 所示。

表 2.7.1　高级筛选条件

等级	筛选条件
A	≥90
B	≥80,<90
C	≥70,<80
D	≥60,<70
E	<60

三、数据透视表

数据透视表是一种交互式表格,能够进行某些计算,如求和与计数等。本任务使用数据透视表的求和功能,快速统计各部门奖金发放情况,以确保在规定的时间内给各部门的员工发放奖金,也可以通过奖金数额了解各部门的业绩完成情况。在实际操作中,可以先根据业绩总分,使用 IF 函数判断员工的业绩评定结果以及奖金数额,再使用数据透视表功能进行数据计算。数据透视表的创建过程及字段列表如图 2.7.3、图 2.7.4 所示。

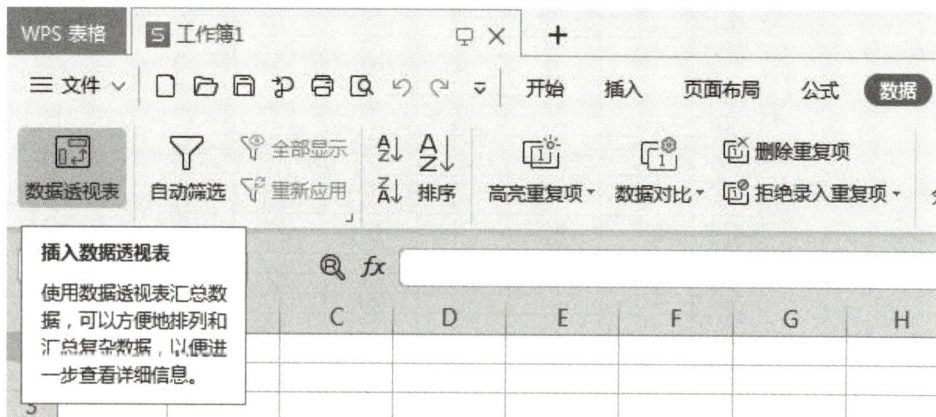

图 2.7.3　创建数据透视表

图2.7.4　数据透视表字段列表

项目实战

一、任务分析

①快速完成数据计算,提高办公效率。

②快速筛选数据,实现精确筛选。

③使用函数,判断每位员工的业绩考核结果等级和所获得的奖金数额。

④通过数据透视表,快速准确统计数据,掌握各部门的业绩考核情况。

二、任务实施

(一)快速求和

要求:使用快捷键计算员工的业绩总分。

步骤1:在素材中打开"员工业绩表",先选中求和区域D2:H37,如图2.7.5所示,再使用"Alt+="快捷键,最后在H2:H37单元格区域完成数据求和,如图2.7.6所示。

员工编号	姓名	部门	工作量	工作速度	工作达成度	工作素质	业绩总分	评定结果	业绩奖金
1001	姜韩雪	策划部	8	25	40	19			
1002	蔡宝琳	行政部	7	26	38	16			
1003	岳志城	策划部	3	26	35	16			
1004	陈肖瑶	设计部	7	22	37	11			
1005	周佳佳	设计部	5	28	38	18			
1006	王决	行政部	9	29	36	19			
1007	万刚鑫	人力资源部	7	22	34	11			
1008	王小红	财务部	8	25	38	15			
1009	吴真浩	设计部	10	28	34	18			
1010	郝健	制作部	10	29	33	19			
1011	鲁涛	人力资源部	10	24	36	14			
1012	陈小青	策划部	8	20	33	10			
1013	招杰	设计部	5	26	29	16			
1014	杨明	财务部	9	28	31	18			
1015	邹佳雪	行政部	10	29	27	19			
1016	李诗诗	人力资源部	7	20	29	10			
1017	陈倩倩	制作部	10	27	37	17			
1018	杨瑞	财务部	10	22	34	11			
1019	赵志强	设计部	6	25	38	15			
1020	黄姗姗	策划部	9	25	27	15			
1021	王静	设计部	8	27	32	17			
1022	肖志然	行政部	10	21	36	11			
1023	陈志忠	设计部	4	20	35	10			
1024	陈丽莲	财务部	5	25	29	15			
1025	林小芳	行政部	9	25	30	15			
1026	周涛	设计部	8	29	27	19			
1027	贺敏	人力资源部	6	27	31	17			
1028	高小平	制作部	9	24	35	14			
1029	朱珍	设计部	8	22	38	11			
1030	邓小小	设计部	4	27	29	17			
1031	温馨	策划部	5	22	20	11			
1032	文才	设计部	10	20	26	10			
1033	廖明珠	人力资源部	7	29	25	19			
1034	翁涛	策划部	9	26	20	16			
1035	胡小静	人力资源部	8	22	24	11			
1036	唐佐	制作部	6	18	25	18			

图 2.7.5　选中单元格区域

员工编号	姓名	部门	工作量	工作速度	工作达成度	工作素质	业绩总分
1001	姜韩雪	策划部	8	25	40	19	92
1002	蔡宝琳	行政部	7	26	38	16	87
1003	岳志城	策划部	3	26	35	16	80
1004	陈肖瑶	设计部	7	22	37	11	77
1005	周佳佳	设计部	5	28	38	18	89
1006	王决	行政部	9	29	36	19	93
1007	万刚鑫	人力资源部	7	22	34	11	74
1008	王小红	财务部	8	25	38	15	86
1009	吴真浩	设计部	10	28	34	18	90
1010	郝健	制作部	10	29	33	19	91
1011	鲁涛	人力资源部	10	24	36	14	84
1012	陈小青	策划部	8	20	33	10	71
1013	招杰	设计部	5	26	29	16	76
1014	杨明	财务部	9	28	31	18	86
1015	邹佳雪	行政部	10	29	27	19	85
1016	李诗诗	人力资源部	7	20	29	10	66
1017	陈倩倩	制作部	10	27	37	17	91
1018	杨瑞	财务部	10	22	34	11	77
1019	赵志强	设计部	6	25	38	15	84
1020	黄姗姗	策划部	9	25	27	15	76
1021	王静	设计部	8	27	32	17	84
1022	肖志然	行政部	10	21	36	11	78
1023	陈志忠	设计部	4	20	35	10	69
1024	陈丽莲	财务部	5	25	29	15	74
1025	林小芳	行政部	9	25	30	15	79
1026	周涛	设计部	8	29	27	19	83
1027	贺敏	人力资源部	6	27	31	17	81
1028	高小平	制作部	9	24	35	14	82
1029	朱珍	设计部	8	22	38	11	79
1030	邓小小	设计部	4	27	29	17	77
1031	温馨	策划部	5	22	20	11	58
1032	文才	设计部	10	20	26	10	66
1033	廖明珠	人力资源部	7	29	25	19	80
1034	翁涛	策划部	9	26	20	16	71
1035	胡小静	人力资源部	8	22	24	11	65
1036	唐佐	制作部	6	18	25	18	67

图 2.7.6　用"Alt+="快捷键完成数据求和

(二)高级筛选

1.筛选条件

要求:根据考核结果得分对应的业绩分数,列出高级筛选的条件,并把条件填充在相关的表格中。

步骤2:在A、B、C、D、E表格中的A1和B2单元格或者A1:B2单元格区域中输入相关信息,如在A表格中的A1单元格处输入"业绩总分",A2单元格处输入">=90";B表格中的A1单元格处输入"业绩总分",B1单元格处输入"业绩总分",A2单元格处输入">=80",B2单元格处输入"<90";以此类推,在每个等级的表格中输入筛选的条件。

2.高级筛选

要求:根据"筛选条件",精确筛选数据和信息。

步骤3:点击"员工业绩表"中任意一个有数据或信息的单元格→【开始】选项卡→【筛选】→"高级筛选"→在"高级筛选"对话框中选择"将筛选结果复制到其它位置"方式,并在对应的文本框中选择相应的单元格,在"列表区域"中输入"A! $A$1绩表! $A$1:$J$37",在"条件区域"中输入"A! $A$1:$A$2",在"复制到"中输入"A! $A$4",如图2.7.7所示,完成后效果如图2.7.8所示。

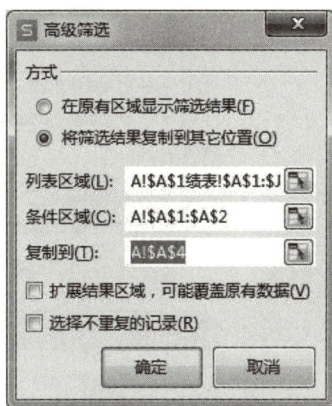

图2.7.7　高级筛选

业绩总分									
>=90									
员工编号	姓名	部门	工作量	工作速度	工作达成度	工作素质	业绩总分	评定结果	业绩奖金
1001	姜韩雪	策划部	8	25	40	19	92		
1006	王决	行政部	9	29	36	19	93		
1009	吴真浩	设计部	10	28	34	18	90		
1010	郝健	制作部	10	29	33	19	91		
1017	陈倩倩	制作部	10	27	37	17	91		

图2.7.8　高级筛选结果

步骤4:以此类推,结合条件,筛选出所需的数据。

(三)数据透视表

1.函数应用

要求:结合前面所学的知识,在"员工业绩表"中的"评定结果""绩效奖金"两列中输入函数公式,判断每位员工的业绩考核结果等级和所获得的奖金。

步骤5:在"员工业绩表"的I2单元格中输入函数公式,以确定每位员工的业绩考核等级。函数公式"=IF(H2>=90,"A",IF(H2>=80,"B",IF(H2>=70,"C",IF(H2>=60,"D","E")))))",步骤如图2.7.9、图2.7.10、图2.7.11和图2.7.12所示。在IF函数对话框中,在"测试条件"处输入"H2>=90","真值"处输入"A",将光标放到"假值"文本框上,选中名称框中的"IF",弹出第2个IF函数的对话框,依此类推,插入第3、4个IF函数,并在对应的文本框中输入信息,判断每位员工业绩考核等级。在"员工业绩表"的J2单元格中输入函数公式"=IF(H2>=90,60000,IF(H2>=80,40000,IF(H2>=70,20000,IF(H2>=60,8000,0))))",以确定每位员工的奖金数额。步骤如图2.7.9、图2.7.10、图2.7.11和图2.7.12所示。

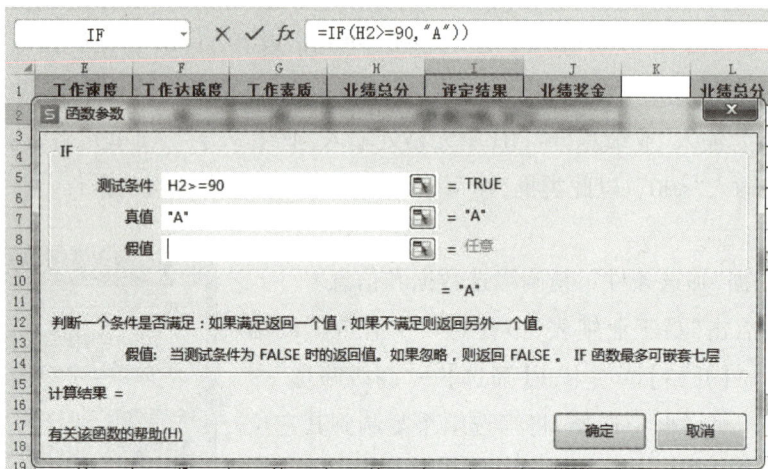

图2.7.9　用IF函数判断员工业绩等级1

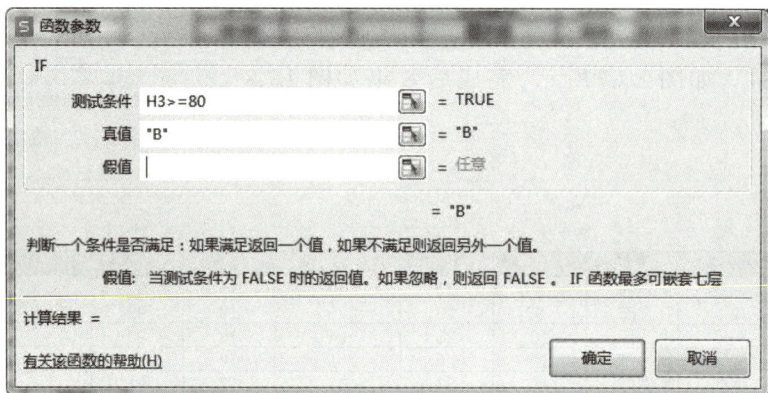

图2.7.10　用IF函数判断员工业绩等级2

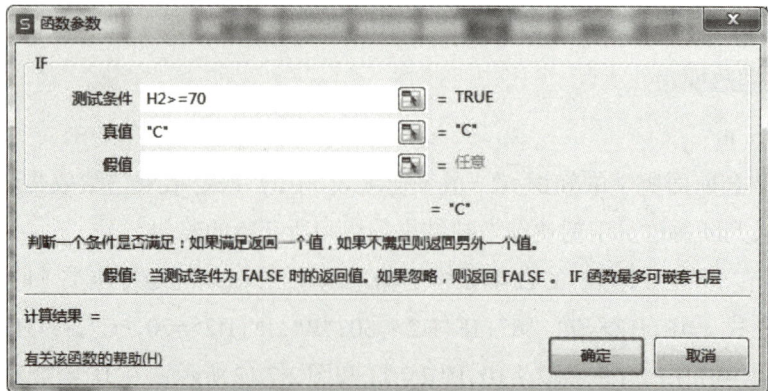

图2.7.11　用IF函数判断员工业绩等级3

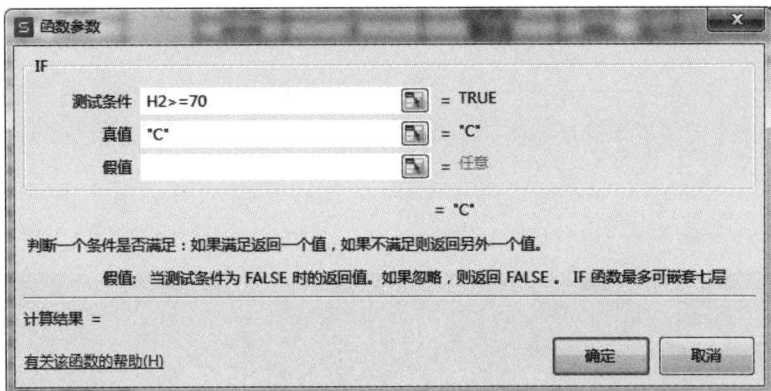

图2.7.12　用IF函数判断员工业绩等级4

2.数据透视表的应用

要求:快速准确统计数据,掌握各部门的业绩考核情况。

步骤6:选中"员工业绩表"中的任意一个单元格→【插入】选项卡→【数据透视表】,即可在现有表格或新表格中插入数据透视表。把"部门"字段拖动到"列"区域,"业绩奖金"拖动到"值"区域,便可以了解各部门的奖金发放总额,如图2.7.13所示。

图2.7.13　用数据透视表统计各部门奖金

拓展练习

在素材文件夹中,打开"员工业绩表练习.xlsx",根据"员工业绩表"工作表的数据,完成以下操作:

①使用"条件格式"功能,标示"业绩奖金>50000"的奖金数据。

②使用"分类汇总"功能,计算各部门的业绩奖金数额之和。

③使用数据透视表统计各部门的考核结果等级情况,以了解各部门的业绩水平。

项目三
行政办公演示文稿制作

学习目标

知识目标：

- 掌握WPS演示文稿的排版与设计原则。
- 熟悉母版编辑与制作的要点。
- 理解形状、图片编辑以及布尔运算的一般规律。
- 掌握动画与切换效果的基本知识。

能力目标：

- 能够高效制作专业级演示文稿。
- 能够灵活运用母版，提升制作工作效率。
- 能够精准控制动画与切换效果。

素质目标：

- 激发创新思维与自主学习能力。
- 提升专业素养，塑造正确的价值观。
- 坚定支持国产软件，弘扬爱国情怀。

公司宣传演示文稿

案例导入

随着公司发展,为了提高公司的知名度,让外界更好地认识公司,争取更多优秀的合作伙伴,现需要制作一份公司宣传简介演示文稿,用于在各演讲平台介绍公司。通过本任务的学习,大家可以学习制作演示文稿的基础知识,如添加图片等,还能学到美化演示文稿的技巧,能够制作出精美且吸引人的公司宣传演示文稿。

知识准备

公司宣传演示文稿是针对公司在不同时期需要对外宣传内容的展示多媒体,宣传演示文稿通常包括公司的基本信息和当下需要宣传的内容,如公司概况、发展历程、产品展示、专业团队和品牌加盟等内容。通常来说,公司宣传演示文稿应该具备以下特点。

1.风格统一

演示文稿用于在大屏幕展示宣传内容,需吸引观众目光,且在整个宣讲过程中,应保持主体风格和色彩的统一,这样才不易引发视觉混乱。

2.内容清晰

多媒体展示内容应图文结合,图片高清,文字大小适宜,色彩分明,能让观众清晰地看到演示文稿要展示的内容。根据确定的展示地点对应调整演示文稿图文大小,尽可能让观众看清宣讲的屏幕内容。要避免颜色混合、图文不清的情况。

3.效果适当

展示过程为了更能吸引观众的注意力,配合使用幻灯片的动画和切换效果。设置幻灯片的动态效果,有助于增加宣传演示文稿的观赏性,更有创意地展示演示文稿内容。

4.更新及时

每次宣讲前,都应该根据时间和公司发展的具体情况,考虑好宣讲对象和宣讲场地,并及时更新内容和演示文稿动态效果。

技能准备

一、幻灯片母版的使用

幻灯片母版通常包含字形、占位符的大小和位置、背景设计和配色方案等多种信息,这些信息决定了演示文稿的整体外观和风格基调。可以通过编辑幻灯片母版中的格式和版式,对应用了该母版的所有幻灯片进行统一设置,如添加背景图片、添加logo和设置标题格式等。

1.编辑幻灯片母版

【视图】选项卡→【幻灯片母版】,可以在【幻灯片母版】选项卡中选择"插入母版""插入版式"等。

2.母版设置

母版是幻灯片层次结构中的顶层幻灯片,进入母版视图后,在左侧导航中选中顶层幻灯片,可在【幻灯片母版】选项卡中设置"主题""颜色""字体""效果"等。设置完成后,在【幻灯片母版】选项卡中选择"关闭",即可退出母版编辑视图。在普通视图界面下进入【开始】选项卡,点开【版式】下拉列表可看到母版版式缩略图,可直接选择需要的版式,将其应用于当前幻灯片。

3.母版中版式的设置

进入母版视图后,在左侧导航中可看到多种版式,如"标题幻灯片版式""标题和内容幻灯片版式""节标题版式"等。选中需要编辑的版式幻灯片后,可在【幻灯片母版】选项卡中设置"主题""颜色""字体""效果"等。设置完成后在【幻灯片母版】选项卡中选择"关闭",即可退出母版编辑视图。在普通视图界面下进入【开始】选项卡,点开【版式】下拉列表可看到各版式缩略图,可直接选择需要的版式,将其应用于当前幻灯片。

二、幻灯片动画效果的设置

1.幻灯片动画介绍

幻灯片的"动画"指的是对幻灯片中的文本、图片和形状等对象设置各种动态效果,使演示文稿的播放更加生动、精彩、有趣。

2.幻灯片动画设置

选中需要添加动画效果的对象,在【动画】选项卡中点击【动画窗格】,在动画窗格面板上为对象添加"进入""强调""退出"等动画效果。对已经添加的效果可以设置"开始时间""效果属性""效果速度"和"效果播放顺序"等。

三、幻灯片切换效果的设置

1.幻灯片切换效果介绍

幻灯片切换效果是放映演示文稿时从一张幻灯片过渡到下一张幻灯片时的动画效果,默认情况下是没有切换效果的。可以为幻灯片添加具有动感的切换效果,还可以控制每张幻灯片切换的速度或为其添加切换声音等,以丰富演示文稿放映效果。

2.幻灯片切换设置

选中需要设置切换效果的幻灯片,在【切换】选项卡下挑选切换效果,设置速度、声音和换片时间等。

项目实战

一、任务分析

①制作宣传演示文稿需要收集宣传内容的文字素材和图片素材。

②公司宣传演示文稿应有封面、目录、分模块内容和结束页等幻灯片结构，内容应包括公司信息、公司理念、品牌形象和宣传目的等。

③通过编辑幻灯片母版，为演示文稿添加统一logo，使用幻灯片动画和幻灯片切换为演示文稿中的对象添加合适的动态效果。

二、任务实施

（一）编辑幻灯片母版

1.幻灯片母版

要求：新建幻灯片母版，添加统一背景元素，设置母版版式。

步骤1：用WPS演示文稿打开素材文件"素材—公司宣传演示文稿制作"。

步骤2：【视图】选项卡→【幻灯片母版】，如图3.1.1所示。

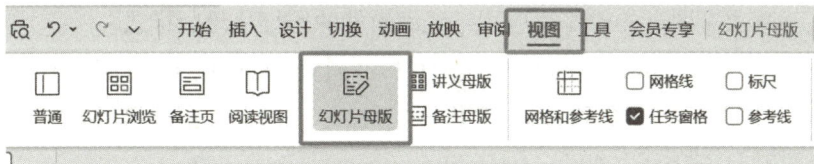

图3.1.1　幻灯片母版

2.添加背景

要求：为标题幻灯片版式添加背景图。

步骤3：在幻灯片母版中，选中标题幻灯片版式→【插入】选项卡→【图片】→"本地图片"→选择素材文件夹中的"母版背景图案"→"确定"，即可将其添加在标题幻灯片版式中，如图3.1.2所示。

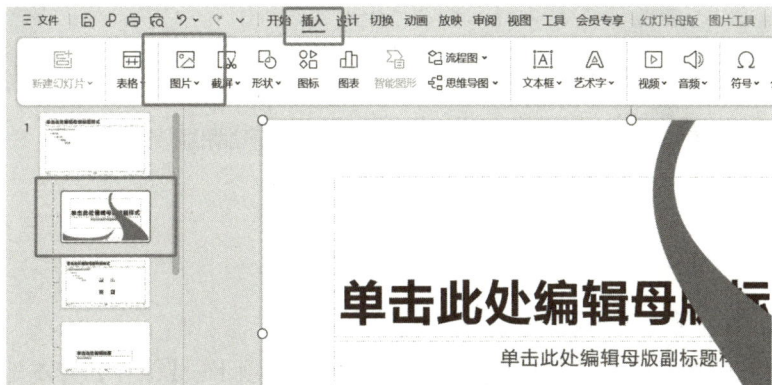

图3.1.2　添加背景

步骤4：在幻灯片母版下，将光标定位到标题幻灯片版式后→【幻灯片母版】→【插入版式】→右键点击版式，将其重命名为"目录"。【插入】选项卡→【图片】→"本地图片"→选择素材文件夹中的"目录版式背景"→"确定"，即可将其添加在标题幻灯片版式中，如图3.1.3所示。

图3.1.3　插入版式

3.应用版式

要求：为普通视图下的幻灯片应用已经编辑好的幻灯片母版样式。

步骤5：退出幻灯片母版→选中标题幻灯片→【开始】选项卡→【版式】→"标题幻灯片"，给第一张和最后一张幻灯片应用"标题幻灯片"版式。运用同样的方法，给第2、3、7页幻灯片应用"目录"版式，如图3.1.4所示。

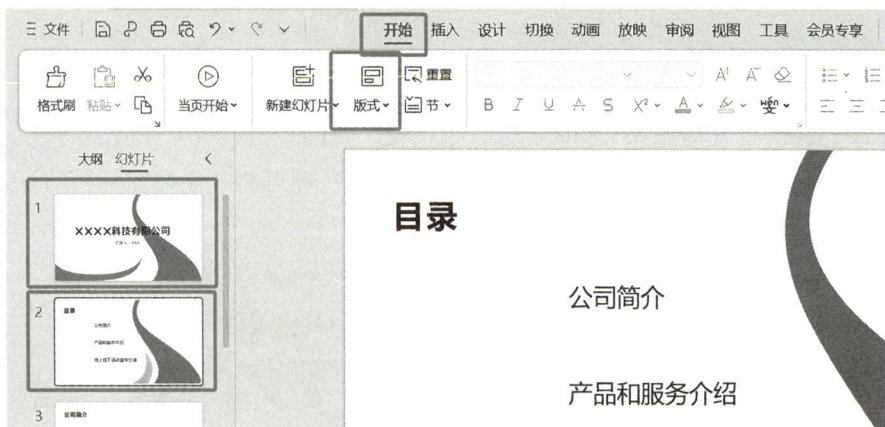

图3.1.4　应用版式

(二)编辑幻灯片内容

要求：在普通视图下，编辑幻灯片内容。

步骤6：在普通视图下选择标题幻灯片→【插入】选项卡→【图片】→"本地图片"→选择素材文件夹中的"封面页结束页背景图"→"确定"，如图3.1.5所示。

图 3.1.5　插入图片

步骤 7:选中刚才插入的"封面页结束页背景图"→【图片工具】选项卡→【对齐】→"右对齐";【图片工具】选项卡→【对齐】→"顶端对齐",如图 3.1.6 所示。

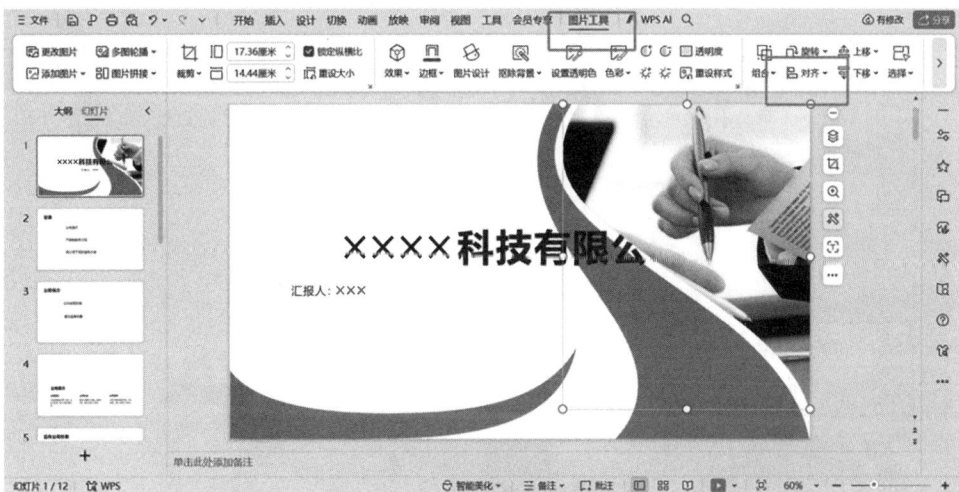

图 3.1.6　调整图片位置

步骤 8:选中文本框中的"××××科技有限公司",在【文本工具】选项卡中将文字设置为"微软雅黑(标题)"、60、加粗、文字阴影、红色,将鼠标移动到文本框边缘,拖动文本框到适合位置。选中"汇报人:×××",将字体设置为"微软雅黑(正文)",将字号设置为 28,如图 3.1.7 所示。

步骤 9:【插入】选项卡→【形状】→"矩形"→"圆角矩形",如图 3.1.8 所示。

步骤 10:选中插入的圆角矩形→【绘图工具】选项卡→【填充】→"深橙色 着色 2";【绘图工具】选项卡→【轮廓】→"无边框颜色"。右键点击形状弹出快捷菜单,选择编辑文字,填入"01",并调整文字的字体和大小,如图 3.1.9 所示。

图 3.1.7　设置文字样式

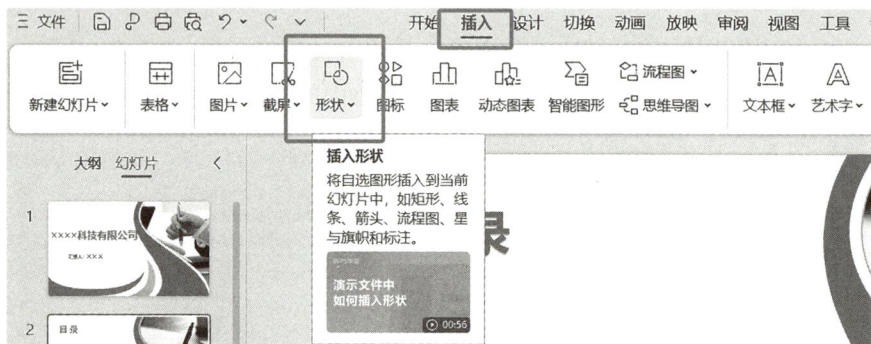

图 3.1.8　插入形状

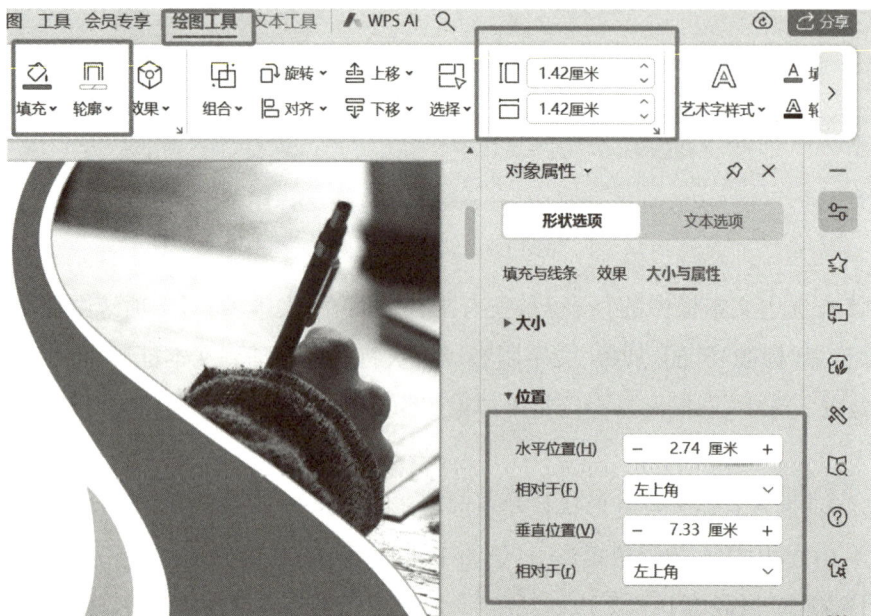

图 3.1.9　设置形状样式

步骤11：参考图3.1.10，编辑完成12张幻灯片。

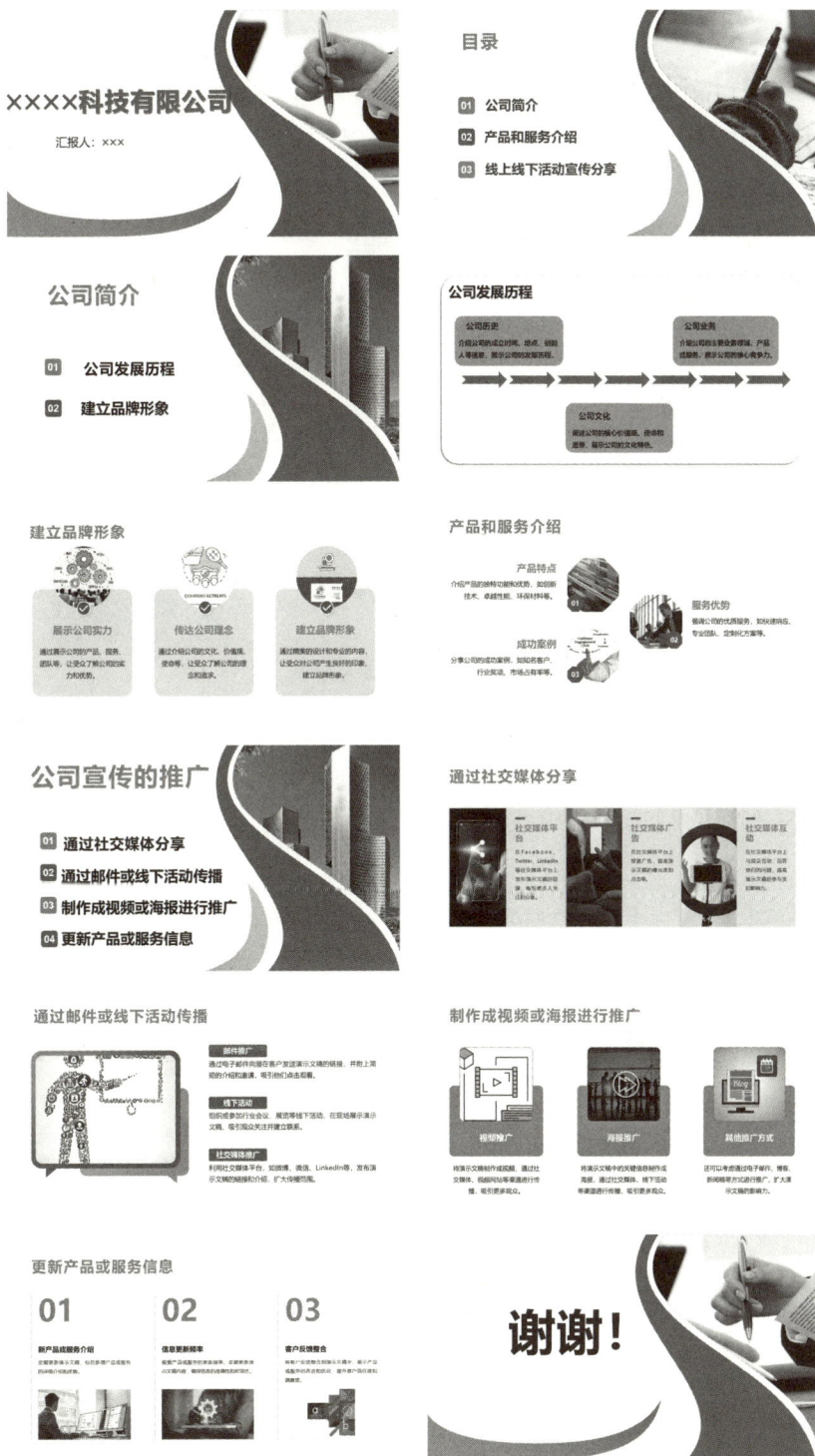

图3.1.10　最终效果图

(三)添加动画效果

1.使用动画功能

要求：为幻灯片中的对象添加动画效果。

步骤12：选中目录幻灯片中的第一个目录内容文本框→【动画】选项卡→【飞入】，如图3.1.11所示。

图3.1.11　添加飞入效果

2.使用动画窗格

要求：对动画效果的细节进行个性化设置。

步骤13：在【动画】选项卡中找到【动画窗格】，打开"动画窗格"面板，如图3.1.12所示。

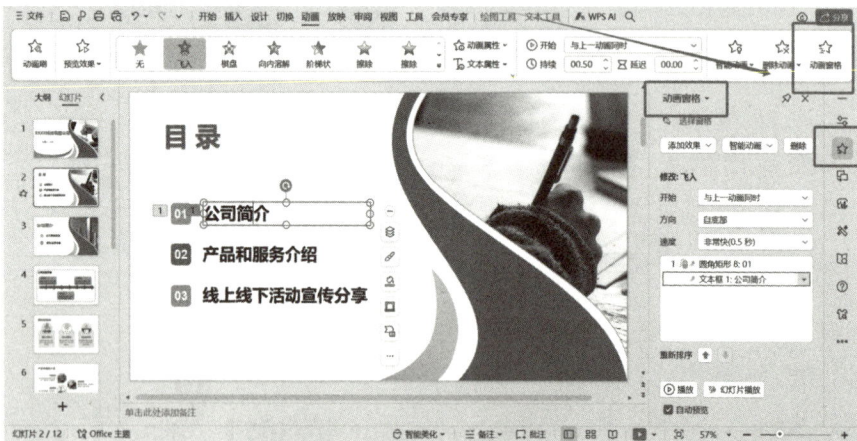

图3.1.12　设置动画效果

步骤14：在动画窗格面板中找到动画列表，单击选中第一个动画，"更改效果"选择"擦除"，"开始"选择"与上一动画同时"，"方向"选择"自左侧"，"速度"选择"快速（1秒）"。选中已经修好的动画，在【动画】选项卡中单击【动画刷】，当鼠标箭头变成刷子时，单击第二个目录文字所在的文本框，可以将第二个目录设置成第一个目录的动画效果。第三个目录采用相同操作。

步骤15：选中第四张幻灯片→按住"Ctrl"键同时选中全部图形箭头→【绘图工具】选项卡→【组合】下拉列表→"组合"，即可将若干个箭头形状组合成一个图形，如图3.1.13所示。

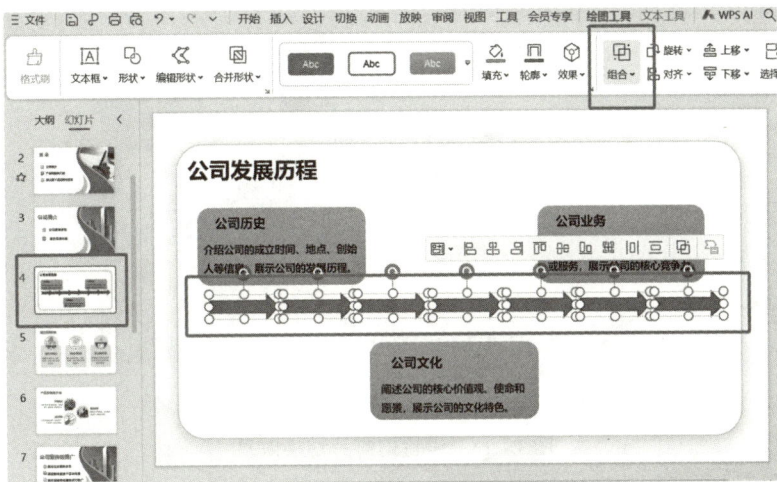

图3.1.13　组合形状

步骤16：保持组合图形为选中状态，打开动画面板，"更改效果"选择"擦除"，"开始"选择"与上一动画同时"，"方向"选择"自左侧"，"速度"选择"中速（2秒）"。单击【动画】选项卡中"效果选项"下的下拉箭头，选择"计时"选项卡，在"重复"下拉列表中选择"直到下一次单击"，如图3.1.14所示。

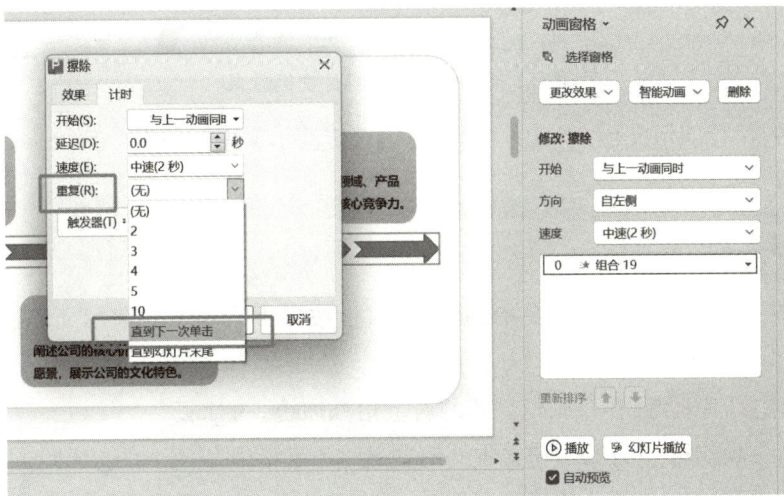

图3.1.14　设置动画重复效果

(四)设置幻灯片切换效果

要求：在幻灯片放映的过程中，为幻灯片之间的切换添加动态效果，最后保存演示文稿。

步骤17：选中第一张幻灯片→【切换】选项卡→【百叶窗】效果，在【效果选项】的下拉列表中选择"水平",如图 3.1.15 所示。

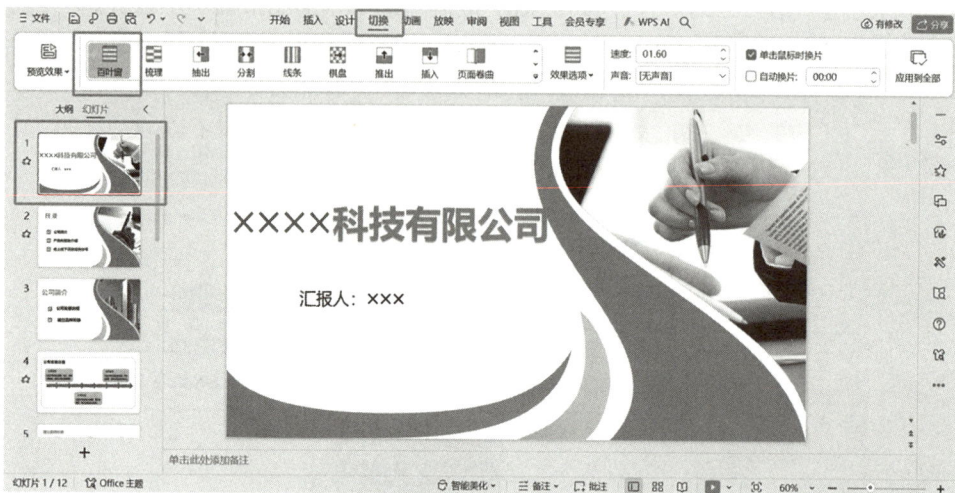

图 3.1.15　设置幻灯片切换效果

步骤 18：选中已经设置切换效果的幻灯片，将【切换】选项卡下的【速度】设置为 1.6，【声音】设置为"照相机"，【自动换片】设置为 0.02，最后选择【应用到全部】，如图 3.1.16 所示。

图 3.1.16　个性化幻灯片切换效果

步骤 19：保存演示文稿，将其另存为"公司宣传演示文稿.pptx"。

拓展练习

打开"拓展练习"素材文件夹中的任务素材，按照下列要求对演示文稿进行修饰并保存。

①通过幻灯片母版，在每张幻灯片的右上角添加统一的 logo。

②为第一张幻灯片的标题和文本同时设置"擦除"动画，"开始"选择"与上一动画同时"，"方向"选择"自左侧"。选择素材图片"边框"，为"边框"图片设置锁定纵横比，宽度设置为 34cm，对齐方式为左对齐、顶端对齐。将第一张幻灯片和第二张幻灯片更换位置。

③为幻灯片母版中"仅标题"版式添加"仅标题背景"图片作为版式背景，应用于第 4、6、8、10、12、14 张幻灯片。

④为最后一张幻灯片应用"标题幻灯片"版式，将文本样式设置为"微软雅黑""暗石板灰，文本 2，浅色 50%"，字号为 115，对齐方式为分散对齐。

⑤将演示文稿中所有幻灯片的切换方式均设置为"平滑",效果选项为"对象",速度为"1秒",声音为"风铃"。

任务二 企业培训

案例导入

李玲是公司的内部培训师,公司新员工需要接受她的培训。作为公司的内部培训师,她制作的培训课件PPT的质量,不仅会影响新员工对公司专业程度的第一印象,而且是做好新员工培训工作的重要基础。因此,掌握培训课件PPT的具体制作方法对她来说至关重要。

知识准备

为了保证公司员工的素质,提升其工作能力、工作表现以及工作态度,企业会定期举办各类培训。常见的企业培训形式包括礼仪培训、产品知识培训、销售技能培训等。这些培训的目标在于提升员工的知识水平、技能、工作方法以及培育员工的工作价值观,从而充分挖掘员工潜力,以提升个人和部门的业绩。

企业培训有多种形式,其中最常见的是以企业公开课的形式进行培训。参加这种公开课培训的人员涵盖了社会的各个阶层,如刚入职员工参加销售知识培训,具有资深从业经验的高级管理人员参与相关培训。在进行企业培训时,通常需要使用演示文稿这种工具。

在制作企业培训演示文稿时,为了吸引学员的注意力并更好地展示培训内容,我们需要在适当的地方添加视频以进行教学演示。同时,也可以插入音频来调节课堂气氛。另外,设置超链接可以使幻灯片之间的内容实现链接跳转。轻松制作出专业水准的PPT课件包括5个技巧:

1.目标清晰

在开始制作课件之前,明确目标是非常重要的。你希望这个课件能实现什么?本次课程的目标听众是谁?他们有哪些需求?一旦明确了这些目标,我们就能更具针对性地制作课件。

2.结构合理

一个好的课件需要有清晰的结构。在制作培训课件时,我们可以按照"开始—中间—结束"的方式来组织内容,使讲解的逻辑更加清晰。

3.视觉吸引力

使用图片、图表、动画等视觉元素能够增加课件的吸引力。然而,需避免过度使用,以免分散听众的注意力。

4.简洁明了

不要在课件中塞入过多的文字。一般来说,每页最好不要超过6行文字,每行不要超过6个字。使用简洁明了的语言,可以让听众更容易理解课程重点。

5.互动和参与

在制作培训课件时,我们也需要加入一些互动元素,如问题、讨论和游戏等,以提高听众的参与度、吸引观众的注意力。

技能准备

一、合并形状

在WPS演示文稿中,合并形状是一个强大的功能,它允许用户将多个形状组合成一个单一的形状,以创造出更复杂、更有创意的图形设计。以下是主要步骤:

①在幻灯片中选中需要合并的形状。按住"Ctrl"键,依次选择每个形状。

②点击"绘图工具"中的"合并形状"选项。

③选择合并的方式,如"联合""组合""拆分""相交""剪除"。

• "联合":将多个形状结合成一个新的形状,保留交集部分。

• "组合":去除两个形状交集的部分,只保留非交集的部分。

• "拆分":将重叠的部分拆分为多个单独的形状。

• "相交":只保留两个形状重叠的部分。

• "剪除":删除选中的形状的交集部分,保留其他部分。

完成这些步骤后,WPS演示文稿将根据所选的合并方式对形状进行调整。需要注意的是,选择形状的顺序可能会影响显示的选项,因此,在合并形状时,可以根据需要调整形状的顺序。

二、形状排列

1.使用对齐工具

选中需要对齐的形状,点击【开始】选项卡下的【排列】,在"对齐"工具组中选择对齐方式,如"左对齐""水平居中""右对齐""顶端对齐""上下居中""底端对齐"。

2.使用参考线和网格线

勾选【视图】选项卡下的【参考线】显示水平和垂直中心线,勾选【视图】选项卡下的【网格线】显示更多网格线,利用线条将对象对齐后,取消"网格线"和"参考线"勾选。

3.使用智能参考线

当选择一个对象并开始移动它时,会出现红色虚线(即智能参考线)。借助智能参考线,能够实现项目的垂直对齐或水平对齐,或者同时实现垂直对齐与水平对齐。智能参考线还可以显示在对象之间或靠近幻灯片边缘的位置,有助于均匀地分隔对象。

4.使用快捷键

按"Shift+F9"快捷键调出"网格和参考线",在选中幻灯片中的图片以拖动对齐时,图形周围会出现参考线,智能提示对齐位置。

三、智能图形

WPS演示文稿中的智能图形是一种强大的工具,它提供了各种常用的图形,如并列、部分、循环、流程和金字塔等图形,有助于以视觉化的方式展示信息,使演示文稿更加生动有趣。以下是主要步骤:

①在【插入】选项卡中选择【智能图形】,在弹出的对话框中浏览不同的智能图形样式。

②选择合适的图形后,其可以被插入到演示文稿中。

③插入后,双击文本框可以编辑内容。

④若需要调整图形,如更改颜色、样式或大小,可以通过【设计】选项卡进行。

⑤可以添加或删除项目,以及进行项目的升降级处理,以适应不同的布局需求。

项目实战

一、任务分析

①制作具有个性的PPT演示文稿需要进行形状组合、合并和对齐。

②培训PPT演示文稿内容页应根据内容需要插入智能图形。

二、任务实施

(一)编辑母版

1.设计标准色彩模块

要求:为确保培训演示文稿风格统一并彰显专业性,可以制作一个以标准橙色和蓝色为主色调的模板。

步骤1:新建一个WPS演示文稿,进入编辑母版:【视图】选项卡→【幻灯片母版】,如图3.2.1所示。

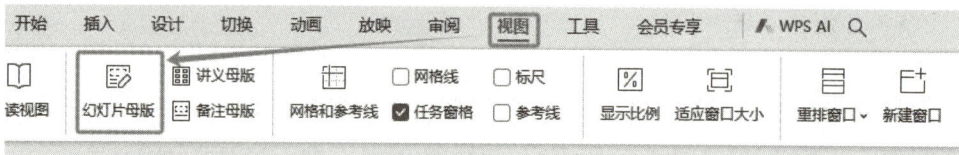

图 3.2.1　视图母版

2.标题幻灯片母版制作

步骤2:【插入】选项卡→【形状】→选定矩形,并将其调整至覆盖标题幻灯片的左半部分,如图3.2.2所示。接着,为该矩形设置蓝色填充色,并确保其轮廓无颜色,如图3.2.3所示。之后,右键点击该矩形,在出现的快捷菜单中选取"置于底层"选项,将蓝色色块设置为背景层,如图3.2.4所示。紧接着,重复上述形状插入过程,但这次选择橙色矩形,将其覆盖标题幻灯片的右半部分。对于橙色矩形的操作,应参照左侧蓝色矩形的处理方式进行,以确保两者在视觉上协调统一,如图3.2.5所示。

图 3.2.2　插入形状

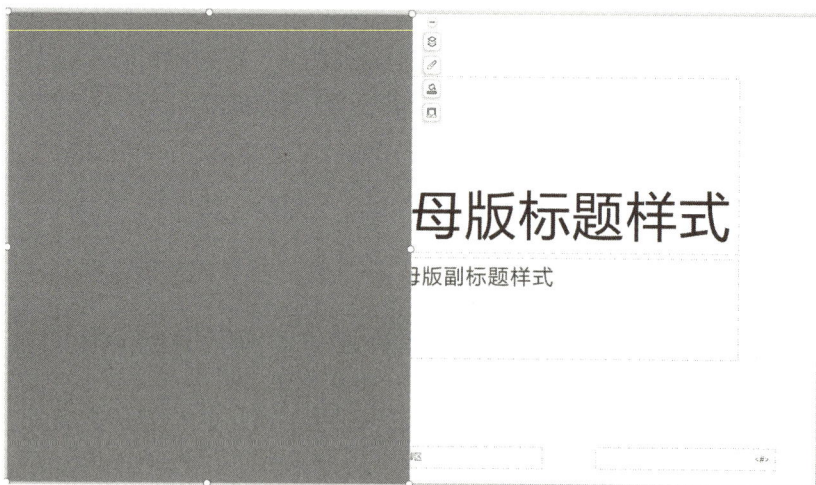

图 3.2.3　蓝色块填充

图 3.2.4 置于底层

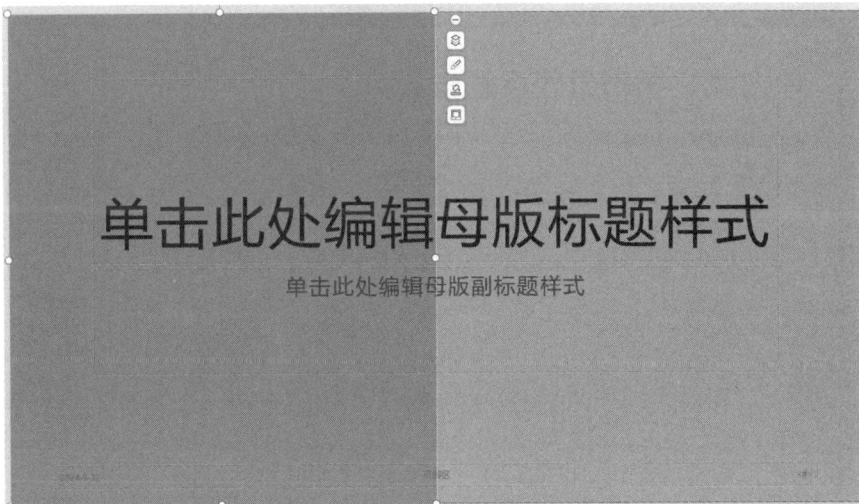

图 3.2.5 标题幻灯片母版效果

3.节标题幻灯片的制作

步骤3:【插入】选项卡→【形状】→选定矩形,并将其调整至覆盖幻灯片的上半部分,设置其填充颜色为蓝色。对于内容的下半部分,重复上述步骤,插入另一个矩形,但这次选择橙色作为填充色。将这两个矩形置于页面内容的底层,如图 3.2.6 所示。

4.内容页幻灯片的制作

步骤4:【插入】选项卡→【形状】→选定矩形,并将其调整至覆盖幻灯片的上半部分。选中该矩形,进入格式设置,将填充色调整为蓝色。重复步骤2和3,在下半部分插入一个矩形,并将填充色设置为橙色。最后,再次使用【插入】选项卡中的【形状】功能,在已覆盖的蓝色和橙色矩形之上,插入一个白色矩形,完成内容页幻灯片的制作。确保幻灯片内容页的布局清晰、层次分明,同时符合视觉美学要求,如图 3.2.7 所示。

图 3.2.6　节标题母版

图 3.2.7　内容页母版

（二）封面页的制作

要求：根据母版制作企业培训封面页。

步骤5：在封面页的指定区域，于主标题文本框内输入"人事制度篇"，并在副标题文本框内输入"培训师：王凯"。随后，选定主标题文本框，调整其字体样式为"微软雅黑"，字号设定为115，以确保标题足够醒目与清晰。同时，针对副标题文本框，将字体更改为"隶书"，字号调整为40，以保持整体的协调与美观。

在【文本工具】选项卡中，进一步对主标题与副标题的字体颜色进行统一设置，将"填充"设置为白色，将"轮廓"设置为"着色5"，并添加"阴影"效果，以增强文字的立体感和视觉冲击力，如图3.2.8所示。

图 3.2.8　封面字体

步骤 6：选中目标的主标题文本框→【文本工具】选项卡→【轮廓】→"更多设置"→勾选"渐变线"，调整渐变线的参数，如图 3.2.9 所示，以完成对主标题文本框轮廓的修改和优化。

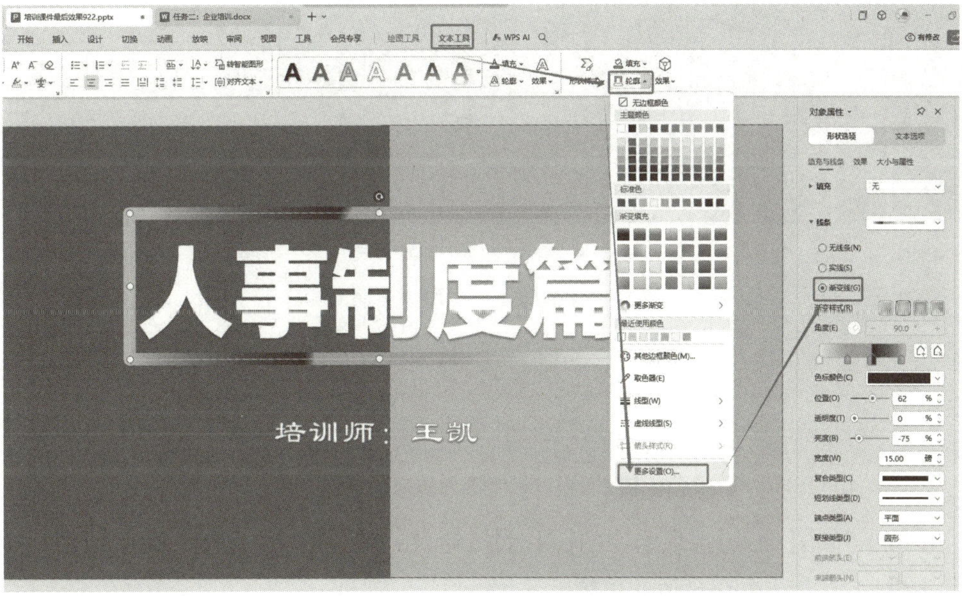

图 3.2.9　文本边框的设置

(三)目录页的制作

要求：根据母版制作企业培训目录页。

步骤 7：新建一个幻灯片，设置版式为"节标题"，删除两个文本框，然后单击【插入】选项卡中的【形状】按钮，选择"矩形"中的"圆角矩形"，如图 3.2.10 所示。设置高为 13cm，宽为 2.6cm，填充色为"无填充颜色"，轮廓为白色，宽度为 7 磅，如图 3.2.11 所示。

步骤 8：在圆角矩形内单击【插入】选项卡中的【文本框】下拉按钮，选中"横向"文本框，输入"01"，设置字体为"华文雅黑"，字体颜色为白色，字号为 44。

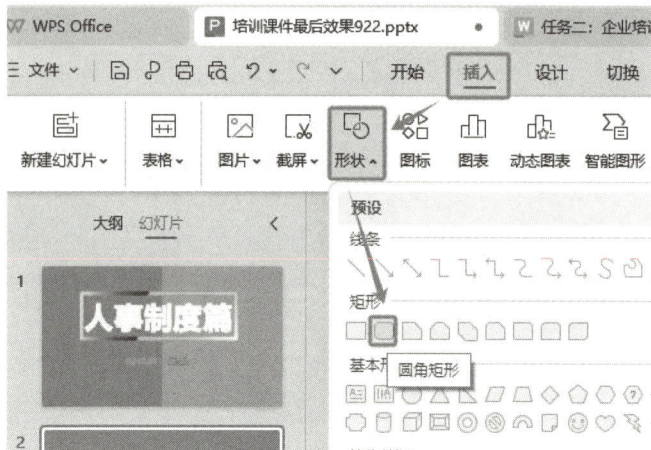

图 3.2.10　插入圆角矩形

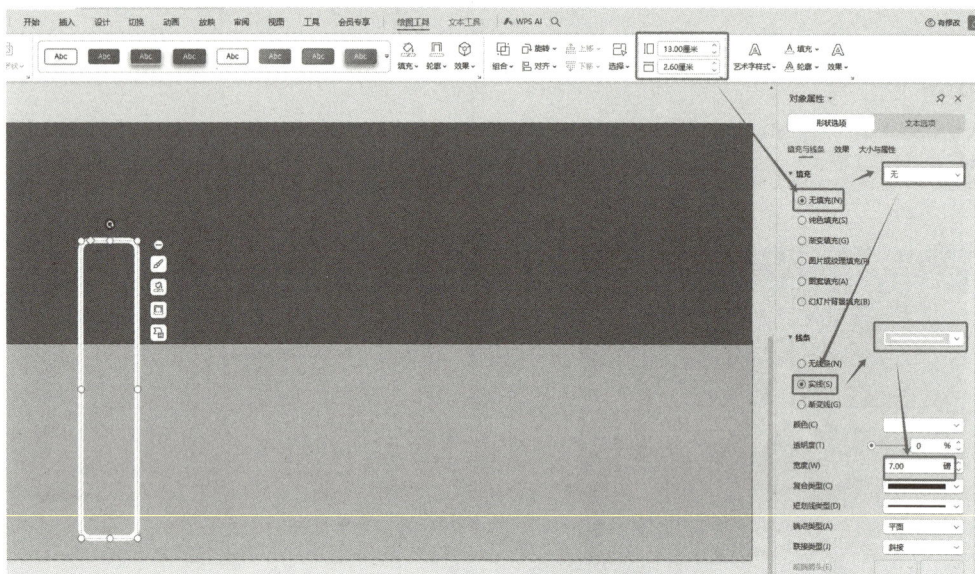

图 3.2.11　设置圆角矩形的边框

步骤9:单击【插入】选项卡中的【图标】按钮,在"基本形状"下选择并插入图标☆,填充色为橙色,将其放置在合适的位置。

步骤10:在矩形框内单击【插入】选项卡中的【文本框】下拉按钮,插入一个"竖向"文本框,输入"入职流程",设置字体为"华文雅黑",字体颜色为白色,字号为44。

步骤11:选中圆角矩形和其中的文字和图标,单击【绘图工具】选项卡中的【组合】按钮,第一个目录项目就完成了,如图3.2.12所示。其他目录项目可以通过复制第一个目录的方式来完成,修改文字即可。

步骤12:选中五个目录项,设置顶端对齐和横向分布,如图3.2.13所示。

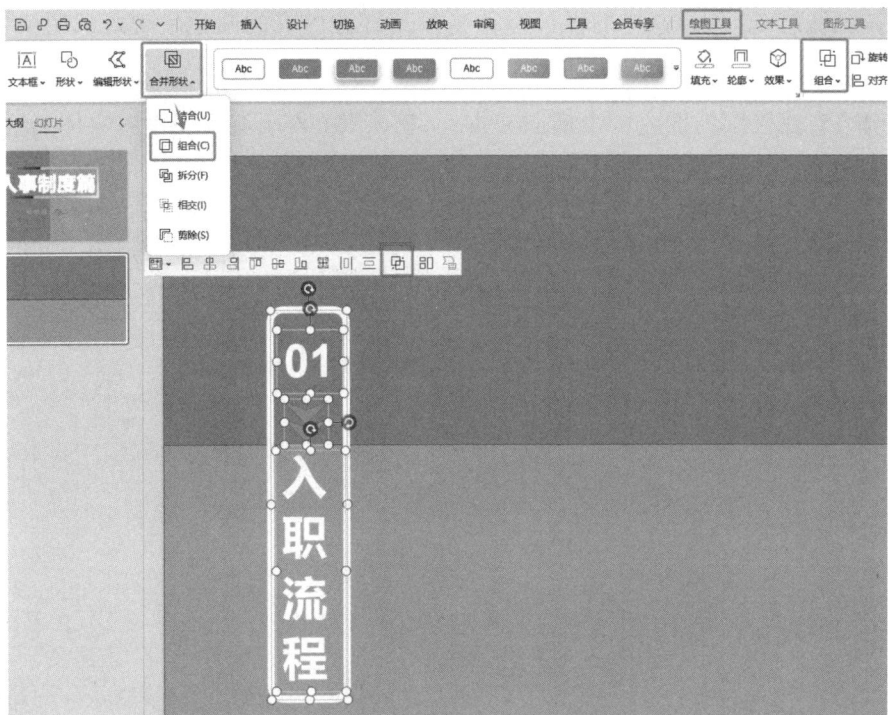

图 3.2.12　组合所有元素

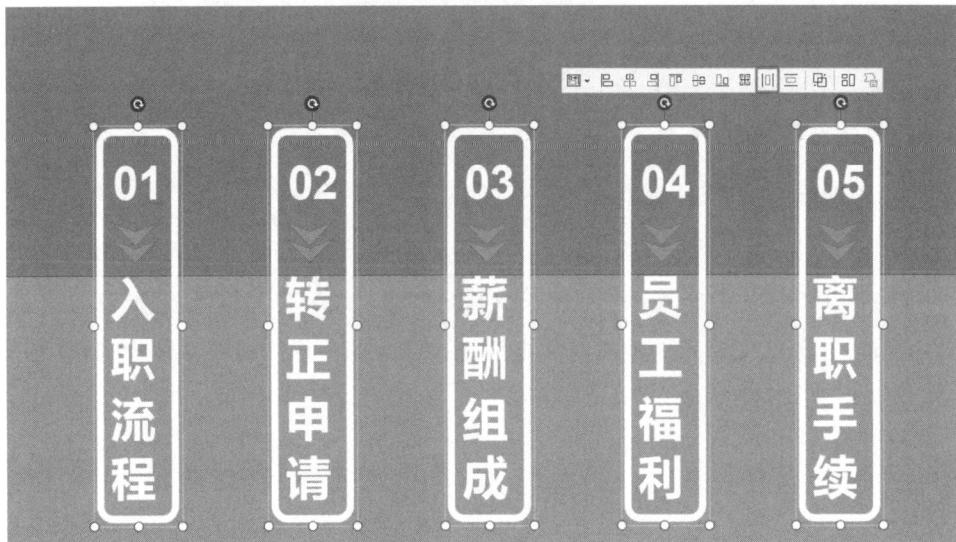

图 3.2.13　目录效果图

(四)过渡页的制作

要求:根据内容页母版,制作过渡页。

步骤13:新建一张幻灯片,版式设置为内容页格式。移除该页面中的两个文本框。

步骤14:在创建的幻灯片中,插入一个椭圆形状,其边框颜色应设置为橙色,内部填充颜色应设置为蓝色。这样的设计旨在确保幻灯片内容的视觉呈现既鲜明又富有层次感。

步骤15：在椭圆内插入一个横向文本框，输入"01 入职流程"，设置字体为"微软雅黑"，字体颜色为白色，字号为44，如图3.2.14所示。

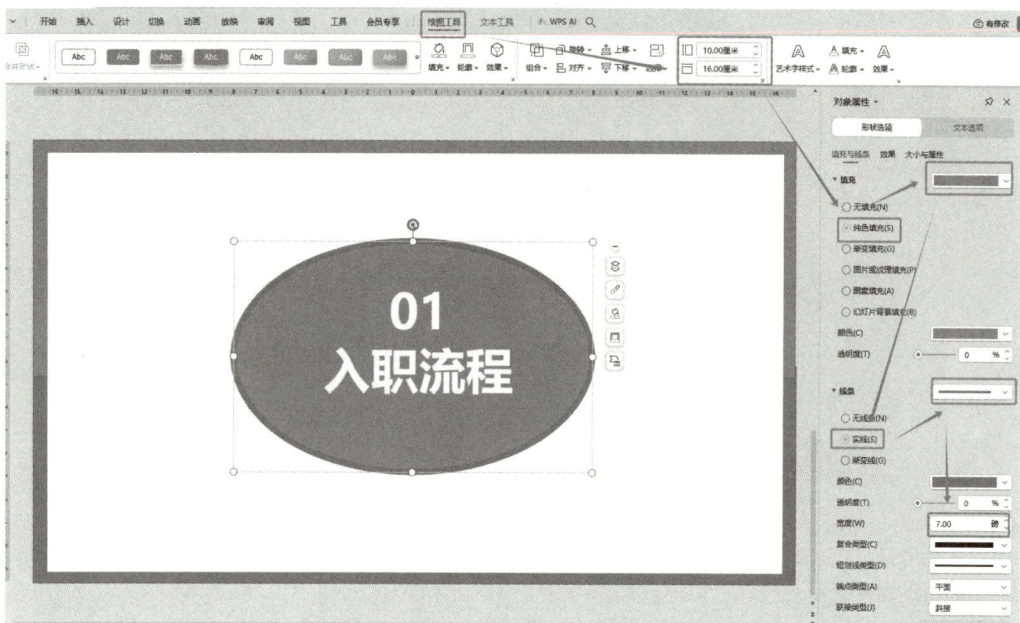

图 3.2.14　过渡页设置

(五)内容页的制作

要求：根据内容页母版，制作内容页。

步骤16：新建一张幻灯片，版式设置为内容页格式，删除幻灯片中的两个文本框。

步骤17：在幻灯片中插入一个形状(流程图-终止)，填充色为橙色，边框色为蓝色。

步骤18：在形状中插入一个横向文本框，输入"入职流程"，设置字体为"微软雅黑"，字体颜色为白色，字号为40。

步骤19：单击【插入】选项卡中的【智能图形】，如图3.2.15所示，弹出"智能图形"对话框，根据图3.2.16进行选择，完成后效果如图3.2.17所示。

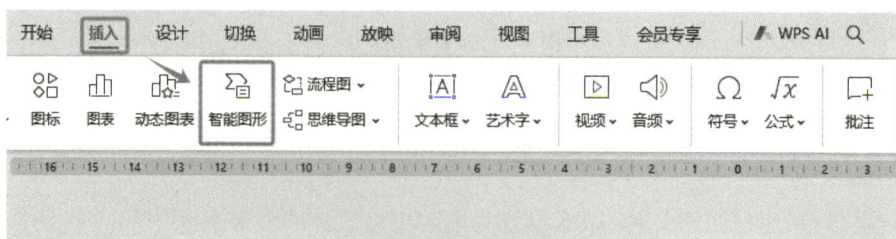

图 3.2.15　插入智能图形

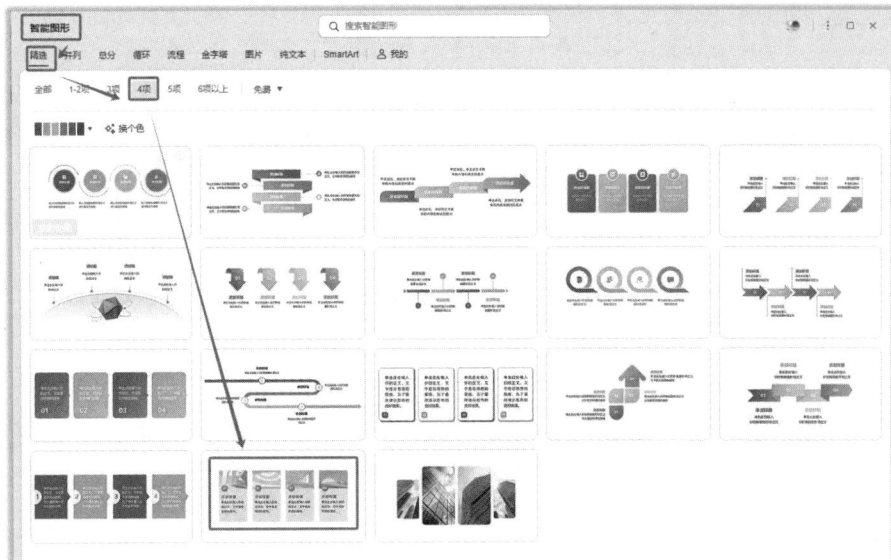

图 3.2.16 智能图形中的4个项目

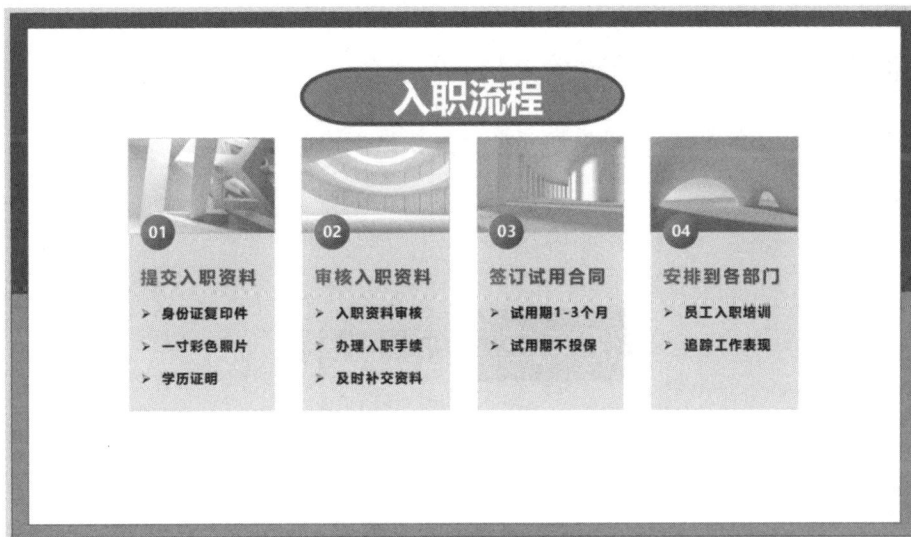

图 3.2.17 内容页效果图

(六)封底页的制作

要求：根据幻灯片母版，制作封底页，封底页的操作可参照封面页操作，完成后效果如图 3.2.18 所示。

步骤20：新建一张幻灯片，设置为封面页版式。

步骤21：在主标题文本框中输入"谢谢观看"，设置字体为"微软雅黑"，字体颜色为白色，字号为138；设置文本框边框颜色为"渐变色-白色"，宽度为7磅。

步骤22：在副标题文本框中输入"新员工入职培训"，设置字体为"微软雅黑"，字体颜色为白色，字号为44。

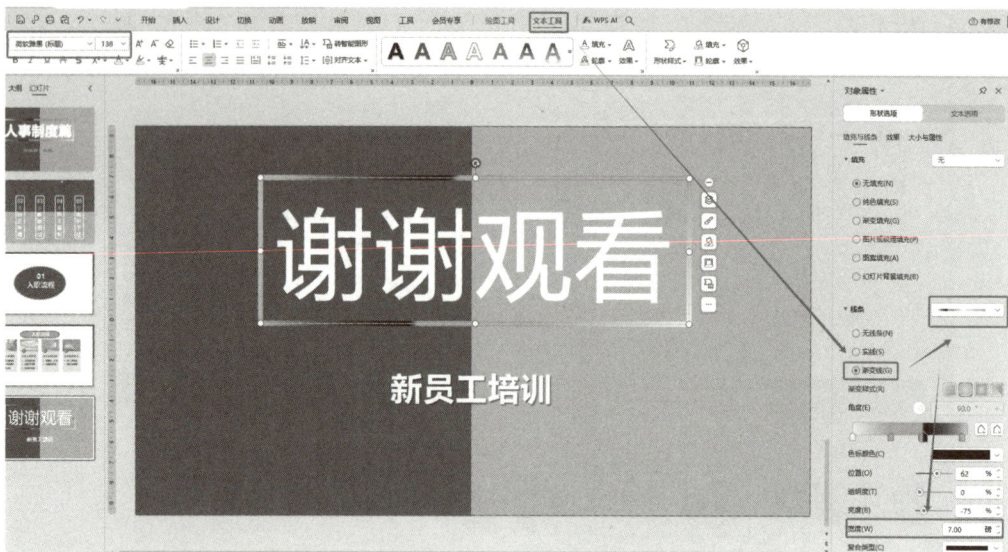

图 3.2.18　封底页效果图

　　根据提供的内容素材"手机生产商办公室新员工沟通技巧培训",制作一个培训课件,其中配图需自行选取配置。

任务三　项目投标

案例导入

　　李晓玲是某建筑公司项目部办公室助理,主要负责招投标项目相关工作。她通过某招投标网了解到某学校正在网上进行工程项目招标。目前,项目部已经完成标书制作,接下来需要进行现场述标,即现场讲述标书内容,用WPS演示展示工程项目方案。为此,李晓玲需使用WPS演示软件制作工程项目方案演示文稿。

知识准备

　　在招投标领域,述标是指在评标过程中,投标方向评标委员会或招标方简要介绍自己公司对投标项目的理解和实施计划的一个环节。这个环节通常发生在唱标(即公开宣读各投标人的投标报价及相关信息)之后,评标专家已经审阅了投标文件但尚未最终评定中标者之前。这通常包括对项目理解、技术方案、实施策略、团队能力、以往业绩等方面的说明。

一、述标的目的

1.展示优势

投标方可以通过述标机会,展示自己的公司背景、行业地位、以往的成功案例、专业资质、团队能力等优势条件,以此来证明自身的履约能力和项目实施经验。

2.阐明理解

投标方可以阐述对招标项目具体需求的理解,说明投标方案是如何针对项目特点和需求定制的,包括技术方案、施工计划、设计理念、管理策略等。

3.解答疑问

通过面对面的交流,投标方可以及时解答评标专家对投标文件的疑问,消除可能的误解,弥补书面材料中表述不充分的地方。

4.增强信任

述标也是展示公司态度和诚意的机会,良好的沟通和专业的陈述可以增强评标专家对投标方的信任感。

5.互动交流

述标往往伴随着提问与回答的过程,是一个双向沟通的环节,投标方可以借此机会进一步了解评标专家的关注点和潜在的评价标准,从而有的放矢地强化自身方案的优势。

二、述标的内容

述标的内容主要涵盖投标单位的公司介绍、项目理解、技术方案、施工组织设计、质量保证措施、安全管理、环境保护措施、应急预案、以往成功案例、项目团队等。

技能准备

一、透明蒙板的操作

(一)使用场景

透明蒙板主要用于控制图层的可见性和透明度,从而实现各种视觉效果。

(二)制作步骤

1.立体效果的实现

插入一个黑色的矩形色块,将透明度调整为80%,如图3.3.1所示,再插入一个白色的矩形色块,将透明度调整为80%,如图3.3.2所示。

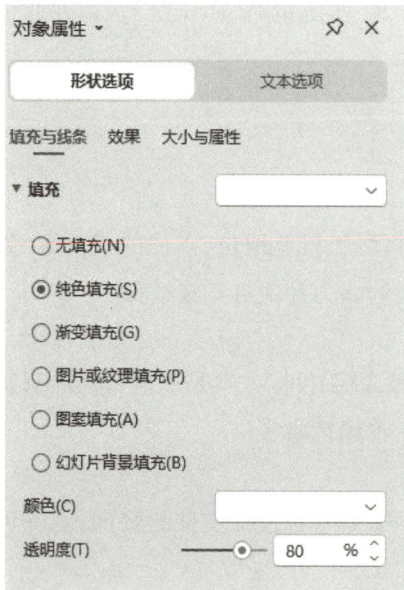

图3.3.1 黑色矩形色块属性调整

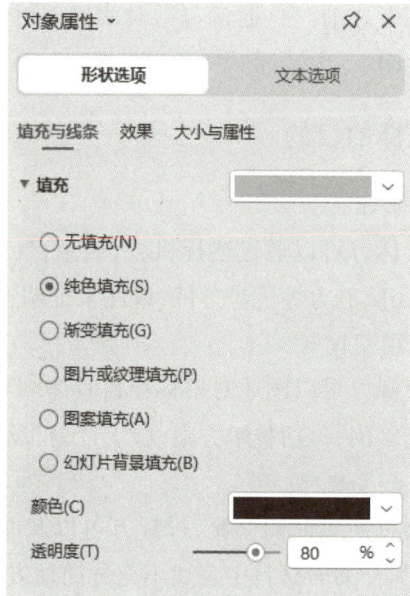

图3.3.2 白色矩形色块属性调整

2.调暗图片

在图片上覆盖一个黑色矩形色块,将色块透明度调整为50%即可。

二、创意裁剪的操作

(一)使用场景

以不完全显示的图片作为背景,可以使用创意裁剪。

(二)制作步骤

插入一张背景图片,选中插入的图片→【图片工具】选项卡→【裁剪】→"创意裁剪"→"笔刷",选中一种笔刷即可,如图3.3.3所示。

图3.3.3 创意裁剪效果图

三、跃然纸上效果

(一)使用场景

一般用于图标或者插图,能够营造出仿佛人物要从画中走出来的效果。

(二)制作步骤

①插入一张背景图片,再插入一张飞机图片,将两图组合,另存为图片备用。

②插入备用图片→【插入】选项卡→【形状】→"椭圆",绘制一个椭圆,部分覆盖飞机。

③选中备用图片→按住"Ctrl"选中椭圆→【绘图工具】选项卡→【合并形状】→"相交",如图3.3.4所示。

四、轮廓文字效果

(一)使用场景

轮廓文字主要用于标题,效果显而易见。

(二)制作步骤

通过对三层文字的不同设置来实现,以100磅的文字为例:

①设置第一层文字为无轮廓。

②设置第二层文字轮廓为25磅、白色。

③设置第三层文字轮廓为30磅、绿色。

完成后效果如图3.3.5所示。

图3.3.4　跃然纸上效果图

图3.3.5　轮廓文字效果图

五、镂空文字效果

(一)使用场景

镂空文字主要用于覆盖图片上的文字,文字的颜色会随着背景图片颜色的变化而变化。

(二)制作步骤

①新建一张蓝色底色的演示文稿,输入文字"镂空效果的实现方法",调整适当大小。

②【插入】→【形状】→"矩形",画一个白色的矩形覆盖文字。

③先选中白色矩形,然后按住"Ctrl"键,同时选中白色矩形和文本框。

④【绘图工具】→【合并形状】→"组合",形成镂空文字效果。

⑤新建一张演示文稿,插入一张图片作为背景,将镂空文字复制到图片之上,实现要达到的效果,完成后效果如图3.3.6所示。

图3.3.6　镂空文字效果图

项目实战

一、任务分析

①使用WPS演示制作工程项目方案。

②此演示文稿的制作包含透明蒙板、创意裁剪、跃然纸上、轮廓文字和镂空文字等效果。

二、任务实施

1.制作封面页

要求：利用透明蒙板和插入形状制作封面页。

步骤1：新建WPS演示文稿，将其命名为"××学校工程项目方案陈述"。

步骤2：使用透明蒙板制作封面背景：先删除封面上的文本框，在案例素材库中选取"1封面背景"插入到封面页，铺满整个幻灯片，将其设置为演示文稿的背景。

步骤3：【插入】→【形状】→"矩形"，绘制一个黑色的矩形以覆盖整个背景，将透明度设置为50%，如图3.3.7所示。

图3.3.7　制作封面背景

步骤4：使用透明蒙板制作文字背景：【插入】→【形状】→"矩形"，绘制一个白色的矩形以覆盖适当区域作为标题背景，将透明度设置为50%，如图3.3.8所示。

步骤5：插入三个小图标：【插入】→【图标】→"图标"，选择三个适当图标，加框并调整成合适的颜色。

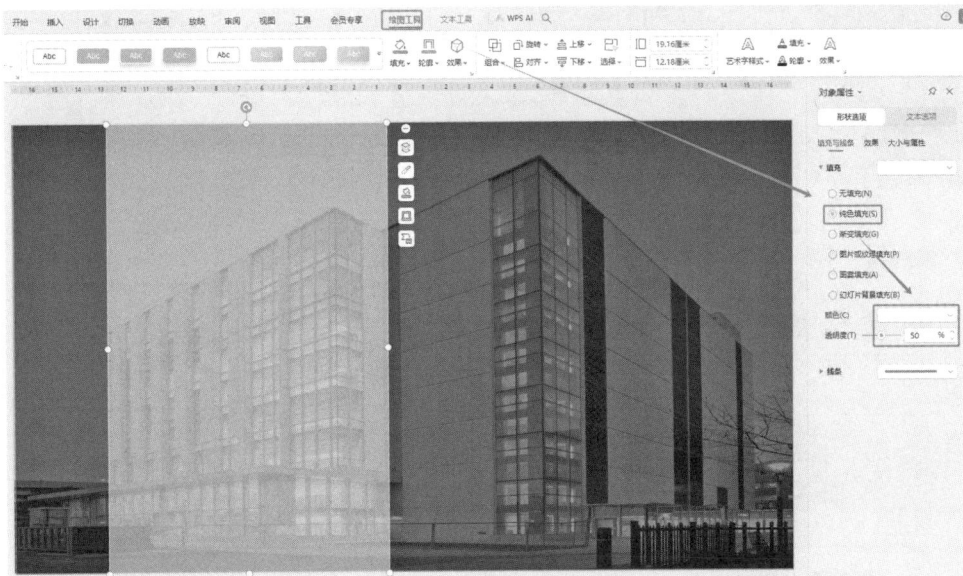

图 3.3.8　插入白色矩形

步骤6：输入对应的文字"创新铸就品牌，精品成就名企""汇报人 | 20××年10月""××公司项目工程部"，并加以修饰。完成后效果如图3.3.9所示。

图 3.3.9　封面页效果图

2.制作目录页

要求：利用智能图形和轮廓文字制作目录页。

步骤7：新建一页幻灯片，插入一张图片以覆盖部分区域，输入目录的英文"CONTENTS"。

步骤8：设置第一层文字为无轮廓；设置第二层文字轮廓为30磅、白色；设置第三层文字轮廓为35磅、绿色。

步骤9：制作目录内容：【插入】→【智能图形】→"并列"→"五项"，只留下标题文本框，向下调整到适当位置，输入目录内容"公司简介""典型案例""工作流程""施工工艺"和"售后服务"，如图3.3.10、图3.3.11所示。

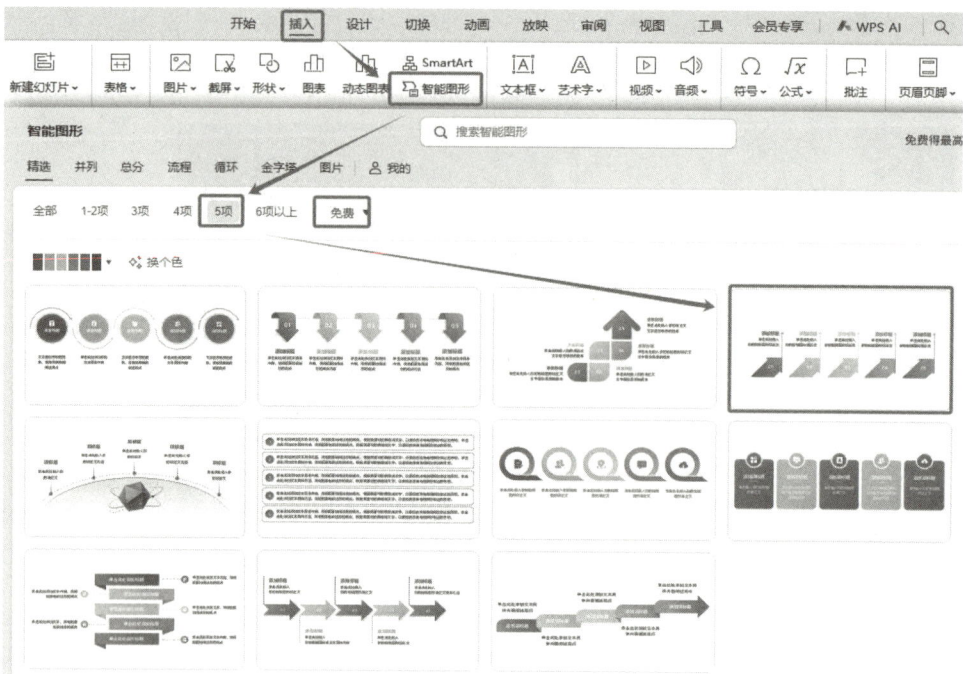

图3.3.10   插入智能图形

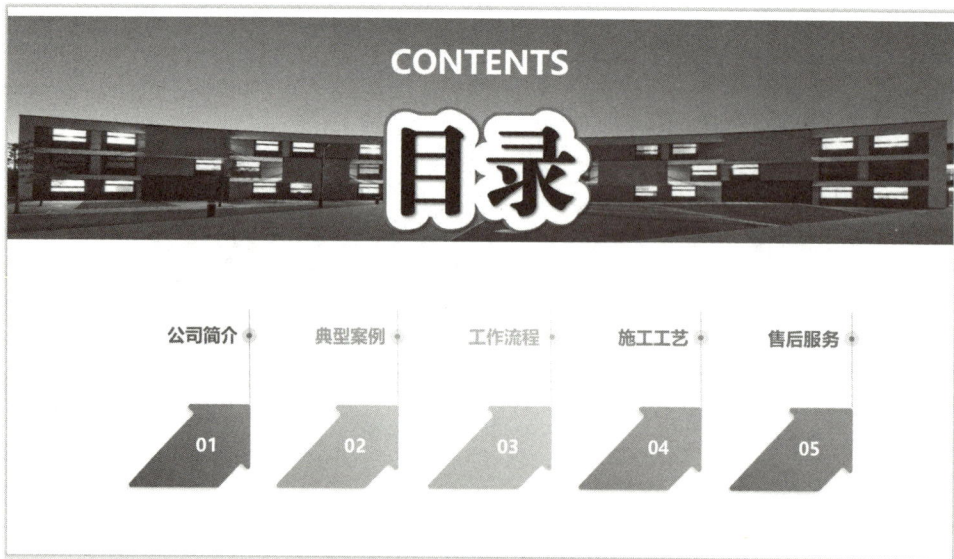

图3.3.11   目录页效果图

3.制作过渡页

要求：利用节标题版式制作目录页。

步骤10：【插入】选项卡→【新建幻灯片】→在"新建单页幻灯片"对话框中依次点击"章节页""免费"，选中第一个模板，插入节标题，制作目录页。

步骤11：输入"公司简介"相应内容，如图3.3.12、图3.3.13所示。

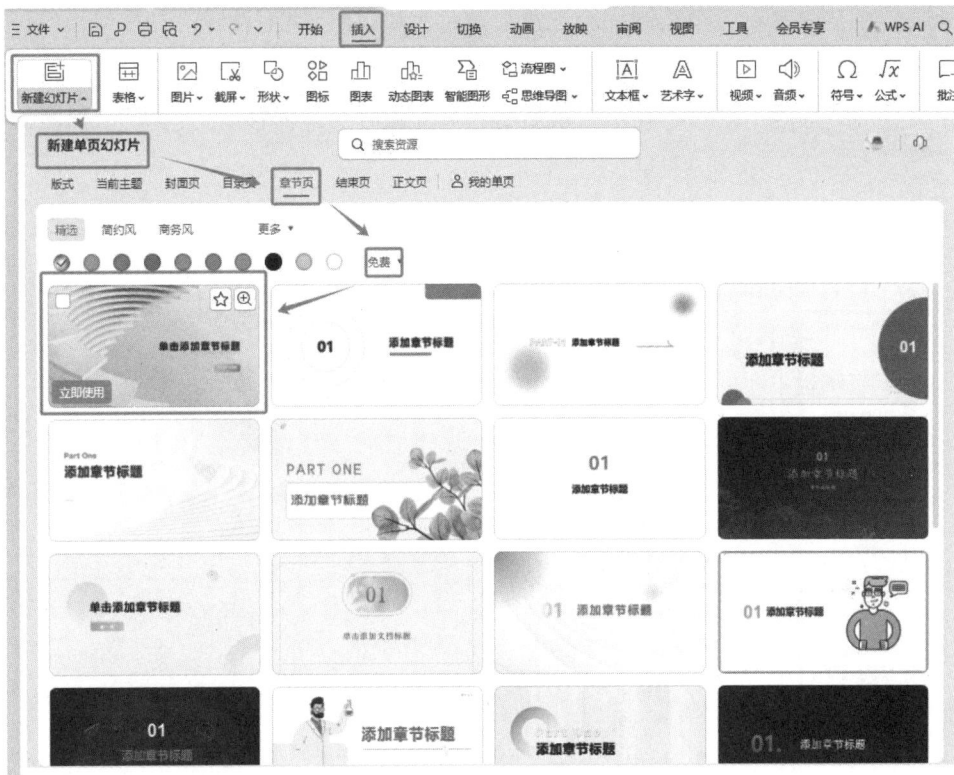

图3.3.12 插入章节页幻灯片

图3.3.13 过渡页效果图

4.制作内容页

要求:制作内容页,内容页包括公司简介、公司资质、公司荣誉、公司客户四个部分。

步骤12:统一风格,在右下角设置页码和页码的底色,通过【视图】选项卡中的【幻灯片母版】,在空白页右下角绘制一个三角形蓝色色块,在色块上设置幻灯片编号(页码),点击【插入】选项卡中【页眉页脚】下拉列表中的"幻灯片编号",如图3.3.14所示,勾选"幻灯片编号"和"标题幻灯片不显示",最后将幻灯片编号文本框移动到色块上,如图3.3.15所示。

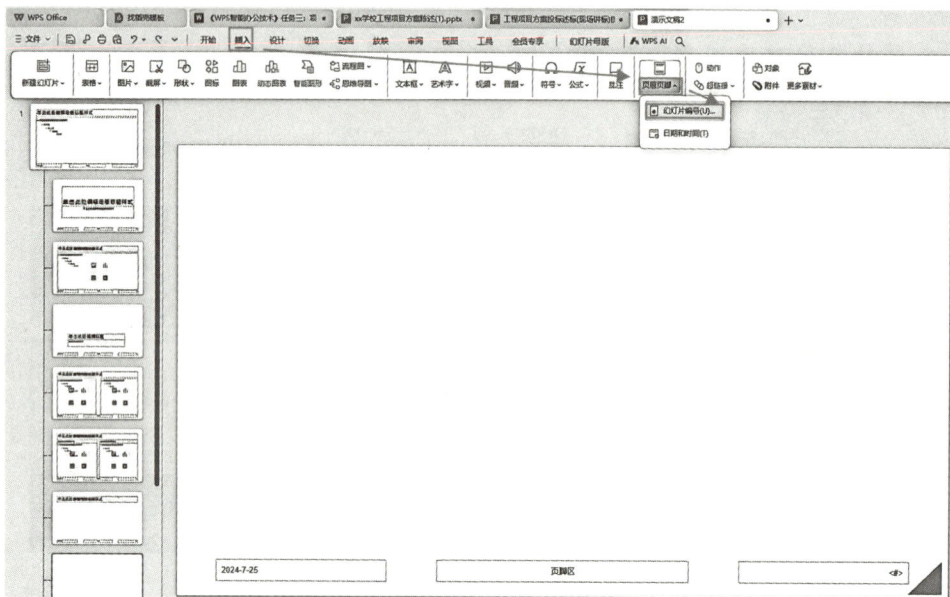

图3.3.14　插入幻灯片编号

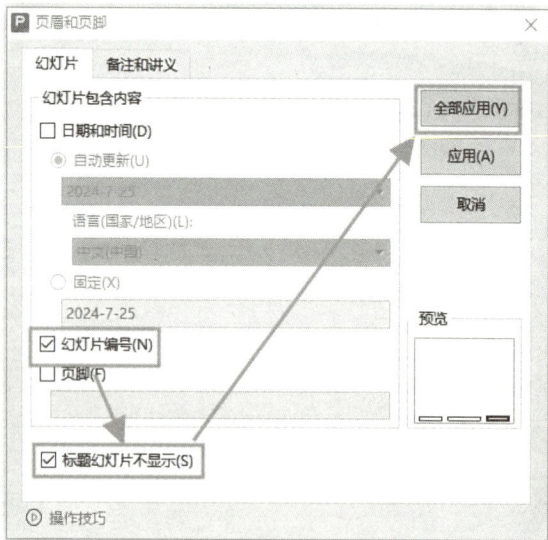

图3.3.15　"页眉和页脚"对话框

步骤13:从案例素材库中选择一张图片"3公司简介背景图"作为内容页的插图,放在幻灯片左边,右边输入案例素材库中"公司简介"对应的文字,并进行适当的排版,完成后效果如图3.3.16所示。

图 3.3.16 公司简介内容页效果图

步骤 14:选中图片,单击【图片工具】选项卡中的【裁剪】下拉按钮,点击"创意裁剪",选中一个图案即可,完成后效果如图 3.3.17 所示。

图 3.3.17 公司简介创意裁剪效果图

其他内容页可参照上述步骤操作。

5.制作封底页

要求:根据封面页的设计进行封底页的制作。

步骤 15:封底页与封面页相似,在主要内容方面应与封面页相呼应,完成后效果如图 3.3.18 所示。

图 3.3.18 封底页效果图

请根据拓展练习文件夹中的素材,完成一个与给定案例类似的演示文稿。

任务四　个人年终总结汇报演示文稿

案例导入

为了促进员工的自我总结、自我反思和自我调整,增进员工对组织和团队的认识和理解,共同推进整个组织的发展,某公司销售部准备在2024年底安排部门员工进行年终总结汇报。员工需总结和评估自己在一年中的工作表现与成果,并针对自身不足之处提出改进计划,以便更好地规划下一年的工作方向和目标。本任务在于运用WPS演示文稿软件,完成《2024年个人年终总结汇报》演示文稿格式的排版。

知识准备

员工个人年终总结汇报对公司和员工而言,都具有极其重要的作用。它不仅有助于员工自我反思与成长,还能助力公司优化业务流程、评估工作表现、提升员工福利待遇,进而激发员工的工作热情和积极性。个人年终总结汇报一般应涵盖以下几方面内容:①工作职责与目标;②工作成果;③工作不足与改善;④未来展望。一份优秀的个人年终总结报告需满足以下6个要求。

1.简洁明了
动画效果应尽量简洁,避免过于复杂或繁琐,确保观众能够快速掌握演示重点和主题。

2.重点突出
动画效果可以突出重点和特色,使观众更容易理解所表达的意义,但不要使用过于夸张的效果。

3.统一风格
演示文稿所使用的动画效果应契合整个演示文稿的主题和色彩风格。

4.易于理解
动画效果应便于观众理解,且能与整个演示内容紧密关联,以便观众轻松掌握内容和主题。

5.有序组织
动画效果应根据整个演示内容的逻辑次序进行组织,有清晰的层次、路线和关联关系,以便观众更易理解演示思路。

6.总体节奏

动画效果应配合演示的总体节奏,可根据演示进度或观众反应调整速度和时间位置。

通过遵循上述设计要求,可以在WPS演示文稿中恰当、有效地使用动画功能,提升演示效果,增强观众的视觉体验,加深观众的印象。

技能准备

一、WPS演示文稿中常用的幻灯片动画效果

1.随机线条

模拟手绘的阴影线条效果,具有随机性和独特性,每次呈现的结果各不相同。

2.擦除

可以让对象逐渐显示或隐藏,从而产生动画效果。

3.放大/缩小

可以使对象在呈现时逐渐变大或变小。

4.飞入

可以让对象从画面外面"飞"进来,形成动画效果。

5.切入

可以让对象从画面分割线的一侧或多侧进入画面,形成动画效果。

6.随机效果

可以让对象以随机的形式呈现,形成动画效果。

7.劈裂

可以让对象在出现或消失时,以象征性的方式劈裂成两半,形成动画效果。

二、WPS演示文稿中常用的切换效果

1.立方体

立方体切换效果是一种可以让幻灯片之间像立方体般翻转的切换效果。使用这种效果可以让场景变换更加生动有趣,吸引听众的注意力。

2.淡出

淡出切换效果是一种可以使幻灯片在过渡时逐渐变淡渐隐的切换效果。使用这种效果可以让场景变换更加自然、平滑,营造出一种告别过去、期待未来的氛围,提升演示效果。

3.溶解

溶解切换效果是一种可以使幻灯片在过渡时画面逐渐溶解的切换效果。使用这种效果可以让场景变换更加自然、平滑,给观众带来画面逐渐融合的视觉感受,优化演示效果。

4.百叶窗

百叶窗切换效果可以使幻灯片在过渡时呈现百叶窗式的切换效果。使用这种效果可

以让幻灯片的场景切换更加流畅、自然,给观众带来视觉上的新鲜感,增强演示的呈现效果。

项目实战

一、任务分析

①个人年终总结汇报应包含以下几方面内容:工作职责和目标;工作成果;工作不足与改善;未来展望。

②在幻灯片中使用动画和切换效果,其中,切换效果可以让幻灯片的场景切换更加流畅、自然,提升演示的呈现效果。

二、任务实施

(一)快速新建幻灯片

要求:根据提供的素材文字大纲"个人年终总结汇报文字大纲.docx",通过"从文字大纲导入"的方式新建幻灯片各页内容。

步骤1:先新建"个人年终总结汇报"演示文稿,然后通过"从文字大纲导入"的方式制作:【开始】选项卡→【新建幻灯片】下拉按钮→"从文字大纲导入"→在素材文件夹中找到"个人年终总结汇报文字大纲.docx",完成后删除空白页,即可完成幻灯片的初步创建,步骤如图3.4.1所示。

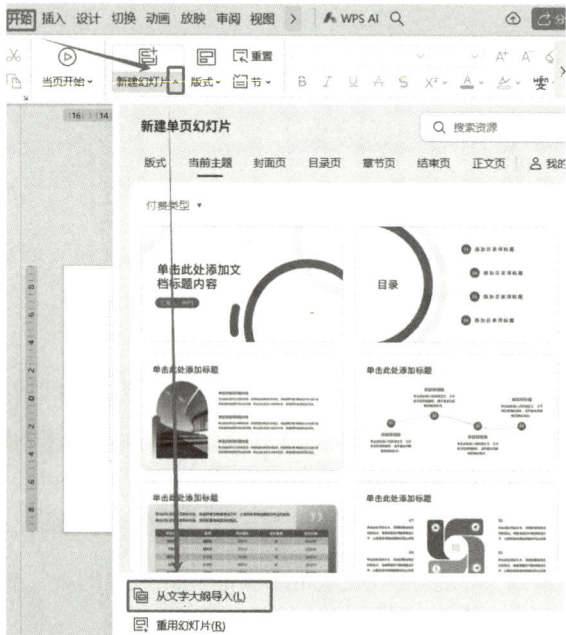

图3.4.1　从文字大纲导入

(二)编辑幻灯片首页

1.修改首页的版式为"标题幻灯片"

步骤2:选择首页幻灯片→点击鼠标右键→"版式"→选择"标题幻灯片",步骤如图3.4.2所示。

2.插入矩形和设置形状

步骤3:为首页添加矩形形状作为主要背景:【插入】选项卡→【形状】→"矩形"→绘制一个高和宽分别为16cm和33.87cm的矩形,并将其置于底层。然后选中该矩形→【绘图工具】选项卡→【编辑形状】→"编辑顶点"→将鼠标移动到矩形下边框靠近中间位置时,点击鼠标右键→"添加顶点",根据效果图将矩形下边框两侧的顶点往上调整2cm左右,步骤如图3.4.3、图3.4.4、图3.4.5所示。为了便于调整形状,可以在【视图】选项卡中勾选"参考线",根据需求移动该"参考线",如图3.4.6所示。

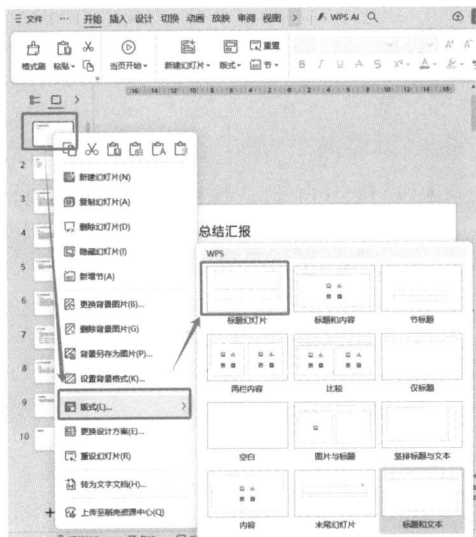

图3.4.2　修改版式

图3.4.3　编辑形状

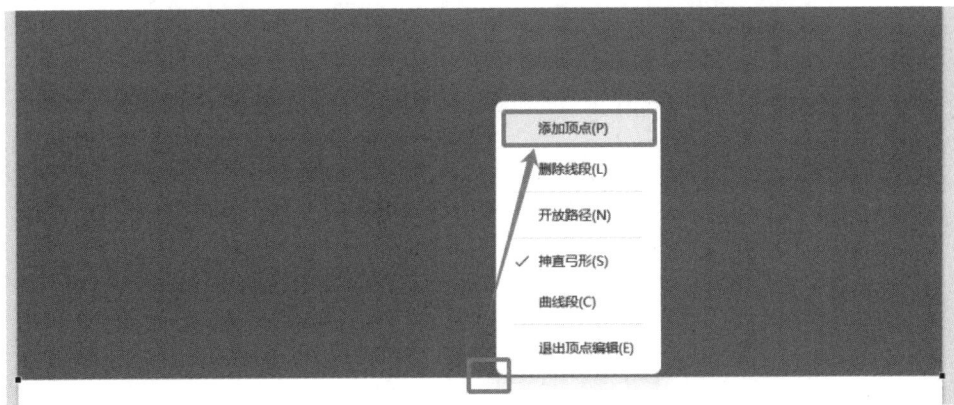

图3.4.4　添加顶点

图 3.4.5　调整形状

图 3.4.6　勾选参考线

步骤 4：矩形设置：选择该矩形→点击鼠标右键→选择"设置对象格式"，然后将填充设置为"渐变填充"，角度为 90.0°，为了达到渐变效果，共有两个"停止点"，其中，"停止点 1"的色标颜色为蓝色，位置 32%，"停止点 2"的色标颜色为自定义颜色 RGB（187，224，227），位置 100%，亮度 70%，如图 3.4.7 和 3.4.8 所示。将矩形的线条设置为"无线条"，如图 3.4.8 所示。

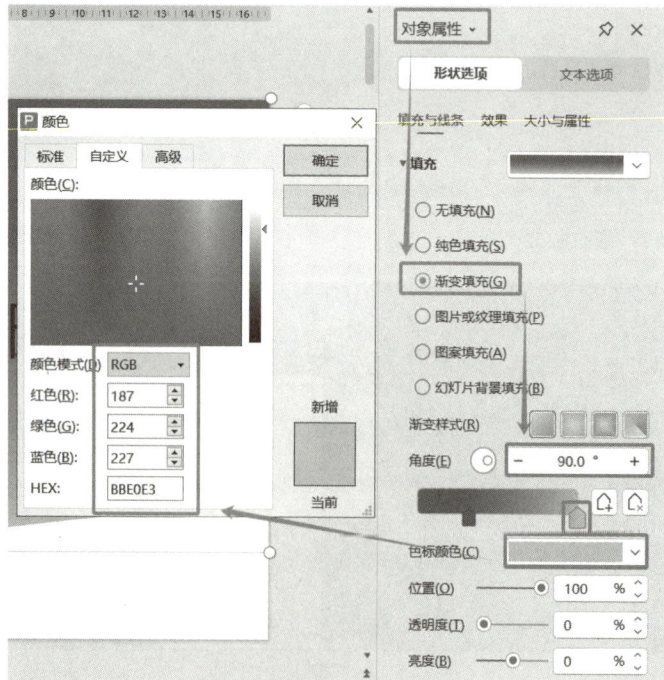

图 3.4.7　渐变填充设置

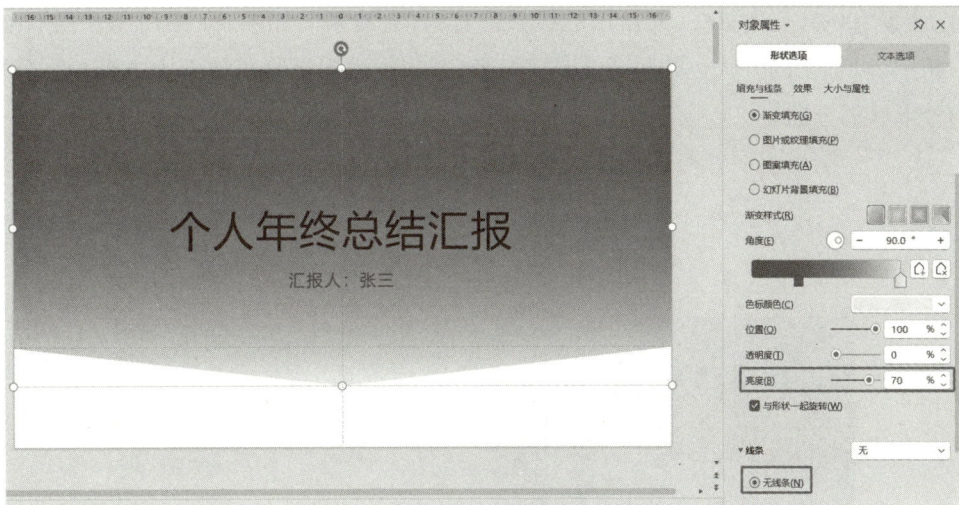

图 3.4.8　线条设置

步骤 5：矩形"效果"设置：在"设置对象格式"中进行"效果"设置，然后设置"阴影"颜色为自定义颜色 RGB（187，224，227），透明度 60%，大小 107%，模糊 12.00 磅，距离 3.0 磅，角度 80.0°，如图 3.4.9 所示。

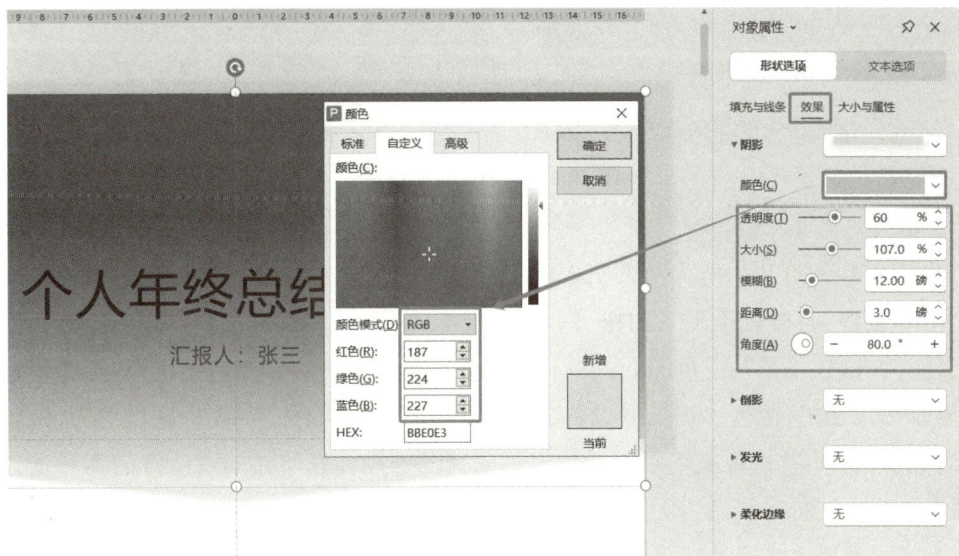

图 3.4.9　效果设置

3.插入三角形和形状设置

步骤 6：插入三角形：【插入】选项卡→【形状】→"基本形状"→绘制一个高和宽分别为 9cm 和 6cm 的等腰三角形。

步骤 7：形状设置：选择该三角形→点击鼠标右键→选择"设置对象格式"，然后设置填充为"渐变填充"，角度为 90.0°，为了达到渐变效果，共有两个"停止点"，其中"停止点 1"的色标颜色为"蓝色"，位置 0%，"停止点 2"的色标颜色为自定义颜色 RGB（187，224，

227），位置100%，亮度70%，三角形的线条设置为"无线条"，如图3.4.10所示。然后复制该三角形，以粘贴的方式创建另外3个三角形，并根据效果图将其放至上方两角位置，最后调整形状的方向。

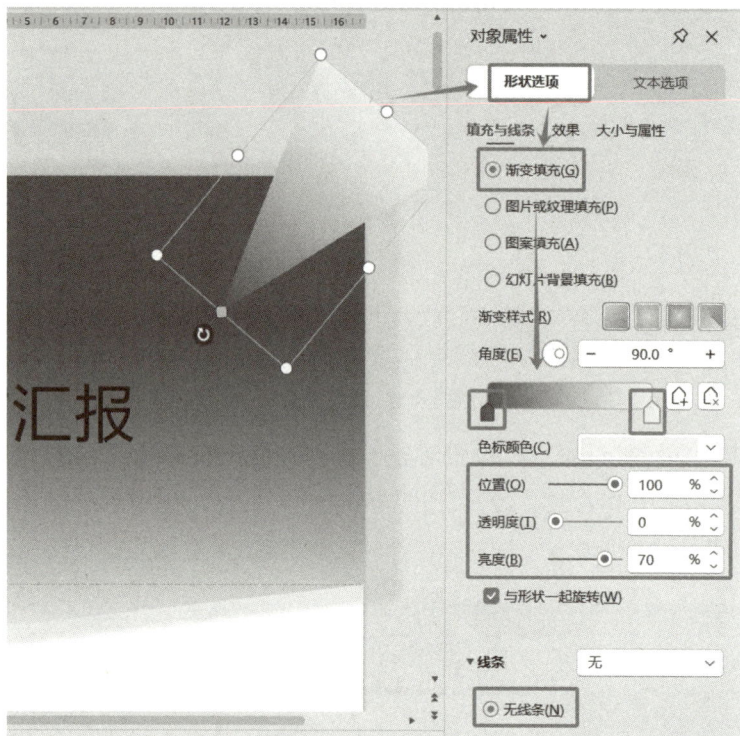

图3.4.10　渐变填充设置

4.输入文字和字体设置

步骤8：在幻灯片中插入两个文本框，分别输入文字"2024"和"梦想起航 共创辉煌"，将"2024"设置为"微软雅黑"、加粗、白色、140号，并设置文字阴影；将"梦想起航 共创辉煌"设置为"微软雅黑"、白色、38号，并设置文字阴影；将"个人年终总结汇报"标题设置为"微软雅黑"、加粗、蓝色、38号，并设置文字阴影；将"汇报人：张三"副标题设置为"微软雅黑"、白色、28号，并设置文字阴影；将"汇报人：张三"副标题所在的占位符的高和宽分别设置为1.5cm和9cm，线条为无线条，填充为浅蓝色。完成后效果如图3.4.11所示。

5.为首页的文字设置动画效果

步骤9：为标题"2024"设置"随机线条"的进入动画：开始为"在上一动画之后"，方向为"水平"，速度为"中速（2秒）"；为标题"梦想起航 共创辉煌"设置"擦除"的进入动画：开始为"在上一动画之后"，方向为"自底部"，速度为"非常快（0.5秒）"；为标题"个人年终总结汇报"设置"出现"的进入动画和"放大/缩小"的强调动画：开始都是"在上一动画之后"，其中"放大/缩小"的尺寸为"150%"，速度为"中速（2秒）"；为标题"汇报人：张三"设置"飞入"的进入动画：开始为"在上一动画之后"，方向为"自底部"，速度为"非常快（0.5秒）"。如图3.4.12所示。

图 3.4.11 封面页效果图

图 3.4.12 动画设置

6.为首页幻灯片设置切换效果

步骤10：【切换】选项卡→【立方体】；【切换】选项卡→【效果选项】→"自右侧"，如图
3.4.13所示。

图 3.4.13　切换设置

(三)编辑第 2 张幻灯片

插入一个直角三角形并进行设置

步骤 11:插入一个高和宽分别为 17cm 和 11cm 的"直角三角形",然后通过【绘图工具】选项卡的【编辑形状】在直角三角形斜边位置添加"编辑顶点",将此"编辑顶点"通过鼠标右键设置为"平滑顶点",如图 3.4.14 所示。

步骤 12:调整各编辑顶点:可以用鼠标选择直角三角形下直角边最右侧的顶点,往左侧移动,并通过下图方框内的"角部顶点"来调整弧形的角度,完成后效果如图 3.4.15所示。

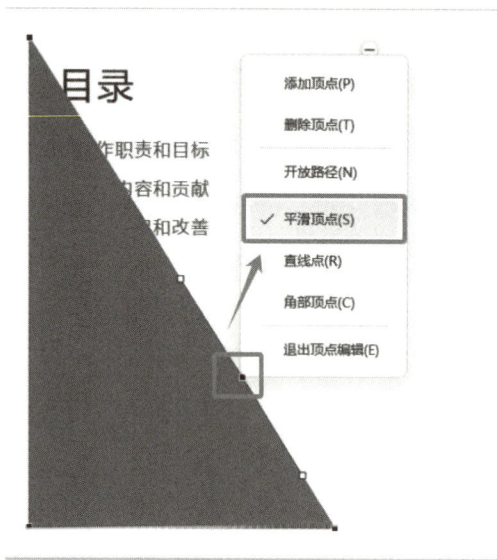

图 3.4.14　设置顶点

图 3.4.15　调整顶点

步骤 13:设置填充和线条:选择该直角三角形→点击鼠标右键→选择"设置对象格式",然后设置填充为"渐变填充",角度为 270°,为了达到渐变效果,共有两个"停止点",

其中，"停止点1"的色标颜色为蓝色，位置32%，"停止点2"的色标颜色为自定义颜色RGB（187，224，227），位置100%，亮度70%，线条设置为"无线条"，如图3.4.16所示，完成后移动至左上角位置。使用类似的方法绘制一个"流程图：终止"的形状，并设置与直角三角形一样的填充和线条。

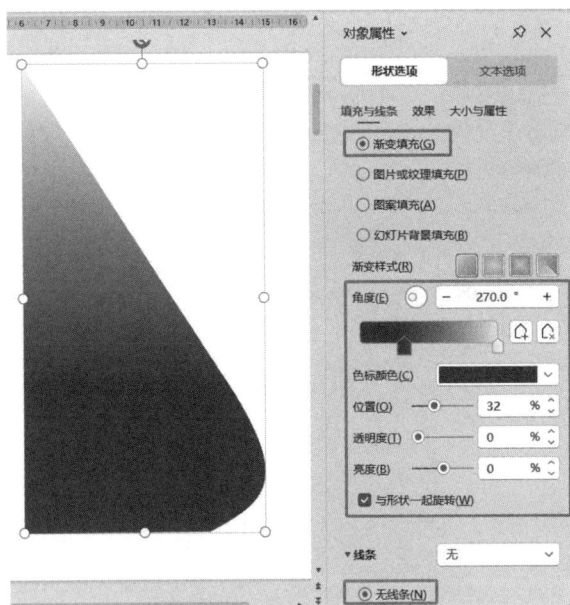

图3.4.16　填充与线条设置

步骤14：插入4个文本框，将其作为目录中编号的占位符。随后，设置这4个文本框的填充颜色和线条样式，使其与该页幻灯片中直角三角形的填充颜色和线条样式保持一致，完成后效果如图3.4.17所示。

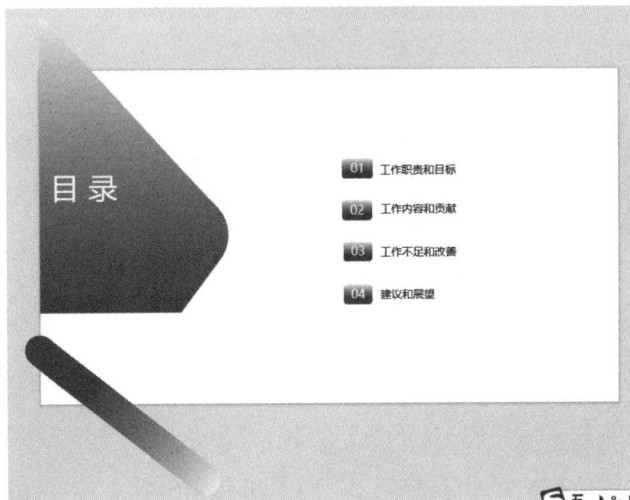

图3.4.17　目录效果图

（四）编辑第3张幻灯片

要求：插入图片并进行设置。

步骤15：插入素材文件夹中的"大贝壳"图片，并将其裁剪为"平行四边形"，步骤如图3.4.18所示，完成后效果如图3.4.19所示。

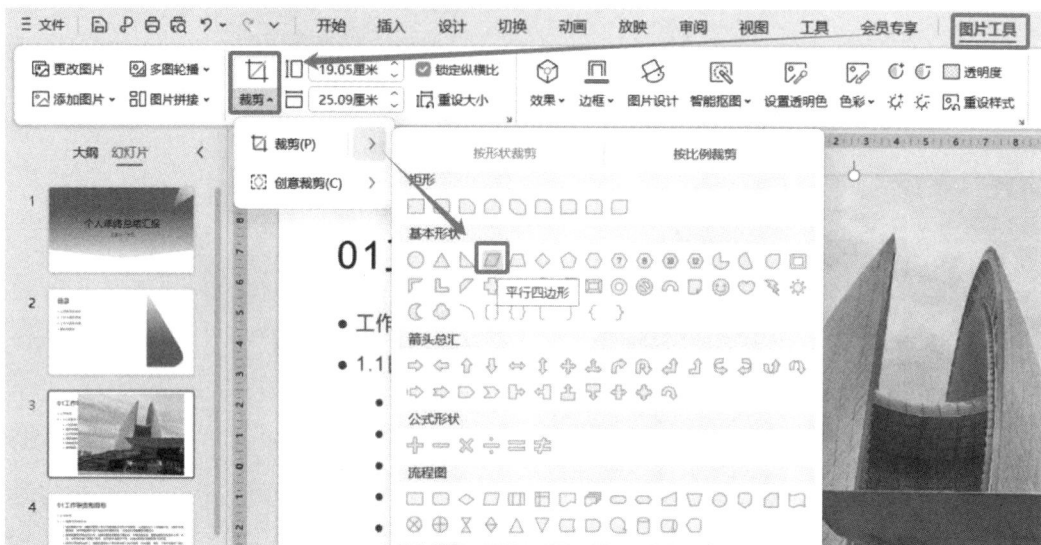

图 3.4.18　形状裁剪

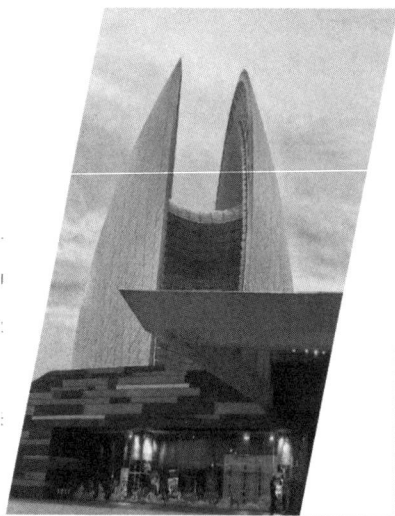

图 3.4.19　裁剪后的效果图

（五）编辑第5张幻灯片

1.插入图片并进行设置

步骤16：对幻灯片第5页进行设置，如图3.4.20所示。插入第一张图表：【插入】选项卡→【图表】→"柱形图"→选择目标柱形图→在"对象属性"中设置"图表选项"的填充与线条:无填充,无线条,只留下坐标轴。

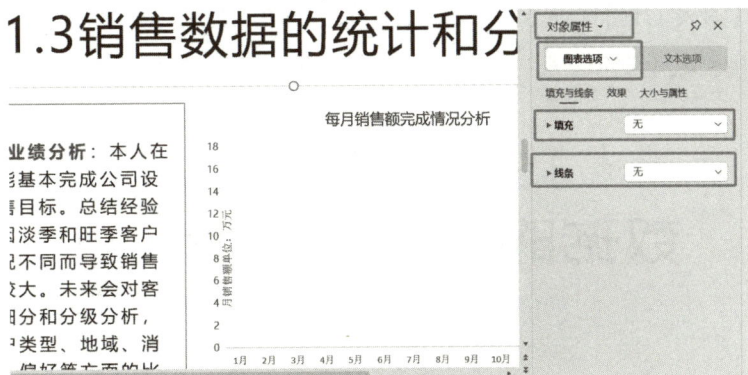

图 3.4.20　填充与线条设置

步骤17:在第一张图表的位置再插入第二张图表,与第一张图表重叠,把第二张图表的坐标轴去掉,只留下柱形图,如图3.4.21所示。将柱形图的【动画】效果设置为【擦除】,如图3.4.22所示。

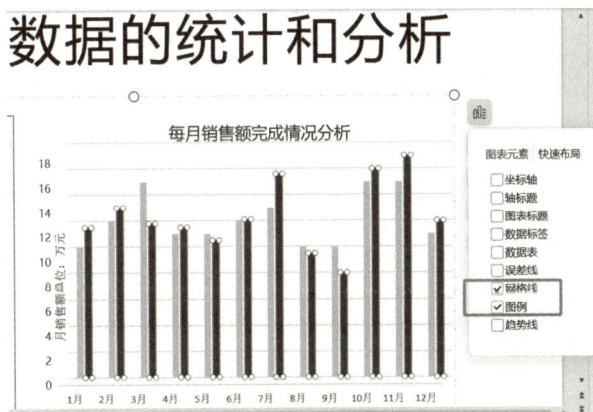

图 3.4.21　图表元素设置

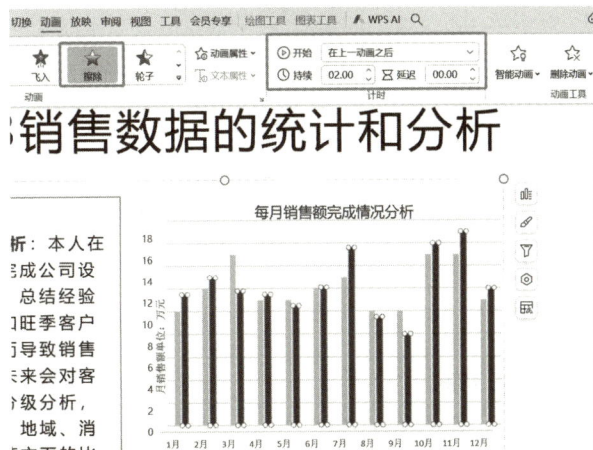

图 3.4.22　动画设置

2.编辑柱形图数据

步骤18:【图表工具】选项卡→【编辑数据】,如图3.4.23所示。可以对柱形图的数据进行编辑,如图3.4.24所示。

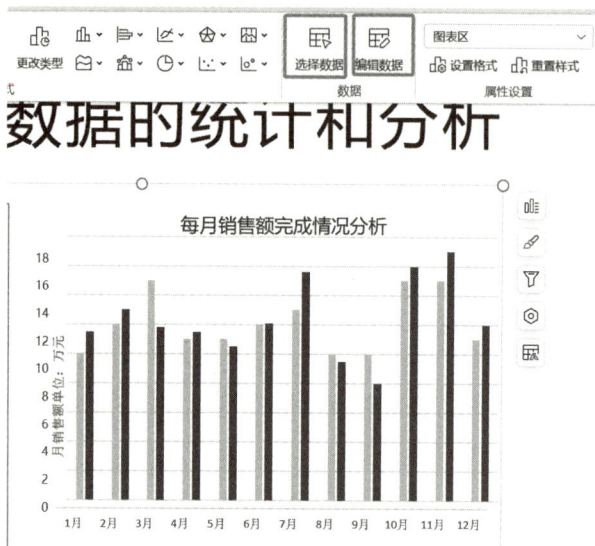

图3.4.23　编辑数据

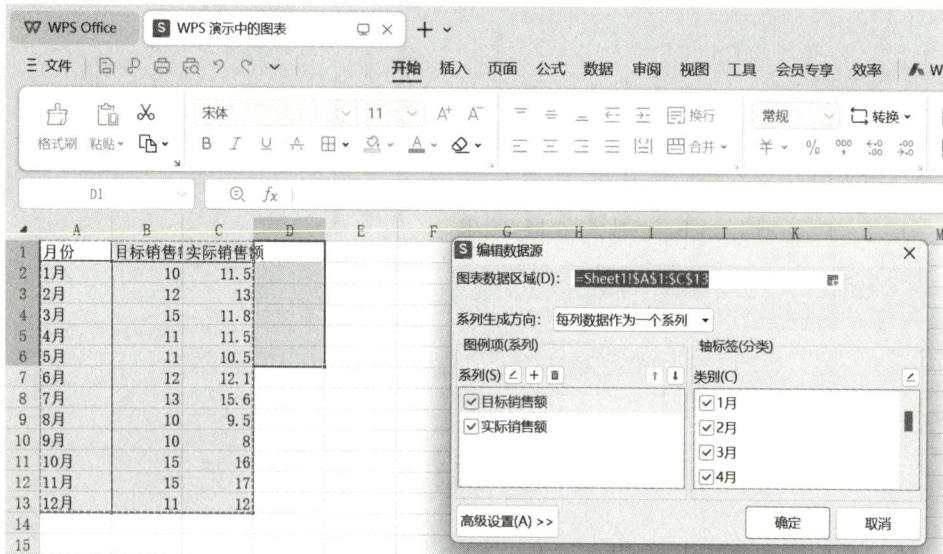

图3.4.24　编辑数据源

(六)编辑第8张幻灯片

要求:插入智能图形并进行设置。

步骤19:插入免费的智能图形,根据效果图输入文字,并对文字字体和其他相关项目进行设置,步骤如图3.4.25所示,完成后效果如图3.4.26所示。

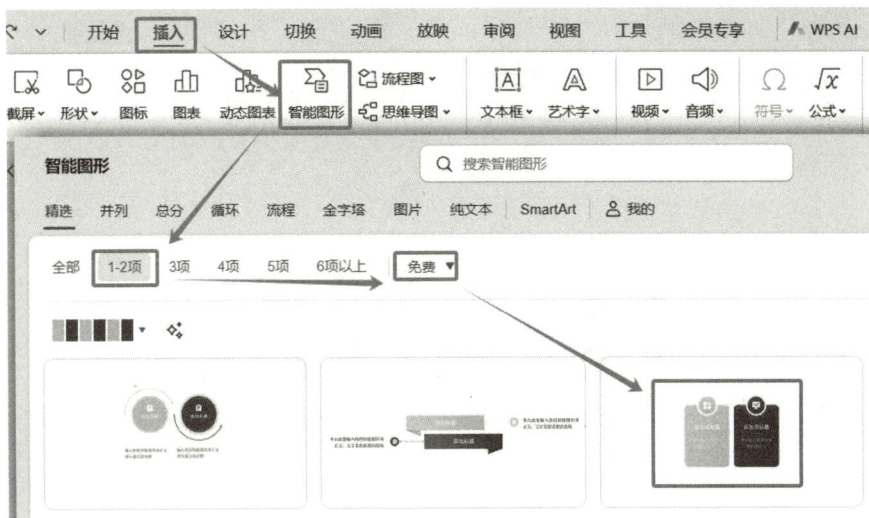

图3.4.25　插入免费智能图形

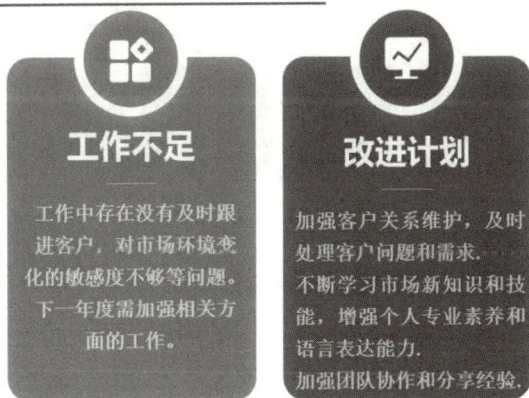

图3.4.26　工作不足和改善效果图

(七)编辑第10张幻灯片

步骤20:制作第10页幻灯片:首先,插入一个高和宽分别为26cm和34cm的矩形,设置白色填充,无线条;然后,插入文本框,输入英文"THANKS"并将字体设置为"HGF8_CNKI"、240号;最后,先选择白色填充的矩形,再选择英文"THANKS",在【绘图工具】选项卡中的【合并形状】下拉列表中选择"剪除",步骤如图3.4.27所示。

步骤21:【插入】选项卡→【视频】→"嵌入视频"→选中视频所在的素材文件夹并对视频的位置、大小进行设置,最后将视频置于底层,如图3.4.28所示。

图 3.4.27　合并形状

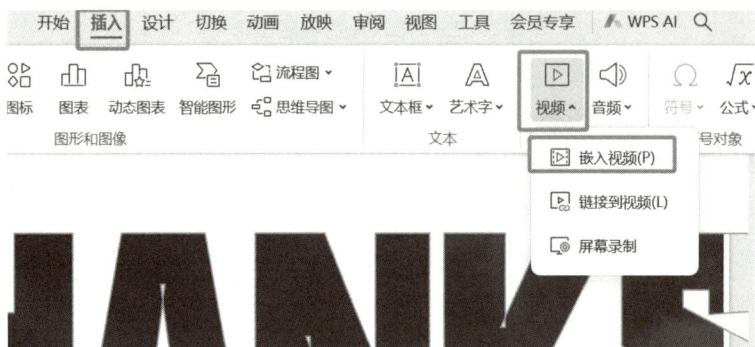

图 3.4.28　插入视频

(八)根据效果图完成其他幻灯片

根据效果图完成其他幻灯片,其中,第 2 至 9 页幻灯片的一级标题的字体为"Arial(标题)"、44 号、加粗;第 3 至 7 页幻灯片二级标题的字体为"微软雅黑"、28 号、加粗、红色。除上述已明确字体要求的部分外,其他所有文本的字体均设置为"微软雅黑"、21 号。完成后效果如图 3.4.29 所示。

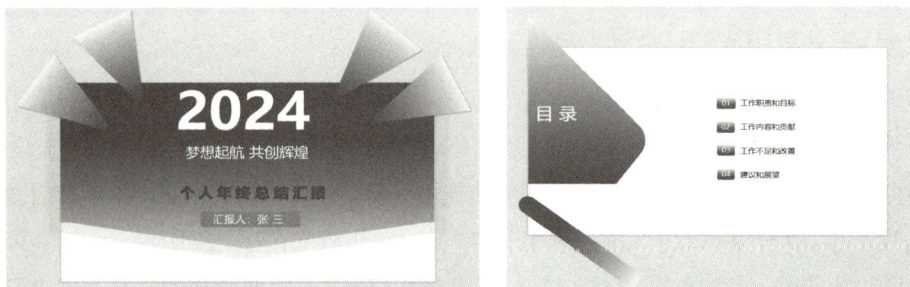

图3.4.29　效果图

拓展练习

　　使用WPS演示的AI功能（需要大会员），通过输入"个人年终总结"主题，快速创建PPT，如图3.4.30所示。

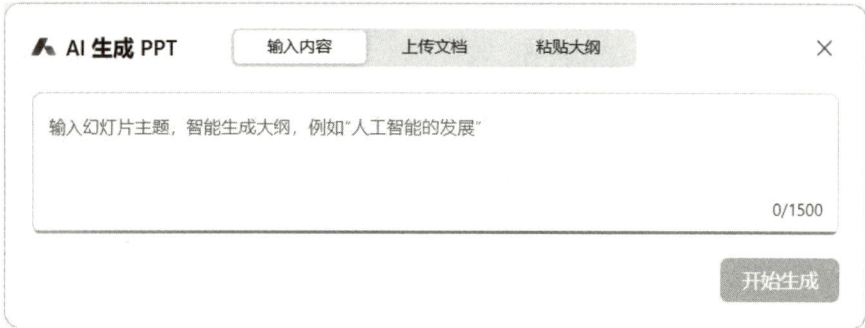

图 3.4.30　一键生成 PPT

项目四
在线智能文档

学习目标

知识目标：

- 理解智能文档的应用范围。
- 熟悉智能表格的特点和要求。
- 熟悉智能表单的制作流程。

能力目标：

- 能利用智能文档制作会议纪要，增强协作与沟通能力。
- 能利用智能表格制作办公用品申领表，提高工作效率。
- 能制作客户满意度调查问卷。

素质目标：

- 强化数据安全与隐私保护意识。
- 培育精益求精的工匠精神。
- 提升协作精神与沟通能力。

任务一　智能文档

案例导入

某秘书在编写会议纪要时一直面临挑战，每次都需要手动记录、整理会议内容，并在会后逐一与参会人员及领导确认内容，这种方式既耗时又低效。为了解决这一问题，她决定尝试使用智能文档来优化工作流程。

在会议纪要编写完成后，秘书可以直接将文档分享给相关的人员和领导进行查看和确认。他们可以在文档中进行评论和修改，实现实时反馈和沟通。这样，秘书就不再需要逐一去找每个人进行确认，大大提高了工作效率。她不仅能够更快速、更准确地完成编写工作，还能够更好地与相关人员和领导进行沟通和协作。这一转变不仅提升了她的工作效率，也提高了整个团队的工作质量和协作效率。

知识准备

1.会议纪要介绍

会议纪要是一种正式的文档，主要用于记录会议的主要内容和决策结果。它通常包括会议的日期、时间、地点、参与者名单、讨论的主题、达成的共识以及分配的任务等关键信息。会议纪要是确保会议内容准确传达和后续行动有效执行的重要工具。通过会议纪要，参与者可以回顾会议内容，了解各自的职责，并确保会议决策得到妥善实施。因此，会议纪要对于组织内部的沟通和协作具有重要意义。

2.会议纪要要求

编写会议纪要时，需要注意信息的准确性和完整性，尽量保留原始发言的要点和逻辑，同时也要注意语言简练、条理清晰，方便他人查阅和理解。会议纪要通常作为会议的重要文档，用于存档、汇报以及为后续工作提供参考。

技能准备

在线智能文档主要包括智能文档、智能表格和智能表单。在线智能文档有4大特点，分别是多人协作编辑、团队共享文档、文档多设备同步和一键分享文档。

WPS智能文档是一种高效且便捷的工具，它允许用户随时随地进行文档编辑与共享。WPS提供了丰富的编辑工具，包括字体、字号、颜色等格式设置选项，以及插入图片、表格等功能，可以根据需要选择合适的工具进行编辑。涉及的知识点主要包括以下内容。

一、注册和登录个人账户

在使用智能文档之前,需要打开 WPS Office 软件,确保已登录个人账户。如果没有个人账户,可使用微信、QQ 和电话号码等方式注册。

二、新建智能文档

1.新建空白智能文档

在新建界面选择"智能文档",然后选择"空白智能文档"。

2.使用现有模板,新建智能文档

WPS 智能文档提供的模板主要包括项目管理、周报日报、工作规划和团队管理等。

三、缩进和减少缩进

智能文档提供了"缩进"和"减少缩进"功能,选择对应的行或段落后,每点击一次"缩进"可缩进一个字符,每点击一次"减少缩进",可减少缩进一个字符。

四、添加评论

为了更好地实现多人查看和编辑,可以使用"添加评论"功能,对文中的内容添加评论,以达到提醒或确认的效果。

五、插入

使用智能文档的"插入"功能可插入图片、表格、云文档、分栏、高亮块、日期、表格符号和超链接等内容。

六、分享

如果需要设置文档的使用权限或分享给他人,可以点击右上角的"分享"按钮。在弹出的窗口中,可以设置文档的查看、编辑等权限,并生成分享链接或二维码,方便他人访问和编辑文档。

此外,WPS 智能文档还支持多人协同编辑功能。这意味着用户可以邀请其他人一起编辑文档,实现实时协作和沟通。在编辑过程中,用户可以随时查看他人的编辑内容,并进行相应的修改和调整。

最后,当完成文档编辑后,选择保存并关闭文档。WPS 会将在线文档同步至云端,确保用户可以在任何设备上随时访问和编辑该文档。同时,用户还可以直接导出 PDF 文件,并保存到计算机指定位置。

项目实战

一、任务分析

①使用智能文档完成会议纪要。

②根据会议纪要的要求,输入会议纪要的内容。会议纪要内容主要包括会议时间、会议地点、参会人员、会议主要内容和会议结论等。

二、任务实施

(一)新建智能文档

打开WPS Office软件,在新建界面选择"智能文档",然后新建"空白智能文档",即可完成,如图4.1.1所示。

图4.1.1　新建智能文档

(二)输入会议纪要内容

1.输入标题

步骤1:在标题位置输入"会议纪要",如图4.1.2所示。

图4.1.2　输入标题

2.输入正文内容

步骤2:根据效果图,依次输入时间、地点、主持人、出席人、记录人、会议主要内容、会议决定和任务计划等内容,其中文字内容可以从素材文件夹的"会议内容.txt"中复制。

步骤3:插入时间和时间符号:将光标放到时间区域后→在工具栏中选择【插入】→"日期"→在日期对话框中选择举行会议的时间,步骤如图4.1.3所示。在时间的前方插入时间符号:在工具栏中选择【插入】→"表情符号"→选择时间符号,即可完成,步骤如图4.1.4所示。

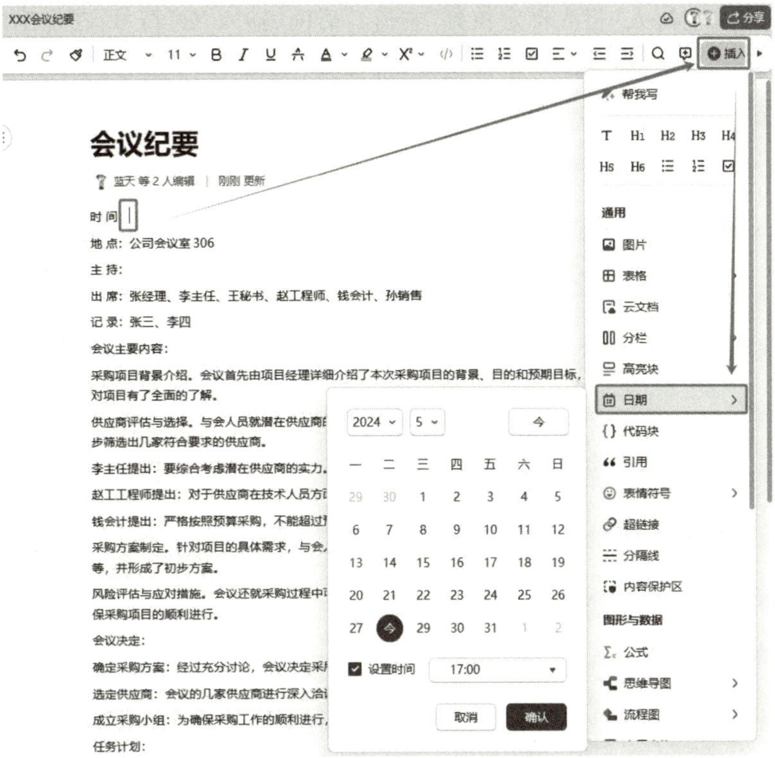

图4.1.3　插入日期

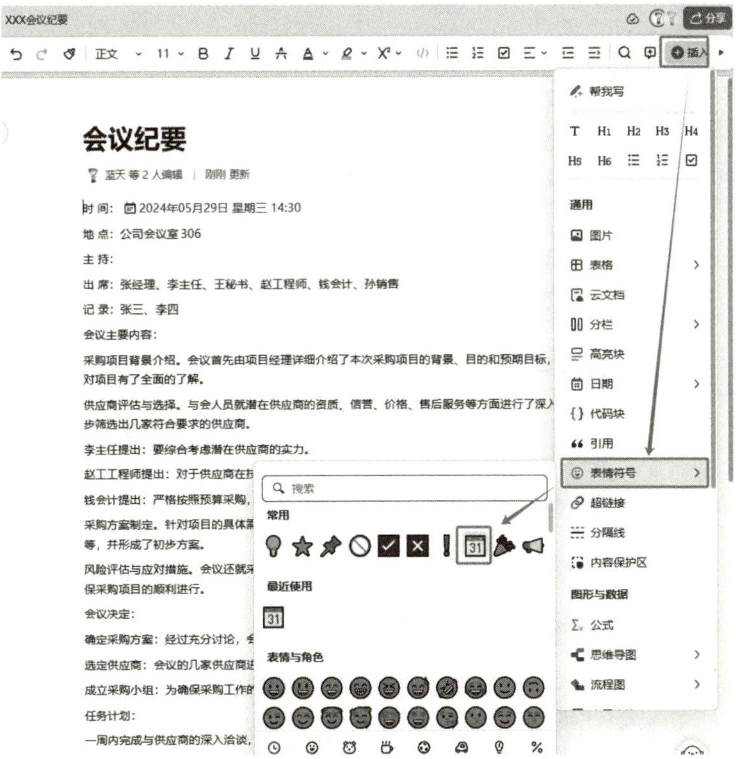

图4.1.4　插入日历表情符号

步骤4:插入主持人:将光标定位到"主持:"后面,输入"@"符号,在弹出的对话框里面点击"联系人",然后在"推荐"里面选择所需的联系人,步骤如图4.1.5所示;也可通过"从通讯录选择"指定所需的联系人。

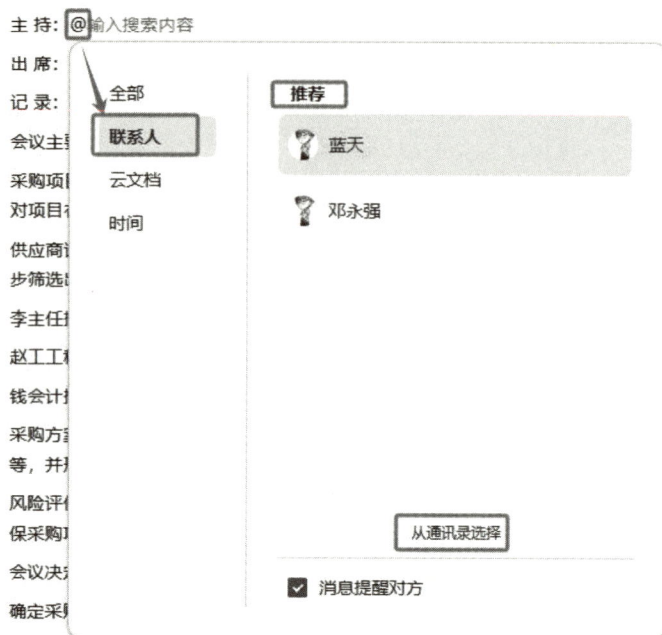

图4.1.5　插入联系人

3.设置内容的格式

步骤5:设置所有文字的字号为13号,并将"时间""地点""主持""出席"和"记录"等文字加粗。

步骤6:将"会议主要内容""会议决定"和"任务计划"设置为"标题四"的格式,如图4.1.6所示。

图4.1.6　设置标题

步骤7:根据效果图为会议主要内容、会议决定和任务计划中的文字设置序号,如图4.1.7所示。

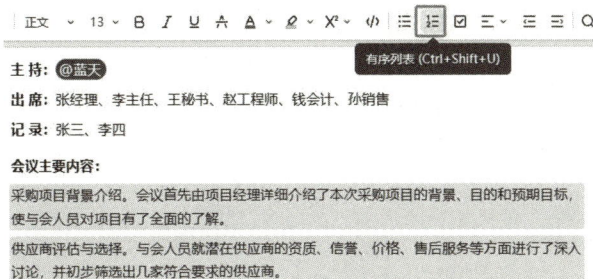

图4.1.7 设置序号

步骤8：为"李主任提出：……""赵工工程师提出：……"和"钱会计提出：……"等文字"增加缩进"，然后设置"序号"，如图4.1.8所示。

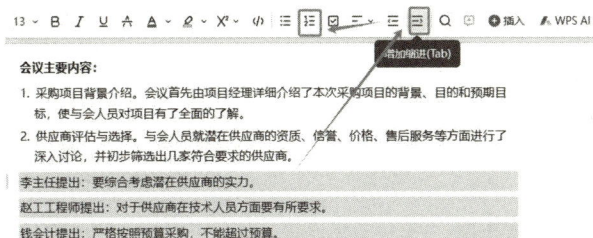

图4.1.8 设置缩进和符号

4.添加评论

步骤9：为会议主要内容中的"李主任提出：要综合考虑潜在供应商的实力。"添加评论，评论内容是"请李主任确认"，如图4.1.9所示。

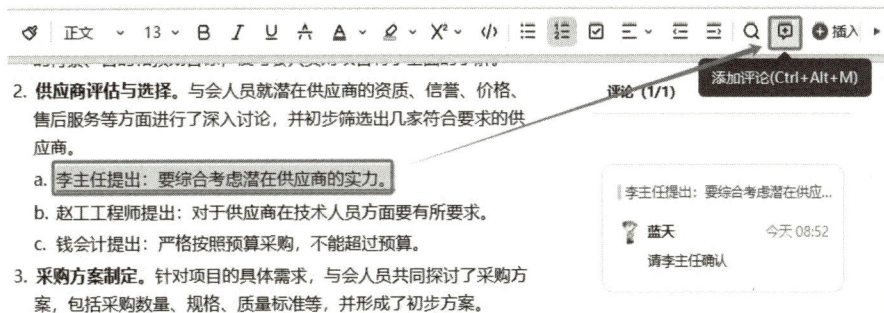

图4.1.9 添加评论

5.分享或者导出PDF文件

步骤10：完成所有设置后，分享给参会人员并协作完成：选择"和他人一起编辑"，可通过"复制链接"，也可通过点击微信或者QQ图标分享给其他人。将"权限"设置为编辑，以让参会人员修改和确认。分享该文档给李主任，让其确认"李主任提出：要综合考虑潜在供应商的实力。"这一内容，如图4.1.10所示。

所有相关人员完成信息修改并确认完毕后，导出PDF文件，并保存在计算机指定位置，命名为"会议纪要"，完成后效果如图4.1.11所示。

图4.1.10　分享界面

图4.1.11　最终效果图

拓展练习

通过智能文档的模板功能,学习制作"工作周报",并邀请其他伙伴一起编辑,完成工作周报的内容,最后将其保存为PDF文件。步骤如图4.1.12至图4.1.14所示。

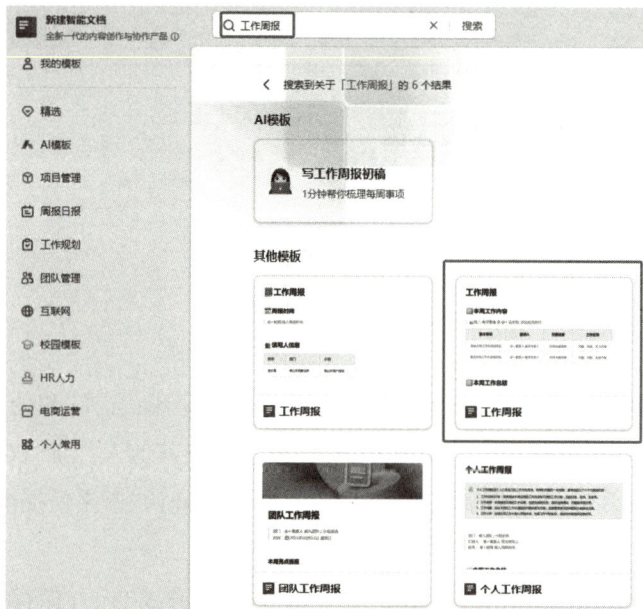

图4.1.12　搜索模板

图4.1.13　工作周报

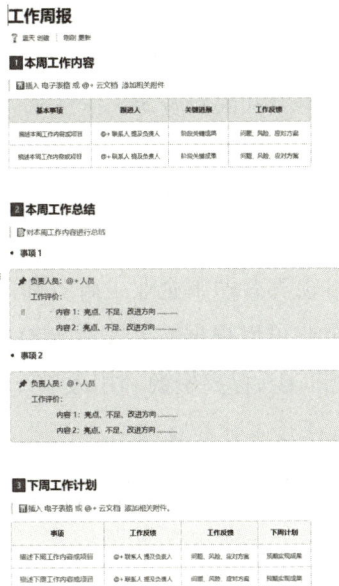

图4.1.14　周报的主要内容

任务二　智能表格

案例导入

某办公室秘书在公司负责办公用品申领工作,一直以来,她都使用纸质版的办公用品申领表,在登记时经常找不到相关分类,而且最后不易统计,这种方式既耗时又低效。为了解决这一问题,她决定尝试使用智能表格来优化工作流程,以期提高工作效率,减少繁琐的手工操作。

知识准备

办公用品申领表在企业和组织中扮演着重要的角色,一般具备办公用品申领、审核和查询等功能。其主要作用如下:

1.规范申领流程

申领表为办公用品的申领提供了一个标准化的流程。

2.明确申领需求

通过申领表,员工可以清晰地列出自己所需的办公用品及数量,有助于行政或后勤部门准确了解并满足员工的实际需求,避免浪费和不必要的采购。

3.控制成本

通过审批流程,企业可以对员工的申领需求进行评估和审核,确保申领的合理性,避免过度申领和浪费资源。

4.提高管理效率

申领表的电子化或数字化管理可以大大提高管理效率。

5.促进资源合理配置

申领表有助于企业了解各部门和员工的办公用品使用情况,从而进行合理的资源配置。企业可以根据实际需求调整库存量、采购计划和分配策略,确保办公用品的供应与需求相匹配,提高资源利用效率。

6.便于审计和追溯

申领表作为办公用品管理的重要记录,便于企业进行审计和追溯。

技能准备

WPS智能表格是金山办公推出的一款新一代在线表格工具,它在传统Excel表格的基础上进行了升级,并增加了数据表功能,使其具备了数据库管理的一些特性,从而有助于更高效地管理数据。使用智能表格可以使数据采集更加简单、规范且有效。

在WPS智能表格中,数据表的最大特点是多人协作时,不同用户可以查看和修改不同范围的数据,从而保障了数据的安全性。同时,WPS智能表格还集成了应用、自动化流程、仪表盘等功能,用户可以根据需求创建适用于自己业务的应用系统。

智能表格涉及的知识点主要包括以下内容。

一、工作表

智能表格的工作表是一种新型的数据库电子表格,它具备丰富的列类型和多维的视图展示功能,旨在帮助用户更高效地处理和分析数据,如图4.2.1所示。它与传统的Excel

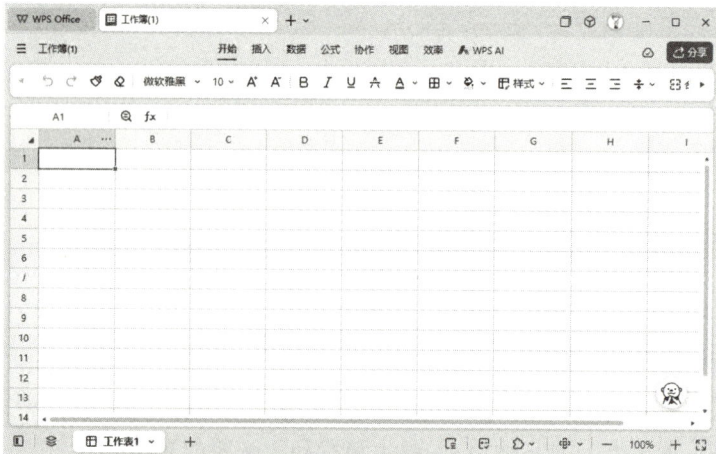

图4.2.1　工作表界面

或在线表格较为相似,但智能表格在数据格式和结构上有着更为严格的规定:每列只能被人设定为一种固定的列类型,从而确保数据的规整性和一致性。

工作表的功能选项卡主要包括【开始】、【插入】、【数据】、【公式】、【协作】、【视图】和【效率】等。

1.【开始】选项卡

在【开始】选项卡中,用户可以找到常用的格式设置、字体样式、对齐方式等功能,用于美化工作表的外观。此外,还可以找到条件格式、筛选和排序等数据处理工具,方便用户对数据进行初步的处理和分析。

2.【插入】选项卡

【插入】选项卡提供了丰富的插入对象,如图片、形状、图表等,用户可以轻松地将这些对象添加到工作表中,使数据呈现更加直观和生动。同时,还可以插入超链接、批注等元素,增强工作表的交互性和可读性。

3.【数据】选项卡

【数据】选项卡专注于数据分析和处理。用户可以利用数据验证功能确保输入数据的准确性,并使用数据透视表功能快速生成数据汇总和分析报告。此外,还可以利用数据合并、筛选等功能,进一步挖掘数据的价值。

4.【公式】选项卡

【公式】选项卡是处理复杂计算的利器。用户可以在公式编辑器中输入各种公式和函数,进行复杂的数学运算和数据处理。同时,WPS表格还提供了丰富的函数库和公式示例,帮助用户快速掌握公式的使用方法。

5.【协作】选项卡

【协作】选项卡注重多人协作和共享功能。用户可以邀请其他人共同编辑工作表,实时查看他人的修改内容,并进行评论和讨论。此外,还可以设置权限和访问控制,确保工作表的安全性和隐私性。

6.【视图】选项卡

【视图】选项卡主要用于调整工作表的显示方式和视图设置。

7.【效率】选项卡

【效率】选项卡提供了一系列提升工作效率的工具和功能。用户可以利用自动化工具、高级开发、快捷键、自动更正等功能提高输入速度。通过【效率】选项卡,用户还可以对文件进行瘦身处理、导出为PDF文件以及导出为图片。此外,还可以利用WPS表格的云端同步功能,随时随地访问和编辑工作表,实现无缝的办公体验。

二、数据表

智能表格的数据表是一种新型的数据库电子表格,它可以使录入规范高效、排版精美省心,并结合了传统电子表格的灵活性与关系型数据库的规范性,为用户提供更为高效、准确的数据处理体验。

在智能表格的数据表中,每列都指定了数据类型,以此确保输入数据的准确性和一致性,如图4.2.2所示。

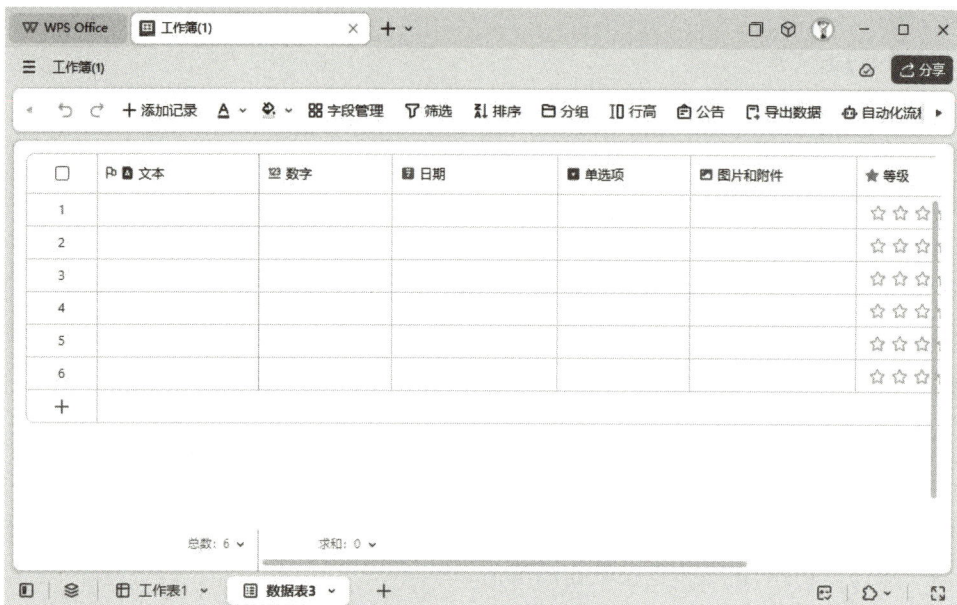

图4.2.2　数据表界面

三、应用

智能表格的应用功能主要包括仪表盘、工作台、说明页面、台账、看板、画册、表单、甘特图、数据查询和任务派发等,如图4.2.3所示。

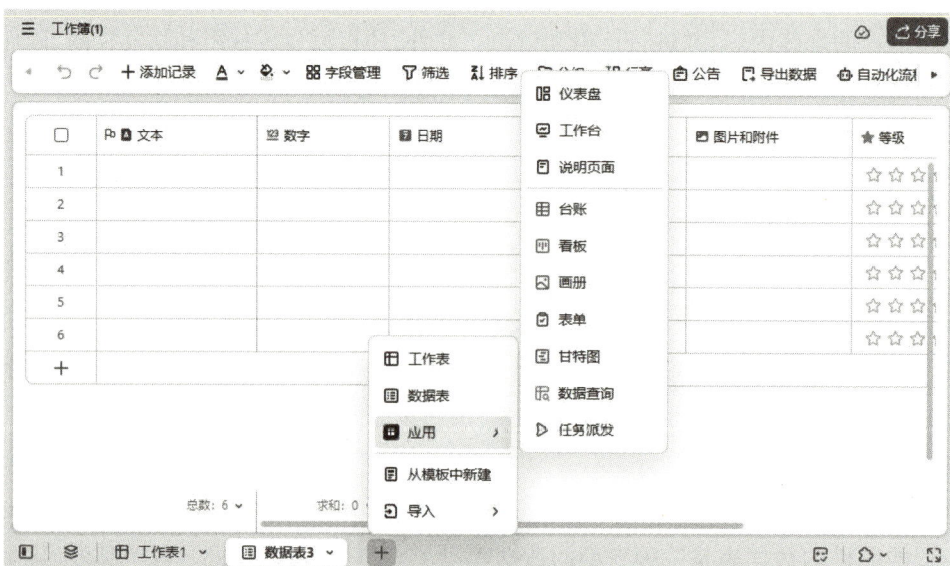

图4.2.3　新建各种应用

1.仪表盘功能

仪表盘功能可创建动态仪表盘,以添加各种图表,实时查看业务数据。

2.工作台功能

工作台功能涵盖多个方面,包括操作入口、富文本描述、统计数字等,旨在为用户提供更高效、更便捷的表格编辑、查看和协作体验。

3.说明页面功能

用户可在说明页面自由书写说明文档、公告通知等。

4.台账功能

台账功能主要用于记录和管理各种数据和信息,如销售台账、库存台账等。通过台账功能,用户可以清晰地查看各项数据的变动情况,从而做出更准确的决策。

5.看板功能

看板是一种直观的数据展示方式,通过图表、表格等形式展示关键指标和数据,可以帮助用户快速了解业务状况。

6.画册功能

画册功能以平铺方式展示图文信息,可以更直观地宣传产品。

7.表单功能

表单是一种灵活的数据收集工具,用户可以创建各种表单来收集所需的信息。表单支持在线填写和提交,大幅提高了数据收集效率。

8.甘特图功能

甘特图是一种常用的项目管理工具,通过直观的条形图展示项目的进度和时间安排,可以帮助用户更好地管理项目。

9.数据查询功能

数据查询功能提供了强大的数据检索和分析能力,用户可以根据设定的条件查询数据,并通过图表等形式进行分析和展示。

10.任务派发功能

任务派发功能是一种团队协作工具,用户可以创建任务并指派给团队成员,同时跟踪任务的进度和完成情况,确保团队工作的高效推进。

综上所述,智能表格的应用功能不仅涵盖了数据展示、管理和分析等多个方面,还提供了团队协作和项目管理的工具,使用户可以更加便捷地处理数据和推动业务发展。

四、基于模板新建智能表格

智能表格设有模板库,提供了多个模板供用户使用,涵盖热门推荐、电商运营、产品研发、人资行政、教育学习、项目管理和团队协作等模块。

五、导入

智能表格可以从外部导入数据,包括从本地文件、金山文档、抖音视频、钉钉表格和飞书表格等导入数据。

六、分享

与智能文档相似，智能表格也可以设置使用权限或分享给他人。操作时，点击右上角的"分享"按钮，在弹出的窗口中，设置表格的查看、编辑等权限，并生成分享链接或二维码，方便他人访问和编辑表格。

最后，当完成表格编辑后，用户可以选择保存并关闭文档。WPS会将在线表格同步至云端，确保用户可以在任何设备上随时访问和编辑。同时，用户还可直接导出XLSX格式的文件，保存在计算机指定位置。

项目实战

一、任务分析

①使用智能表格完成办公用品申领表的制作。

②办公用品申领表包括五个部分：申领表、申领表_表单、待审核_台账、申领表_柱形图和申领表_数据查询。其中，申领表为数据表，用于存储所有的申领记录；申领表_表单作为表单应用，供用户提交申请；待审核_台账作为台账应用，显示待审核的申领记录；申领表_柱形图用于展示各部门申领办公用品的情况；申领表_数据查询则用于查询各部门的申领办公用品的情况。

二、任务实施

(一)新建"申领表"，并进行设置

1.新建智能表格

步骤1：打开WPS Office软件，在新建界面选择"智能表格"，然后新建"空白智能表格"，完成后，点击左上角"工作簿"，将工作簿命名为"办公室申领表"，如图4.2.4所示。

图4.2.4 新建智能表格

2.新建存储数据的"申领表"

步骤2:在左下角区域点击"+"新建"数据表",命名为"申领表",并删除"工作表1",如图4.2.5所示。

☐	⚑ Ⓐ 文本	🔢 数字	🗓 日期	▣ 单选项	🖼 图片和附件	⭐ 等级	+
1						☆☆☆☆☆	
2						☆☆☆☆☆	
3						☆☆☆☆☆	
4						☆☆☆☆☆	
5						☆☆☆☆☆	
6						☆☆☆☆☆	
+							

图4.2.5 新建数据表

3.修改数据表中的列名称和类型

步骤3:将第一列的文本类型修改为"创建时间":点击文本前方的"A"图标打开编辑界面,将列名称修改为"申领时间",类型选择为"创建时间",然后选择时间格式,最后点击"确定"完成修改,步骤如图4.2.6所示。

使用相同的方法,将第二列名称设置为"申领人",类型为"文本";将第三列名称设置为"部门",类型为"单选项",选项分别为人事部、技术部、销售部和办公室;将第四列名称设置为"申领物品",类型为"单选项",选项分别为打印纸、笔、U盘、排插、笔记本、电池、剪刀和其他等;将第五列名称设置为"申领数量",类型为"数字";将第六列名称设置为"用途",类型为"文本";将第六列名称设置为"审核意见",类型为"复选项";将第七列名称设置为"审核人",类型为"文本";如果该数据表的列数不够,可以通过最右侧的"+"新增列。

图4.2.6 设置数据类型

步骤4:选择最左侧的全选按钮→点击鼠标右键→删除记录,即可完成申领表的制作,如图4.2.7所示。

(二)新建"申领表_表单",并进行设置

步骤5:左下角的"+"→"应用"→"表单"→在弹出的"创建应用"对话框中选择"申领表",以此为数据表创建表单应用→"立即创建",如图4.2.8和图4.2.9所示。

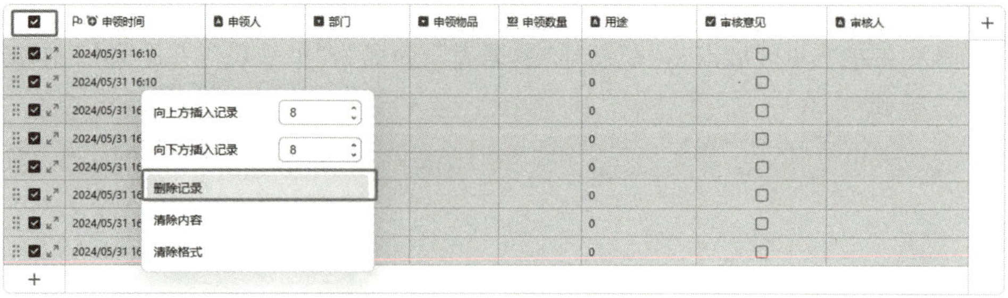

图4.2.7　删除记录

图4.2.8　新建表单

图4.2.9　"创建应用"对话框

步骤6：在完成新建"申领表_表单"操作后，在该表单右侧，取消"审核人"和"审核意见"复选框的选择，仅保留"申领人""部门""申领物品""申领数量""用途"等，如图4.2.10所示。完成后点击"需收集的信息"后方的关闭按钮即可，完成后效果如图4.2.11所示。

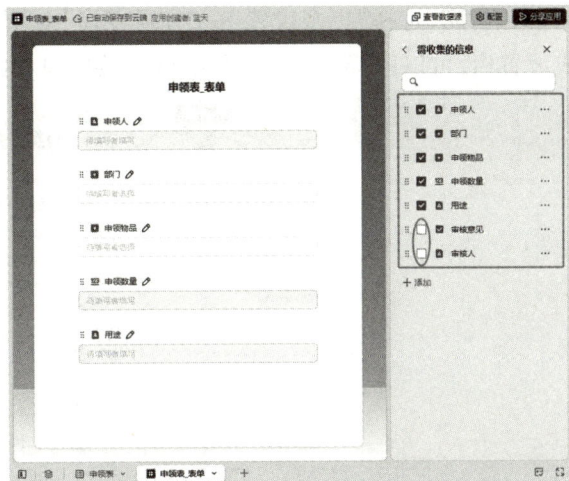

图4.2.10　设置表单显示信息

知 识 提 示

如果右侧"需收集的信息"界面被隐藏,可通过以下操作显示该界面:点击右上角的"配置",再点击"收集设置"中的"需收集的信息",如图4.2.12所示。

图4.2.11　表单效果图

图4.2.12　配置界面设置

(三)新建"待审核_台账",并进行设置

1.新建待审核_台账

步骤7:左下角的"+"→"应用"→"台账"→在弹出的"创建应用"对话框中选择"申领表",以此为数据表创建台账应用→"立即创建"。

步骤8:在新建的台账右侧,选择"更多设置"→"分组方式"→"添加条件"→"部门",如图4.2.13所示,完成设置后,可以以"部门"进行分组显示,如图4.2.14所示。

图4.2.13　设置分组方式

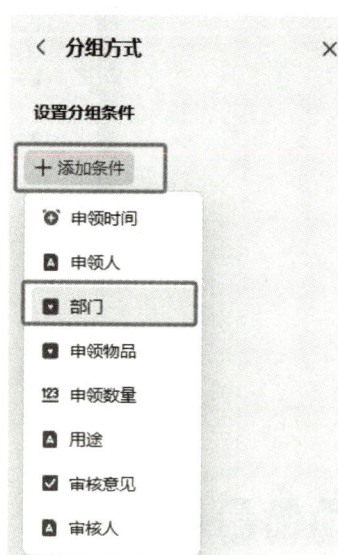

图4.2.14　设置分组条件

2.设置待审核_台账

步骤9:在新建的台账右侧,继续设置此应用要展示的数据:"要展示的记录"→勾选"符合特定条件"→设置条件为"审核意见"→"指定值"下方的值选择"否",完成设置后,只显示还未审核的记录,如图4.2.15至4.2.17所示。

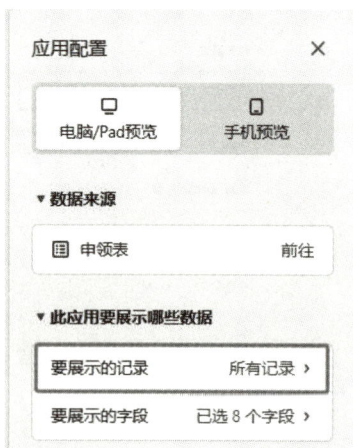

图4.2.15　设置要展示的数据

图4.2.16　设置要展示记录的条件

图 4.2.17　待审核_台账的效果图

(四)新建"申领表_柱形图",并进行设置

步骤10:左下角的"+"→"应用"→"仪表盘"→"添加图表"→"柱形图",然后将柱形图名称设置为"申领表_柱形图",数据源默认是"申领表",维度(横轴)选择"部门",最后点击"确定"即可完成,如图4.2.18所示。

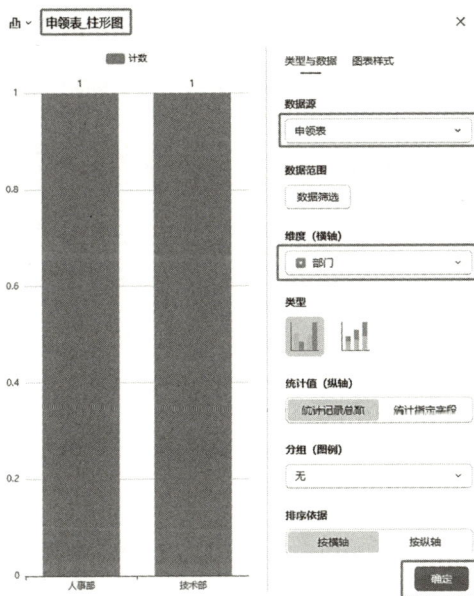

图 4.2.18　设置分组方式

(五)新建"申领表_数据查询",并进行设置

1.新建申领表_数据查询

步骤11:左下角的"+"→"应用"→"数据查询"→以"申领表"创建数据查询→"立即创建",数据源默认是"申领表",维度(横轴)选择"部门",最后点击"确定"按钮完成,设置完成后,可以"申领日期"为条件进行查询,如图4.2.19所示。

图 4.2.19　数据查询效果图

2.修改申领表_数据查询条件

步骤12:在新建的申领表_数据查询右侧,设置查询条件:选择"查询条件",如图

4.2.20所示，查询条件的选择字段为"部门"，如图4.2.21所示，设置完成后，可以"部门"为条件进行查询，如图4.2.22所示。

图4.2.20 设置查询条件

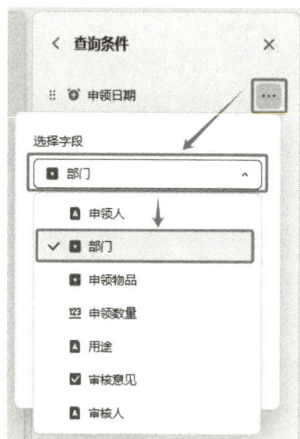

图4.2.21 设置查询字段

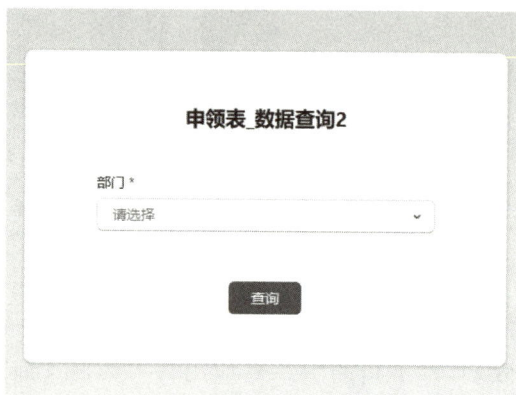

图4.2.22 数据查询效果图

拓展练习

通过智能表格的模板功能，制作一份"工作计划管理"表，如图4.2.23所示。

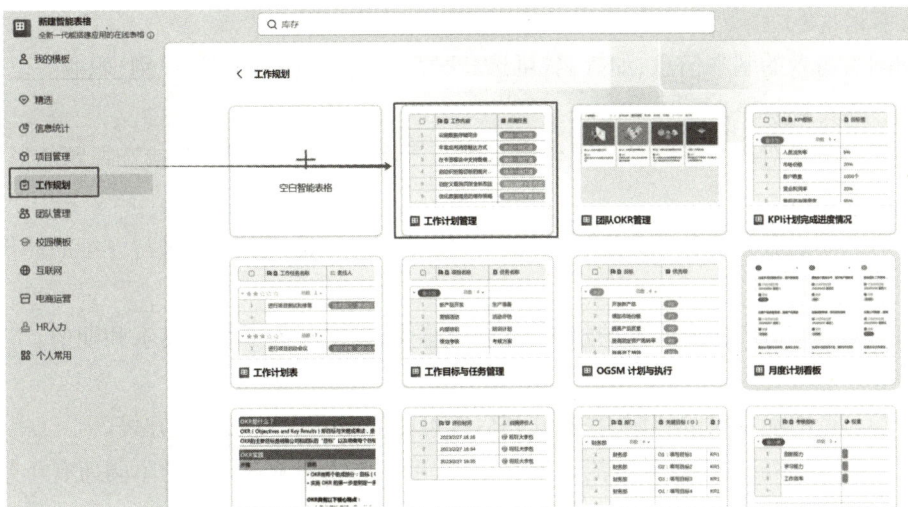

图 4.2.23　搜索模板

任务三　智能表单

案例导入

为了深入了解客户的期望和需求，架起企业与客户之间沟通的桥梁，某办公室秘书经常向客户发放"客户满意度调查问卷"。在过去，她常常采用的是传统的纸质版"客户满意度调查问卷"，每到评估周期，就需要手动分发、收集这些问卷，并逐一记录客户的反馈意见。然而，这种方式不仅耗时费力，还面临着诸多不便：问卷分类不清晰，导致后期整理时难以快速定位特定领域的反馈；数据汇总和统计分析更是繁琐，容易出错，难以快速形成有价值的洞察报告以指导服务改进。为了打破这一困境，该秘书决定使用 WPS 的智能表单，利用智能表单的强大功能，来实现问卷内容的结构化与自动化处理。

知识准备

客户满意度调查问卷不仅是企业与客户之间沟通的桥梁，更是企业了解市场动态、客户需求以及产品或服务质量的重要工具。通过问卷调查，企业可以深入了解客户的期望和需求，评估产品或服务的优缺点，发现潜在问题，并据此制订改进策略。客户满意度调查问卷一般包括以下部分。

1.问卷介绍
简短地介绍问卷的目的、重要性以及参与者的匿名性保证。

2.基本信息

询问参与者的基本信息,如姓名(可选)、联系方式(可选)、年龄、性别、职业等。

3.产品或服务评价

要求参与者对产品或服务的整体满意度进行评价,通常使用评分或选择题的形式。

4.细节评价

针对产品或服务的各个方面(如性能、价格、质量、外观、服务等)进行详细的评价。

5.开放式问题

询问参与者对产品或服务的建议、意见或感受,以便深入了解其需求和期望。

6.结束语

对参与者的配合表示感谢,并告知其后续可能的联系方式或反馈方式。

请注意,具体的问卷设计可能因调查目的、目标群体和调查方式的不同而有所差异。

技能准备

WPS智能表单拥有强大的信息收集与智能统计的功能,包括表单、考试、打卡、接龙、问卷、投票、文件收集等。

1.表单

用户可以创建空白的表单,然后根据实际需求自定义字段,如文本、数字、日期、单选、多选和附件上传等,以收集各种类型的信息。

2.考试

WPS智能表单支持考试功能的设置。教师可以设计包含选择题、填空题、判断题等多种题型的试卷,并设置考试时间、自动阅卷等功能,方便在线考试和成绩统计。

3.打卡

该功能主要用于日常考勤或习惯养成。用户可以创建打卡任务,设定打卡时间、地点等规则。参与者通过简单的点击即可完成打卡,管理者可以实时查看打卡记录和统计数据。

4.接龙

接龙功能在团队活动和游戏中非常实用。用户发起接龙后,参与者需要按照特定规则进行接龙,这有助于增强团队凝聚力,提升团队活跃度。

5.问卷

问卷是市场调研、满意度调研等场景中的常用工具。WPS智能表单提供了丰富的问卷模板和自定义选项,能帮助用户快速设计出符合需求的问卷,并对数据进行自动收集和分析。

6.投票

投票功能适用于投票评选、人气比拼等。用户可以轻松创建投票活动,设置投票选项和规则,参与者可通过投票表达自己的意见,系统会自动统计投票结果。

7.文件收集

对于需要收集大量文件(如作业、报告、图片等)的场景,WPS智能表单的文件收集功能非常实用。用户可以设置文件上传的类型和大小限制,参与者可以直接在表单中上传文件,这有助于统一管理和查看。

　　总的来说,WPS智能表单凭借其丰富的功能和便捷的操作,成为众多企业和个人在信息收集与智能统计方面的首选工具。它不仅提高了工作效率,还降低了人工统计的错误率,是现代智能办公不可或缺的一部分。

项目实战

一、任务分析

①了解调查问卷的作用和构成要素。

②了解智能表单的基本功能。

③使用智能表单完成客户满意度调查问卷的制作。

二、任务实施

(一)新建智能表单

打开WPS Office软件,在新建界面选择"新建智能表单",如图4.3.1所示。

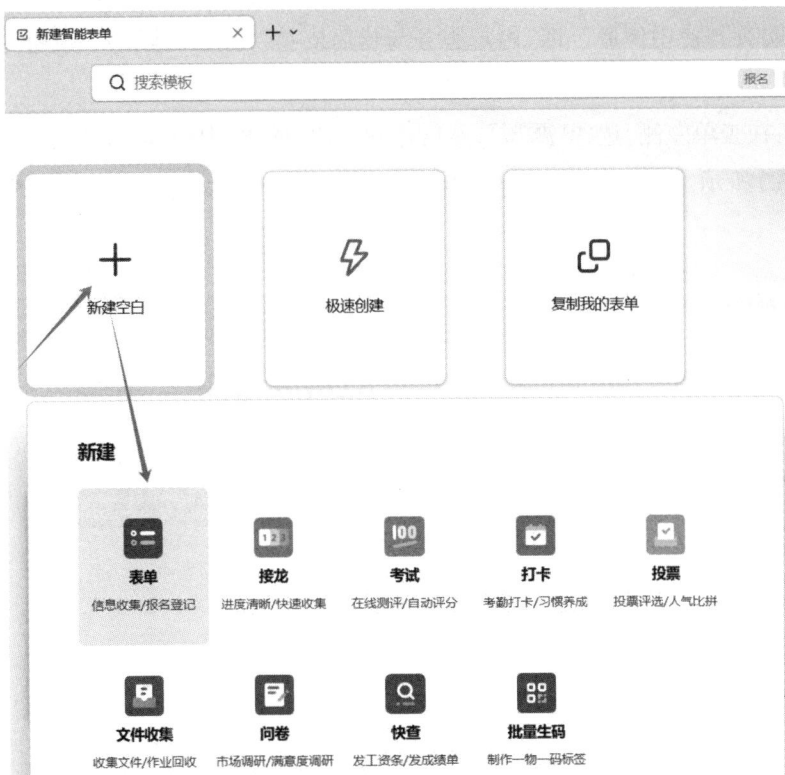

图4.3.1　新建智能表单

（二）制作调查问卷的内容

1.根据素材内容,在"编辑"区域制作调查问卷

步骤1:在表单标题区域输入"客户满意度调查问卷"的标题;在表单描述中输入"尊敬的客户:您好! 感谢您选择我们的产品/服务……根据您的真实体验填写以下问卷。"等内容,完成后效果如图4.3.2所示。

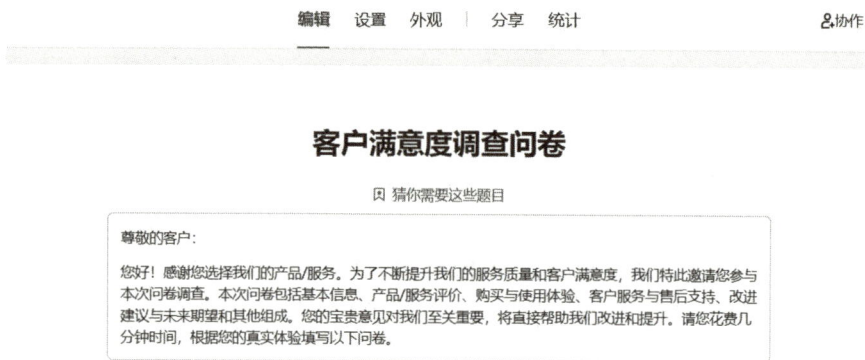

图4.3.2　问卷标题和说明

2.制作问卷的六个模块

要求:通过"段落说明"来制作问卷的六个模块,分别是"一、基本信息""二、产品/服务评价""三、购买与使用体验""四、客户服务与售后支持""五、其他""六、改进建议与未来期望"。

步骤2:在表单左侧,选择"题型",然后选择"分页描述"中的"段落说明",输入相关信息,如图4.3.3所示。通过相同方法,完成其他部分的"段落说明",完成后效果如图4.3.4所示。

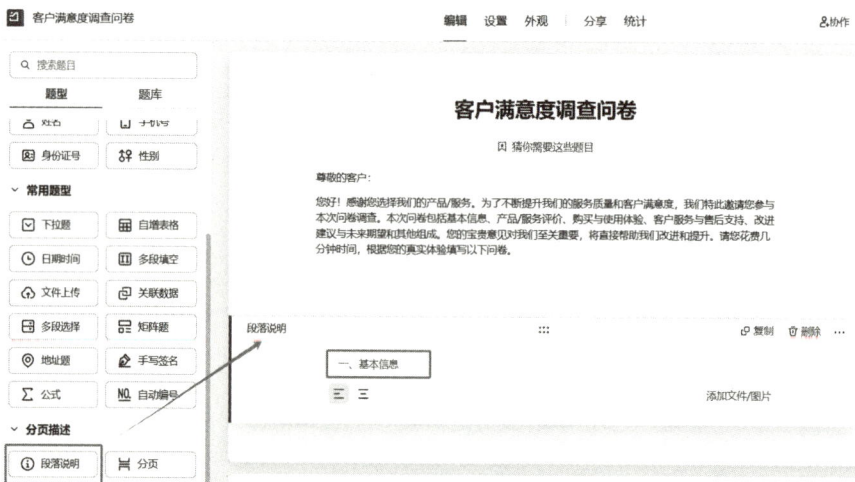

图4.3.3　段落说明

一、基本信息（可选填，以便我们更好地了解您的需求）

二、产品/服务评价

三、购买与使用体验

四、客户服务与售后支持

六、其他

五、改进建议与未来期望

图4.3.4 六个段落说明

3. 完成"一、基本信息"部分

步骤3：在表单左侧，选择"题型"，然后选择"基础题型"中的"单选题"，输入题目"您的性别："，选项为"男"和"女"，并将此题设置为非必填项，如图4.3.5所示。然后将鼠标移至下图的"椭圆形"位置，当鼠标由常规的"箭头"变化为"手撑"形状时，将该题目移至"基本信息"模块的下方。使用相同的方法，添加"您的年龄段：""您的职业："，完成后效果如图4.3.6所示。

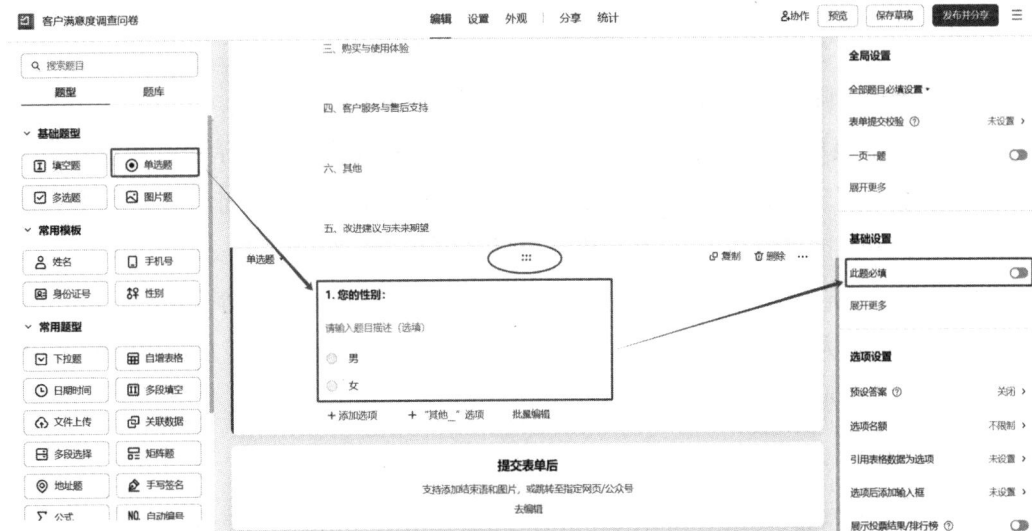

图4.3.5 性别单选题

2. 您的年龄段:

请输入题目描述（选填）

- ○ 18岁以下
- ○ 19-30岁
- ○ 31-45岁
- ○ 46-60岁
- ○ 60岁以上

单选题 ▾   ⋮⋮⋮   ⧉ 复制   🗑 删除   ⋯

3. 您的职业:

请输入题目描述（选填）

- ○ 学生
- ○ 企业员工
- ○ 自由职业者
- ○ 创业者/企业主
- ○ 其他（请说明）

     填写者填写区（选填）

＋ 添加选项   ＋ "其他_"选项   批量编辑

图4.3.6   年龄段和职业单选题

4. 完成剩下的五个模块

步骤4：根据素材提供的内容，分别利用单选题、多选题、填空题和量表题等题型完成剩下的五个模块。

（三）对调查问卷进行设置

要求：根据实际情况对调查问卷的相关权限进行设置。

说明：智能表单的设置分为常用设置、填写设置、提交表单后和消息提醒设置。其中，常用设置主要包括填写有效时间、谁可以填写以及团队协作等方面的设置，填写设置包括填写需登录、匿名填写、限制每名用户填写次数等方面的设置，提交表单后包括提交后生成如答卷二维码、提交后允许填写者修改和数据推送（Webhook）等方面的内容，消息提醒设置包括有人提交推送通知、提醒填写和允许填写者联系我等方面的设置，如图4.3.7和图4.3.8所示。

（四）对调查问卷进行外观设置

在外观设置界面，可以对调查问卷进行外观、页眉图片、背景及表单配色的设置，其中，页眉图片和背景既可以选择表单自带的图片，也可以上传本地图片，如图4.3.9所示。

图 4.3.7　常用设置

图 4.3.8　填写设置和其他设置

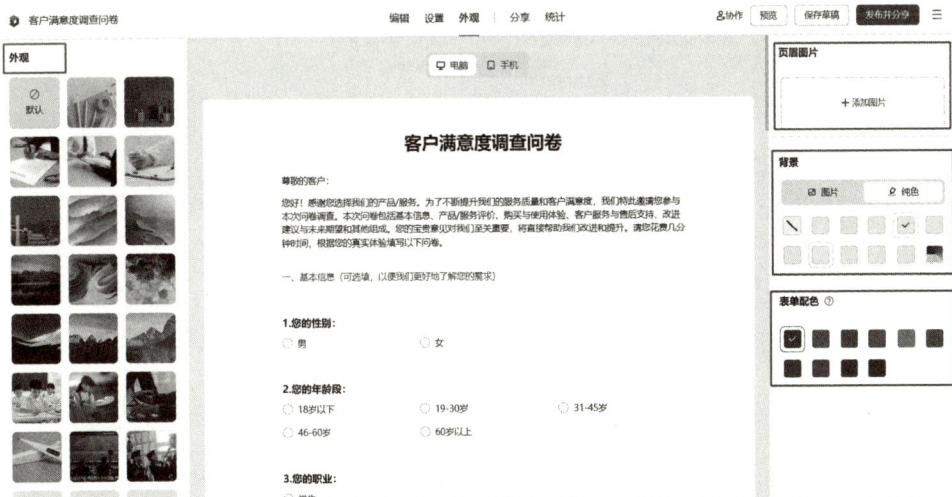

图 4.3.9　外观设置

(五)对调查问卷进行预览、发布与分享

1.预览调查问卷

完成调查问卷的编辑和设置后,可以对调查问卷进行预览,预览的方式有两种:计算机和手机,如图4.3.10和图4.3.11所示。

图4.3.10　计算机预览

图4.3.11　手机预览

2.发布与分享

预览确认没有问题后,即可进行发布与分享。既可以复制链接通过通信工具发送,也可以通过下载二维码、生成二维码海报等方式实现分享。

图4.3.12 发布和分享

（六）统计

当收到调查问卷的统计数据时，可以通过表单的"统计"功能完成数据统计。数据统计的查看方式有多种，包括数据统计、答卷详情、检查分析、来源分析和数据大屏，也可选择"查看数据汇总表"的方式，在主要工作表中查看数据并导出数据，如图4.3.13所示。

图4.3.13 数据统计

完成后的效果如图4.3.14至图4.3.19所示。

客户满意度调查问卷

尊敬的客户：

您好！感谢您选择我们的产品/服务。为了不断提升我们的服务质量和客户满意度，我们特此邀请您参与本次问卷调查。本次问卷包括基本信息、产品/服务评价、购买与使用体验、客户服务与售后支持、改进建议与未来期望和其他构成。您的宝贵意见对我们至关重要，将直接帮助我们改进和提升。请您花费几分钟时间，根据您的真实体验填写以下问卷。

一、基本信息（可选填，以便我们更好地了解您的需求）

1.您的性别：

○ 男　　　　　　○ 女

2.您的年龄段：

○ 18岁以下　　　○ 19-30岁　　　○ 31-45岁
○ 46-60岁　　　○ 60岁以上

图 4.3.14　最终效果图 1

3.您的职业：

○ 学生
○ 企业员工
○ 自由职业者
○ 创业者/企业主
○ 其他（请说明）

二、产品/服务评价

* 4.您对我们产品/服务的整体满意度如何？

非常不满意　　　　　　　　　　　　　　　　　非常满意

| 1 | 2 | 3 | 4 | 5 |

图 4.3.15　最终效果图 2

* 5.您认为我们产品/服务的哪些方面最令您满意？（可多选）

此题已选择 0/6 项

☐ 产品质量
☐ 性价比
☐ 外观设计
☐ 功能实用性
☐ 售后服务
☐ 其他（请说明）

* 6.如果存在不满意的地方，请指出并简述原因：

请输入

图 4.3.16　最终效果图 3

三、购买与使用体验

* 7.您是如何得知我们产品/服务的？

○ 朋友/家人推荐
○ 网络搜索
○ 社交媒体广告
○ 线下活动/展会
○ 其他（请说明）

* 8.在购买过程中，您是否遇到了任何困难或不便？如果有，请简述：

请输入

* 9.我们的产品/服务后，您是否达到了预期的效果或满足了您的需求？

○ 完全达到　　　○ 基本达到　　　○ 部分达到
○ 未达到

图 4.3.17　最终效果图 4

四、客户服务与售后支持

* 10.您对我们客户服务团队的响应速度和态度满意吗？

非常不满意　　　　　　　　　　　　　　　　　非常满意

| 1 | 2 | 3 | 4 | 5 |

* 11.当您遇到问题时，我们的售后支持是否及时有效地帮助您解决了问题？

○ 完全解决　　　○ 基本解决　　　○ 部分解决
○ 未解决

五、改进建议与未来期望

* 12.您认为我们在哪些方面还需要改进或提升？

请输入

图 4.3.18　最终效果图 5

* 13.您对未来产品/服务的更新或新功能有何期望或建议？

请输入

六、其他

* 14.您是否愿意将我们的产品/服务推荐给您的朋友或同事？

非常不满意　　　　　　　　　　　　　　　　　非常满意

| 1 | 2 | 3 | 4 | 5 |

* 15.您还有其他想要分享的意见或建议吗？

请输入

感谢您抽出宝贵时间完成此问卷！您的反馈是我们前进的动力，我们将认真阅读并努力改进，以提供更优质的产品和服务。

图 4.3.19　最终效果图 6

拓展练习

通过智能表单的"文件收集"功能，制作"个人总结提交"，如图 4.3.20 所示。

个人总结提交

* 1.姓名

请输入

* 2.请输入手机号

请输入手机号

* 3.文件上传

最多上传1个文件，单个文件10MB以内

将文件拖拽或粘贴至此处

上传文件

最多上传1个文件，单个文件10MB以内

图4.3.20 个人总结提交效果图

245

参考文献

［1］陈遵德,张全中.Office 2016高级应用案例教程［M］.3版.北京:高等教育出版社,2021.

［2］毛书朋,冯曼,赵娜,等.WPS办公应用(中级)［M］.北京:高等教育出版社,2021.

［3］刘万辉,司艳丽.WPS Office办公应用任务式教程［M］.北京:人民邮电出版社,2023.

［4］赵刚,赵秀娟.WPS Office办公软件应用［M］.北京:人民邮电出版社,2021.

［5］黄红波,王勇智.信息技术项目化教程［M］.北京:北京出版社,2022.

［6］贾小军,童小素.WPS Office办公软件高级应用与案例精选［M］.北京:中国铁道出版社有限公司,2022.

［7］凤凰高新教育.WPS Office高效办公:文秘与行政办公［M］.北京:北京大学出版社,2022.